"十四五"职业教育国家规划教材

国家精品课程和国家精品资源共享课程配套教材

全国优秀教材一等奖

Linux 网络操作系统

项目教程（RHEL 7.4/CentOS 7.4）

（第3版）（微课版）

杨云 林哲 ◎ 主编

人民邮电出版社

北京

图书在版编目（CIP）数据

Linux网络操作系统项目教程：RHEL 7.4/CentOS
7.4：微课版 / 杨云，林哲主编. -- 3版. -- 北京：
人民邮电出版社，2019.2
　　"十二五"职业教育国家规划教材
　　ISBN 978-7-115-49567-9

　　Ⅰ. ①L… Ⅱ. ①杨… ②林… Ⅲ. ①Linux操作系统
－职业教育－教材 Ⅳ. ①TP316.89

中国版本图书馆CIP数据核字(2018)第228054号

内 容 提 要

　　本书是"十二五"职业教育国家规划教材，是一本基于"项目驱动、任务导向"项目化教学方式的Linux零基础教材，体现"基于工作过程"的教学理念。

　　本书以Red Hat Enterprise Linux 7.4/CentOS 7.4为平台，对Linux网络操作系统的应用进行详细讲解。全书分为系统安装与常用命令、系统配置与管理、vim编程与调试、网络服务器配置与管理4个学习情境、14个教学实训项目。教学实训项目包括安装与配置Linux操作系统、熟练使用Linux常用命令、管理Linux服务器的用户和组、配置与管理文件系统、配置与管理磁盘、配置网络和使用ssh服务、熟练使用vim程序编辑器与shell、学习shell script、使用gcc和make调试程序、配置与管理Samba、DHCP、DNS、Apache、FTP服务器。每个项目配有"项目实录""实践习题""超级链接"等结合实践应用的内容，引用大量的企业应用实例，配以知识点微课和项目实训慕课，使"教、学、做"融为一体，实现理论与实践的完美统一。

　　本书可作为高职高专院校计算机应用技术专业、计算机网络技术专业、网络系统管理专业、软件技术专业及其他计算机类专业的理论与实践一体化教材，也可作为Linux系统管理和网络管理人员的自学指导书。

◆ 主　　编　杨 云 林 哲
　　责任编辑　马小霞
　　责任印制　马振武

◆ 人民邮电出版社出版发行　　北京市丰台区成寿寺路 11 号
　　邮编　100164　电子邮件　315@ptpress.com.cn
　　网址　http://www.ptpress.com.cn
　　大厂回族自治县聚鑫印刷有限责任公司印刷

◆ 开本：787×1092　1/16
　　印张：17.5　　　　　　　　　2019 年 2 月第 3 版
　　字数：438 千字　　　　　　　2024 年 12 月河北第30次印刷

定价：49.80 元

读者服务热线：(010)81055256　印装质量热线：(010)81055316
反盗版热线：(010)81055315
广告经营许可证：京东市监广登字 20170147 号

前 言 PREFACE

党的二十大报告指出"科技是第一生产力、人才是第一资源、创新是第一动力"。大国工匠和高技能人才作为人才强国战略的重要组成部分,在现代化国家建设中起着重要作用。高等职业教育肩负着培养大国工匠和高技能人才的使命,近几年得到了迅速发展和普及。

网络强国是国家的发展战略。自主可控的网络技能型人才培养显得尤为重要,国产服务器操作系统的应用是重中之重。

1. 改版背景

《Linux 网络操作系统及应用教程(项目式)》在 2013 年 9 月第一次公开出版,2016年 8 月进行了改版。据不完全统计,第 1 版共印刷 12 次,第 2 版已经印刷 11 次,截至2018 年 10 月,累计销售 62 000 余册。

现将操作系统版本升级到 Red Hat Enterprise Linux 7.4/CentOS 7.4,删除部分陈旧的内容,新版增加 SSH、firewall、nmcli、systemctl、SELinux 等相关内容,采取知识点微课和实训项目慕课辅助的形式,丰富教学配套资源。

2. 教材姊妹篇

《Linux 网络操作系统项目教程(RHEL 7.4/CentOS 7.4)(第 3 版)》和《网络服务器搭建、配置与管理——Linux 版(第 3 版)》两部教材都是"十二五"职业教育国家规划教材。

本书是国家级精品课程和精品资源共享课程的配套教材、Linux 零基础教材,是《网络服务器搭建、配置与管理——Linux 版(第 3 版)》教材(人民邮电出版社,杨云主编)的姊妹篇。

《Linux 网络操作系统项目教程(RHEL 7.4/CentOS 7.4)(第 3 版)》教材的成功出版,将给高职高专院校选择合适的 Linux 教材提供更灵活和方便的机会。根据教学要求和教学重点的不同,读者可以选学其中任意一本教材。当然,如果时间允许,读者可以同时选用两本教材(两学期连上),将能得到更大的收获。

3. 本书特点

(1)本书是国家精品资源共享课程的配套教材。

本书是国家级精品课程和国家精品资源共享课程"Linux 网络操作系统"的配套教材,教学资源丰富,所有教学视频和实验视频全部放在精品课程网站上,供下载学习和在线收看。另外,教学中经常会用到的 PPT 课件、电子教案、学习论坛、实践教学、授课计划、课程标准、题库、教师手册、学习指南、习题解答、补充材料等内容,也都放在了国家精品资源共享课程网站上。国家精品资源共享课程"Linux 网络操作系统"网址：http://www.icourses.cn/sCourse/course_2843.html。

（2）实训内容源于企业实际应用，"微课+慕课"体现了"教、学、做"的完美统一。

在专业技能的培养中，突出实战化要求，贴近市场，贴近技术。所有实训项目都源于真实的企业应用案例。

实训内容重在培养读者分析和解决实际问题的能力。每个项目后面增加"项目实录"内容。知识点微课、项目实训慕课互相配合，读者可以随时进行工程项目的学习与实践。

4．配套的教学资源

（1）全部章节的知识点微课和全套的项目实训慕课都可通过扫描书中二维码获取。

知识点微课：开源自由的 Linux 操作系统的简介、Linux 操作基础、Linux 用户和软件包管理、Linux 的文件系统、TCP/IP 网络接口配置、vim 编辑器的使用、shell 程序的变量和特殊字符、shell 程序控制结构语句、Linux 系统下的交叉编译基础、管理与维护 Samba 服务器、配置 DHCP 服务器、配置 DNS 服务器、管理与维护 Apache 服务器、管理与维护 FTP 服务器。

项目实训慕课：安装与基本配置 Linux 操作系统、熟练使用 Linux 基本命令、管理用户和组、管理文件权限、管理文件系统、管理 lvm 逻辑卷、管理动态磁盘、配置 TCP/IP 网络接口、配置远程管理、使用 vim 编辑器、使用 shell 编程、配置与管理 Samba 服务器、配置与管理 DHCP 服务器、配置与管理 DNS 服务器、配置与管理 Web 服务器、配置与管理 FTP 服务器。

（2）教学课件、电子教案、授课计划、项目指导书、课程标准、拓展提升、项目任务单、实训指导书等。

（3）可参考服务器的配置文件。

（4）大赛试题及答案。

（5）试卷 A、试卷 B、习题及答案。

本书由杨云、林哲主编，浪潮云信息技术有限公司薛立强也参加了部分视频创作和教材的编写。

特别提示，订购教材后请向作者索要全套教学资源，作者 QQ 号为 68433059。欢迎加入计算机研讨&资源共享教师 QQ 群，号码为 189934741。

编 者

2023 年 5 月

目录 CONTENTS

学习情境一

系统安装与常用命令

项目 ① 安装与配置 Linux 操作系统

项目导入

　　某高校组建了校园网，需要架设一台具有 Web、FTP、DNS、DHCP、Samba、VPN 等功能的服务器来为校园网用户提供服务，现需要选择一种既安全又易于管理的网络操作系统，正确搭建服务器并测试。

职业能力目标和要求

- 理解 Linux 操作系统的体系结构。
- 掌握搭建 Red Hat Enterprise Linux 7 服务器的方法。
- 掌握登录、退出 Linux 服务器的方法。
- 掌握重置 root 管理员密码的方法。
- 掌握 yum 软件仓库的使用方法。
- 掌握启动和退出系统的方法。

1.1　任务1　认识 Linux 操作系统

1.1.1　子任务1　认识 Linux 的前世与今生

1. Linux 系统的历史

　　Linux 系统是一个类 UNIX 的操作系统。Linux 系统是 UNIX 在计算机上的完整实现，它的标志是一个名为 Tux 的可爱的小企鹅，如图 1-1 所示。UNIX 操作系统是 1969 年由 K.Thompson 和 D.M.Richie 在美国贝尔实验室开发的一个操作系统。由于性能良好而稳定，其迅速在计算机中得到广泛的应用，在随后的几十年中又做了不断的改进。

图 1-1　Linux 的标志 Tux

微课

开源自由的 Linux
操作系统的简介

　　1990 年，芬兰人 Linus Torvalds 接触了为教学而设计的 Minix 系统后，开始着手研究编写一个开放的与 Minix 系统兼容的操作系统。1991 年 10 月 5 日，Linus Torvalds 在赫尔辛基技术大学的一台 FTP 服务器上发布了一个消息。这也标志着 Linux 系统的诞生。Linus Torvalds 公布了第一个 Linux 的内核版本 0.02 版。开始，Linus Torvalds 的兴趣在于了解操作系统运行原理，因此 Linux 早期的版本并没有考虑最终用户的使用，只是提供了最核心的框架，使得 Linux 编程人员可以享受编制内核的乐趣，但这样也保证了 Linux 系统内核的强大与稳定。Internet 的兴起，使得 Linux 系统也能十分迅速地发展，很快就有许多程序员加入了 Linux 系统的编写行列之中。

随着编程小组的扩大和完整的操作系统基础软件的出现，Linux 开发人员认识到，Linux 已经逐渐变成一个成熟的操作系统。1992 年 3 月，内核 1.0 版本的推出，标志着 Linux 第一个正式版本的诞生。

2．Linux 的版权问题

Linux 是基于 Copyleft（无版权）的软件模式进行发布的，其实 Copyleft 是与 Copyright（版权所有）相对立的新名称，它是 GNU 项目制定的通用公共许可证（General Public License，GPL）。GNU 项目是由 Richard Stallman 于 1984 年提出的。他建立了自由软件基金会（FSF），并提出 GNU 计划的目的是开发一个完全自由的、与 UNIX 类似但功能更强大的操作系统，以便为所有的计算机用户提供一个功能齐全、性能良好的基本系统。它的标志是角马，如图 1-2 所示。

图 1-2　GNU 的
标志角马

小资料：GNU 这个名字使用了有趣的递归缩写，它是 "GNU's Not UNIX" 的缩写形式。由于递归缩写是一种在全称中递归引用它自身的缩写，因此无法精确地解释出它的真正全称。

3．Linux 系统的特点

Linux 操作系统作为一个免费、自由、开放的操作系统，发展势不可挡。它拥有完全免费，高效安全稳定，支持多种硬件平台，用户界面友好，网络功能强大，支持多任务、多用户的特点。

拓展阅读

1．Linux 系统的特点

1.1.2　子任务 2　理解 Linux 体系结构

Linux 一般有 3 个主要部分：内核（Kernel）、命令解释层（shell 或其他操作环境）、实用工具。

1．内核

内核是系统的心脏，是运行程序和管理磁盘及打印机等硬件设备的核心程序。操作环境向用户提供一个操作界面，它从用户那里接受命令，并且把命令送给内核去执行。由于内核提供的都是操作系统最基本的功能，所以如果内核发生问题，那么整个计算机系统就可能会崩溃。

2．命令解释层

shell 是系统的用户界面，提供了用户与内核进行交互操作的一种接口。它接收用户输入的命令，并且把它送入内核去执行。

操作环境在操作系统内核与用户之间提供操作界面，它可以描述为一个解释器。操作系统对用户输入的命令进行解释，再将其发送到内核。Linux 存在几种操作环境，分别是：桌面（desktop）、窗口管理器（window manager）和命令行 shell（command line shell）。Linux 系统中的每个用户都可以拥有自己的用户操作界面，根据自己的要求进行定制。

shell 是一个命令解释器，解释由用户输入的命令，并把它们送到内核。不仅如此，shell

还有自己的编程语言用于命令的编辑，它允许用户编写由 shell 命令组成的程序。shell 编程语言具有普通编程语言的很多特点，如它也有循环结构和分支控制结构等。用这种编程语言编写的 shell 程序与其他应用程序具有同样的效果。

3．实用工具

标准的 Linux 系统都有一套叫做实用工具的程序，它们是专门的程序，如编辑器、执行标准的计算操作等。用户也可以生产自己的工具。

实用工具可分为以下 3 类。

- 编辑器：用于编辑文件。
- 过滤器：用于接收数据并过滤数据。
- 交互程序：允许用户发送信息或接收来自其他用户的信息。

1.1.3　子任务 3　认识 Linux 的版本

Linux 的版本分为内核版本和发行版本两种。

1．内核版本

内核是系统的心脏，是运行程序和管理磁盘及打印机等硬件设备的核心程序，它提供了一个在裸设备与应用程序间的抽象层。例如，程序本身不需要了解用户的主板芯片集或磁盘控制器的细节就能在高层次上读写磁盘。

内核的开发和规范一直由 Linus Benedict Torvalds（林纳斯·本纳第克特·托瓦兹）领导的开发小组控制着，版本也是唯一的。开发小组每隔一段时间公布新的版本或其修订版，从 1991 年 10 月 Linus 向世界公开发布的内核 0.0.2 版本（0.0.1 版本功能相当简陋，所以没有公开发布）到目前最新的内核 4.16.6 版本，Linux 的功能越来越强大。

Linux 内核的版本号命名是有一定规则的，版本号的格式通常为"主版本号.次版本号.修正号"。主版本号和次版本号标志着重要的功能变动，修正号表示较小的功能变更。以 2.6.12 版本为例，2 代表主版本号，6 代表次版本号，12 代表修正号。其中次版本号还有特定的意义：如果是偶数数字，就表示该内核是一个可放心使用的稳定版；如果是奇数数字，则表示该内核加入了某些测试的新功能，是一个内部可能存在着 BUG 的测试版。例如，2.5.74 表示一个测试版的内核，2.6.12 表示一个稳定版的内核。读者可以到 Linux 内核官方网站下载最新的内核代码，如图 1-3 所示。

图 1-3　Linux 内核官方网站

2．发行版本

仅有内核而没有应用软件的操作系统是无法使用的，所以许多公司或社团将内核、源代码及相关的应用程序组织构成一个完整的操作系统，让一般的用户可以简便地安装和使用

Linux，这就是所谓的发行版本（Distribution），一般谈论的 Linux 系统便是针对这些发行版本的。目前各种发行版本超过 300 种，它们发行的版本号各不相同，使用的内核版本号也可能不一样，现在流行的套件有 Red Hat（红帽子）、CentOS、Fedora、openSUSE、Debian、Ubuntu、红旗 Linux 等。

本书是基于最新的 RHEL 7 系统编写的，书中内容及实验完全通用于 CentOS、Fedora 等系统。也就是说，当您学完本书后，即便公司内的生产环境部署的是 CentOS 系统，也照样会使用。更重要的是，本书配套资料中的 ISO 映像与红帽 RHCSA（Red Hat Certified System Administrator，红帽认证系统管理员）及 RHCE（Red Hat Certified Engineer，红帽认证工程师）考试基本保持一致，因此更适合备考红帽认证的考生使用（加入 QQ 群 189934741 可随时索要 ISO 及其他资料，后面不再说明）。

拓展阅读

2. Linux 发行版本

1.1.4　Red Hat Enterprise Linux 7

2014 年年末，Red Hat 公司推出了当前最新的企业版 Linux 系统——RHEL 7。

RHEL 7 系统创新地集成了 Docker 虚拟化技术，支持 XFS 文件系统，兼容微软的身份管理，并采用 systemd 作为系统初始化进程，其性能和兼容性相较于之前版本都有了很大的改善，是一款非常优秀的操作系统。

RHEL 7 系统的改变非常大，最重要的是它采用了 systemd 作为系统初始化进程。这样一来，几乎之前所有的运维自动化脚本都需要修改。但是老版本可能会有更大的概率存在安全漏洞或者功能缺陷，而新版本不仅出现漏洞的概率小，而且即便出现漏洞，也会快速得到众多开源社区和企业的响应并更快地修复，所以建议尽快升级到 RHEL 7。

1.1.5　863 核高基与国产操作系统

拓展阅读

核高基就是"核心电子器件、高端通用芯片及基础软件产品"的简称，是中华人民共和国国务院于 2006 年发布的《国家中长期科学和技术发展规划纲要（2006—2020 年）》中与载人航天、探月工程并列的 16 个重大科技专项之一。近年来，国产基础软件的发展形势已有所好转，尤其一批国产基础软件的领军企业的强势发展势头无异于给中国软件市场打了一针强心剂，增添了几许信心，而"核高基"的适时出现，犹如助推器，给了基础软件更强劲的发展支持力量。

3. 863 核高基与
国产操作系统

2008 年 10 月 21 日起，微软公司对盗版 Windows 和 Office 用户进行"黑屏"警告性提示。自该"黑屏事件"发生之后，我国大量的计算机用户将目光转移到 Linux 操作系统和国产 Office 办公软件上来，国产操作系统和办公软件的下载量一时间以几倍的速度增长，国产 Linux 和 Office 的发展也引起了大家的关注。

中国国产软件尤其是基础软件的时代已经来临，无论结局是什么，我们都期望未来不会再受类似"黑屏事件"的制约，也希望我国所有的信息化建设都能建立在"安全、可靠、可信"的国产基础软件平台上。

1.2　任务 2　设计与准备搭建 Linux 服务器

中小型企业在选择网络操作系统时，首先推荐企业版 Linux 网络操作系统。一是由于其开源的优势，二是考虑到其安全性较高。

要想成功安装 Linux，首先必须对硬件的基本要求、硬件的兼容性、多重引导、磁盘分区和安装方式等进行充分准备，获取发行版本，查看硬件是否兼容，选择适合的安装方式。做好这些准备工作，Linux 安装之旅才会一帆风顺。

Red Hat Enterprise Linux 7 支持目前绝大多数主流的硬件设备，不过由于硬件配置、规格更新极快，若想知道自己的硬件设备是否被 Red Hat Enterprise Linux 7 支持，最好去访问硬件认证网页，查看哪些硬件通过了 Red Hat Enterprise Linux 7 的认证。

拓展阅读

4. 多重引导

1. 多重引导

Linux 和 Windows 的多系统共存有多种实现方式，最常用的有 3 种。

在这 3 种实现方式中，目前用户使用最多的是通过 Linux 的 GRUB 或者 LILO 实现 Windows、Linux 多系统引导。

2. 安装方式

任何硬盘在使用前都要进行分区。硬盘的分区有两种类型：主分区和扩展分区。Red Hat Enterprise Linux 7 提供了多达 4 种安装方式，可以从 CD-ROM/DVD 启动安装、从硬盘安装、从 NFS 服务器安装或者从 FTP/HTTP 服务器安装。

3. 物理设备的命名规则

Linux 系统中的一切都是文件，硬件设备也不例外。既然是文件，就必须有文件名称。系统内核中的 udev 设备管理器会自动把硬件名称规范起来，目的是让用户通过设备文件的名字可以猜出设备大致的属性以及分区信息等。这对于陌生的设备来说特别方便。另外，udev 设备管理器的服务会一直以守护进程的形式运行并侦听内核发出的信号来管理/dev 目录下的设备文件。Linux 系统中常见的硬件设备的文件名称如表 1-1 所示。

表 1-1　常见的硬件设备及其文件名称

硬 件 设 备	文 件 名 称
IDE 设备	/dev/hd[a-d]
SCSI/SATA/U 盘	/dev/sd[a-p]
软驱	/dev/fd[0-1]
打印机	/dev/lp[0-15]
光驱	/dev/cdrom
鼠标	/dev/mouse
磁带机	/dev/st0 或/dev/ht0

由于现在的 IDE（Integrated Drive Electronics，电子集成驱动器）设备已经很少见了，所以一般的硬盘设备都是以 "/dev/sd" 开头的。而一台主机上可以有多块硬盘，因此系统采用 a~p 来代表 16 块不同的硬盘（默认从 a 开始分配），而且硬盘的分区编号也有如下规定。

● 主分区或扩展分区的编号从 1 开始，到 4 结束。

● 逻辑分区从编号 5 开始。

注意：/dev 目录中的 sda 设备之所以是 a，并不是由插槽决定的，而是由系统内核的识别顺序决定的。读者以后在使用 iSCSI 网络存储设备时就会发现，明明主板上第二个插槽是空着的，但系统却能识别到/dev/sdb 这个设备。sda3 表示编号为 3 的分区，而不能判断 sda 设备上已经存在了 3 个分区。

那么/dev/sda5 这个设备文件名称包含哪些信息呢？答案如图 1-4 所示。

首先，/dev/目录中保存的应当是硬件设备文件；其次，sd 表示存储设备，a 表示系统中同类接口中第一个被识别到的设备；最后，5 表示这个设备是一个逻辑分区。一言以蔽之，"/dev/sda5" 表示的就是"这是系统中第一个被识别到的硬件设备中分区编号为 5 的逻辑分区的设备文件"。

图 1-4 设备文件名称

4．硬盘相关知识

硬盘设备是由大量的扇区组成的，每个扇区的容量为 512 字节，其中第一个扇区最重要。第一个扇区里面保存着主引导记录与分区表信息。就第一个扇区来讲，主引导记录需要占用 446 字节，分区表占用 64 字节，结束符占用 2 字节；其中分区表中每记录一个分区信息就需要 16 字节，这样一来最多只有 4 个分区信息可以写到第一个扇区中，这 4 个分区就是 4 个主分区。第一个扇区中的数据信息如图 1-5 所示。

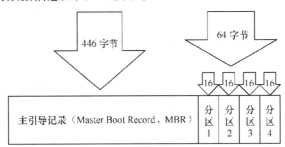

图 1-5 第一个扇区中的数据信息

第一个扇区最多只能创建出 4 个分区，于是为了解决分区个数不够的问题，可以将第一个扇区的分区表中的 16 字节（原本要写入主分区信息）的空间（称之为扩展分区）拿出来指向另外一个分区。也就是说，扩展分区其实并不是一个真正的分区，而更像是一个占用 16 字节分区表空间的指针——一个指向另外一个分区的指针。这样一来，用户一般会选择使用 3 个主分区加 1 个扩展分区的方法，然后在扩展分区中创建出数个逻辑分区，从而来满足多分区（大于 4 个）的需求。主分区、扩展分区、逻辑分区可以像图 1-6 那样来规划。

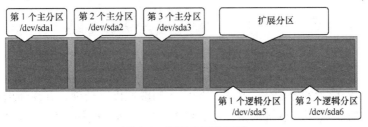

图 1-6 硬盘分区的规划

> **注意**：扩展分区，严格地讲不是一个实际意义的分区，它仅仅是一个指向下一个分区的指针，这种指针结构将形成一个单向链表。

> **思考**：/dev/sdb8 是什么意思？

5. 规划分区

启动 Red Hat Enterprise Linux 7 安装程序前，需根据实际情况的不同，准备 Red Hat Enterprise Linux 7 DVD 映像，同时要进行分区规划。

对于初次接触 Linux 的用户来说，分区方案越简单越好，所以最好的选择就是为 Linux 装备两个分区，一个是用户保存系统和数据的根分区（/），另一个是交换分区，其中，交换分区不用太大，与物理内存同样大小即可；根分区则需要根据 Linux 系统安装后占用资源的大小和所需要保存数据的多少来调整大小（一般情况下，划分 15GB~20GB 就足够了）。

当然，对于 Linux 熟手，或者要安装服务器的管理员来说，这种分区方案就不太适合了。此时，一般还会单独创建一个/boot 分区，用于保存系统启动时所需要的文件，再创建一个/usr 分区，操作系统基本都在这个分区中；还需要创建一个/home 分区，所有的用户信息都在这个分区中；还有/var 分区，服务器的登录文件、邮件、Web 服务器的数据文件都会放在这个分区中，如图 1-7 所示。

至于分区操作，由于 Windows 并不支持 Linux 下的 ext2、ext3、ext4 和 swap 分区，所以只有借助于 Linux 的安装程序进行分区了。当然，绝大多数第三方分区软件也支持 Linux 的分区，也可以用它们来完成这项工作。

下面，我们就通过 Red Hat Enterprise Linux 7 DVD 来启动计算机，并逐步安装程序。

图 1-7　Linux 服务器常见分区方案

1.3　任务 3　安装配置 VM 虚拟机

（1）成功安装 VMware Workstation 后的界面如图 1-8 所示。

图 1-8　虚拟机软件的管理界面

（2）在图 1-8 所示的界面中，单击"创建新的虚拟机"选项，并在弹出的"新建虚拟机向导"界面中选择"典型"单选按钮，然后单击"下一步"按钮，如图 1-9 所示。

（3）选中"稍后安装操作系统"单选按钮，然后单击"下一步"按钮，如图 1-10 所示。

图 1-9 新建虚拟机向导

图 1-10 选择虚拟机的安装来源

注意：请一定选择"**稍后安装操作系统**"单选按钮，如果选择"**安装程序光盘映像文件**"单选按钮，并把下载好的 RHEL 7 系统的映像选中，虚拟机会通过默认的安装策略为您部署最精简的 Linux 系统，而不会再向您询问安装设置的选项。

（4）在图 1-11 所示的界面中，将客户机操作系统的类型选择为"Linux"，版本为"Red Hat Enterprise Linux 7 64 位"，然后单击"下一步"按钮。

（5）填写"虚拟机名称"字段，并在选择安装位置之后单击"下一步"按钮，如图 1-12 所示。

图 1-11 选择操作系统的版本

图 1-12 命名虚拟机及设置安装路径

（6）将虚拟机系统的"最大磁盘大小"设置为 40.0GB（默认即可），然后单击"下一步"按钮，如图 1-13 所示。

（7）单击"自定义硬件"按钮，如图 1-14 所示。

（8）在出现的图 1-15 所示的界面中，建议将虚拟机系统内存的可用量设置为 2GB，最低不应低于 1GB。根据宿主机的性能设置 CPU 处理器的数量以及每个处理器的核心数量，并开启虚拟化功能，如图 1-16 所示。

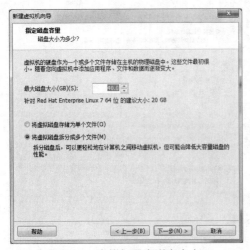

图 1-13　虚拟机最大磁盘大小

图 1-14　虚拟机的配置界面

图 1-15　设置虚拟机的内存量

图 1-16　设置虚拟机的处理器参数

（9）光驱设备此时应在"使用 ISO 映像文件"中选中了下载好的 RHEL 系统映像文件，如图 1-17 所示。

（10）VM 虚拟机软件为用户提供了 3 种可选的网络模式，分别为桥接模式、NAT 模式与仅主机模式。这里选择"仅主机模式"，如图 1-18 所示。

图 1-17　设置虚拟机的光驱设备

图 1-18　设置虚拟机的网络适配器

- **桥接模式**：相当于在物理主机与虚拟机网卡之间架设了一座桥梁，从而可以通过物理主机的网卡访问外网。在实际使用中，桥接模式虚拟机网卡对应的网卡为 VMnet0。
- **NAT 模式**：让 VM 虚拟机的网络服务发挥路由器的作用，使得通过虚拟机软件模拟的主机可以通过物理主机访问外网。在真机中，NAT 虚拟机网卡对应的物理网卡是 VMnet8。
- **仅主机模式**：仅让虚拟机内的主机与物理主机通信，不能访问外网。在真机中，仅主机模式模拟网卡对应的物理网卡是 VMnet1。

（11）把 USB 控制器、声卡、打印机设备等不需要的设备统统移除掉。移掉声卡后可以避免在输入错误后发出提示声音，确保自己在今后实验中的思绪不被打扰，然后单击"关闭"按钮，如图 1-19 所示。

图 1-19　最终的虚拟机配置情况

（12）返回到虚拟机配置向导界面后单击"完成"按钮。虚拟机的安装和配置顺利完成。当看到图 1-20 所示的界面时，就说明虚拟机已经配置成功了。

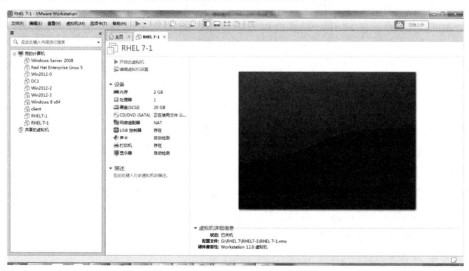

图 1-20　虚拟机配置成功的界面

1.4 任务 4 安装 Red Hat Enterprise Linux 7

安装 RHEL 7 或 CentOS 7 系统时，计算机的 CPU 需要支持 VT（ Virtualization Technology，虚拟化技术）。VT 指的是让单台计算机能够分割出多个独立资源区，并让每个资源区按照需要模拟出系统的一项技术，其本质就是通过中间层实现计算机资源的管理和再分配，让系统资源的利用率最大化。其实只要计算机不是五六年前买的，并且价格不低于 3000 元，它的 CPU 就肯定是支持 VT 的。如果开启虚拟机后依然提示"CPU 不支持 VT 技术"等报错信息，请重启计算机并进入 BIOS 中把 VT 虚拟化功能开启即可。

（1）在虚拟机管理界面中单击"开启此虚拟机"按钮后数秒就能看到 RHEL 7 系统安装界面，如图 1-21 所示。在界面中，"Test this media & install Red Hat Enterprise Linux 7.4"和"Troubleshooting"的作用分别是校验光盘完整性后再安装以及启动救援模式。此时通过键盘的方向键选择"Install Red Hat Enterprise Linux 7.4"选项来直接安装 Linux 系统。

（2）按"Enter"键后开始加载安装映像，所需时间在 30 秒~60 秒，请耐心等待，选择系统的安装语言（简体中文）后单击"继续"按钮，如图 1-22 所示。

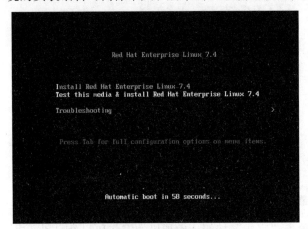

图 1-21 RHEL 7 系统安装界面

图 1-22 选择系统的安装语言

（3）在安装界面中单击"软件选择"选项，如图 1-23 所示。

（4）RHEL 7 系统的软件定制界面可以根据用户的需求来调整系统的基本环境，例如把 Linux 系统用作基础服务器、文件服务器、Web 服务器或工作站等。此时只需在界面中单击选中"带 GUI 的服务器"单选按钮（**如果不选此项，则无法进入图形界面**），然后单击左上角的"完成"按钮即可，如图 1-24 所示。

（5）返回到 RHEL 7 系统安装主界面，单击"网络和主机名"选项后，将"主机名"字段设置为 RHEL 7-1，然后单击左上角的"完成"按钮，如图 1-25 所示。

（6）返回到 RHEL 7 系统安装主界面，单击"安装位置"选项后，单击"我要配置分区"按钮，然后单击左上角的"完成"按钮，如图 1-26 所示。

（7）开始配置分区。磁盘分区允许用户将一个磁盘划分成几个单独的部分，每一部分有自己的盘符。在分区之前，首先规划分区，以 40GB 硬盘为例，做如下规划。

- /boot 分区大小为 300MB。
- swap 分区大小为 4GB。
- /分区大小为 10GB。

图 1-23　安装系统界面

图 1-24　选择系统软件类型

图 1-25　配置网络和主机名

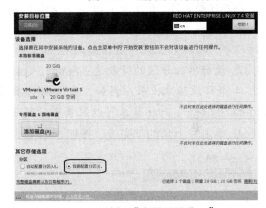

图 1-26　选择"我要配置分区"

- /usr 分区大小为 8GB。
- /home 分区大小为 8GB。
- /var 分区大小为 8GB。
- /tmp 分区大小为 1GB。

下面进行具体分区操作。

① 创建/boot 分区（启动分区）。在"新挂载点将使用以下分区方案"中选中"标准分区"。单击"+"按钮，如图 1-27 所示，选择挂载点为"/boot"（**也可以直接输入挂载点**），容量大小设置为 300MB，然后单击"添加挂载点"按钮。在图 1-28 所示的界面中设置**文件系统**类型为"ext4"，默认文件系统为"xfs"也可以。

图 1-27　添加/boot 挂载点

图 1-28　设置/boot 挂载点的文件类型

注意： 一定选中标准分区，以保证/home 为单独分区，为后面做配额实训做必要准备！

② 创建交换分区。单击"＋"按钮，创建交换分区。"文件系统"类型中选择"swap"，大小一般设置为物理内存的两倍即可。例如，计算机物理内存大小为 2GB，设置的 swap 分区大小就是 4096MB（4GB）。

说明： 什么是 swap 分区？简单地说，swap 就是虚拟内存分区，它类似于 Windows 的 PageFile.sys 页面交换文件。就是当计算机的物理内存不够时，利用硬盘上的指定空间作为后备军来动态扩充内存的大小。

③ 用同样方法：创建"/"分区大小为 10GB，"/usr"分区大小为 8GB，"/home"分区大小为 8GB，"/var"分区大小为 8GB，"/tmp"分区大小为 1GB。文件系统类型全部设置为"**ext4**"，设置分区类型全部为"标准分区"。设置完成如图 1-29 所示。

特别注意： ① 不可与 root 分区分开的目录是：/dev、/etc、/sbin、/bin 和/lib。系统启动时，核心只载入一个分区，那就是"/"，核心启动要加载/dev、/etc、/sbin、/bin 和/lib 5 个目录的程序，所以以上几个目录必须和/根目录在一起。

② 最好单独分区的目录是：/home、/usr、/var 和/tmp。出于安全和管理的目的，最好将以上 4 个目录独立出来。例如，在 samba 服务中，/home 目录可以配置磁盘配额 quota，在 sendmail 服务中，/var 目录可以配置磁盘配额 quota。

④ 单击左上角的"完成"按钮，单击"接受更改"按钮完成分区，如图 1-30 所示。

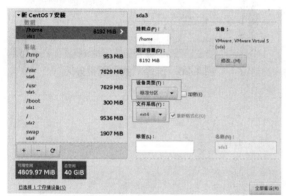

图 1-29 手动分区

图 1-30 完成分区后的结果

（8）返回到安装主界面，如图 1-31 所示，单击"开始安装"按钮后即可看到安装进度。在此处选择"ROOT 密码"，如图 1-32 所示。

图 1-31 RHEL 7 安装主界面

图 1-32　RHEL 7 系统的安装界面

（9）设置 root 管理员的密码。若坚持用弱口令的密码，则需要单击两次图 1-33 所示界面左上角的"完成"按钮才可以确认。这里需要说明，当您在虚拟机中做实验的时候，密码无所谓强弱，但在生产环境中一定要让 root 管理员的密码足够复杂，否则系统将面临严重的安全问题。

图 1-33　设置 root 管理员的密码

（10）Linux 系统安装过程在 30 分钟~60 分钟，用户在安装期间耐心等待即可。安装完成后单击"重启"按钮。

（11）重启系统后将看到系统的初始化界面，单击"LICENSE INFORMATION"选项，如图 1-34 所示。

图 1-34　系统初始化界面

（12）选中"我同意许可协议"复选框，然后单击左上角的"完成"按钮。

（13）返回到初始化界面后单击"完成配置"选项。

（14）虚拟机软件中的 RHEL 7 系统经过又一次的重启后，终于可以看到系统的欢迎界面，如图 1-35 所示。在界面中选择默认的语言汉语（中文），然后单击"前进"按钮。

（15）将系统的键盘布局或输入方式选择为"English(Australian)"，然后单击"前进"按钮，如图 1-36 所示。

（16）按照图 1-37 所示的设置来设置系统的时区（上海，上海，中国），然后单击"前进"按钮。

（17）为 RHEL 7 系统创建一个本地的普通用户，该账户的用户名为"yangyun"，密码为"redhat"，然后单击"前进"按钮，如图 1-38 所示。

图 1-35　系统的语言设置

图 1-36　设置系统的输入来源类型

图 1-37　设置系统的时区

图 1-38　设置本地普通用户

（18）在图 1-39 所示的界面中单击"开始使用 Red Hat Enterprise Linux Server"按钮，出现图 1-40 所示的界面。至此，RHEL 7 系统完成了全部的安装和部署工作。

图 1-39　系统初始化结束界面

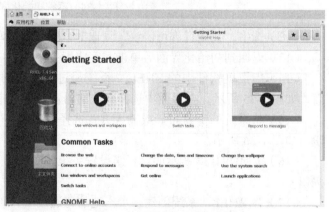

图 1-40　系统的欢迎界面

1.5 任务 5 重置 root 管理员密码

平日里让运维人员头疼的事情已经很多了，因此偶尔把 Linux 系统的密码忘记了并不用慌，只需简单几步就可以完成密码的重置工作。如果您刚刚接手了一台 Linux 系统，要先确定是否为 RHEL 7 系统。如果是，则可进行下面的操作。

（1）如图 1-41 所示，先在空白处单击鼠标右键，单击"打开终端"菜单，然后在打开的终端中输入如下命令。

```
[root@localhost ~]# cat /etc/redhat-release
Red Hat Enterprise Linux Server release 7.4 (Maipo)
[root@localhost ~]#
```

图 1-41 打开终端

（2）在终端输入"reboot"，或者单击右上角的关机按钮 ⏻，选择"重启"按钮，重启 Linux 系统主机并出现引导界面时，按"e"键进入内核编辑界面，如图 1-42 所示。

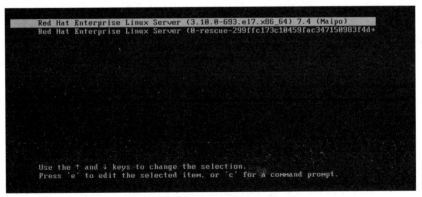

图 1-42 Linux 系统的引导界面

（3）在 linux16 参数这行的最后面追加"rd.break"参数，然后按下"Ctrl + X"组合键来运行修改过的内核程序，如图 1-43 所示。

（4）大约 30 秒过后，进入系统的紧急救援模式。依次输入以下命令，等待系统重启操作完毕，然后就可以使用新密码 newredhat 来登录 Linux 系统了。命令行的执行效果如图 1-44 所示。

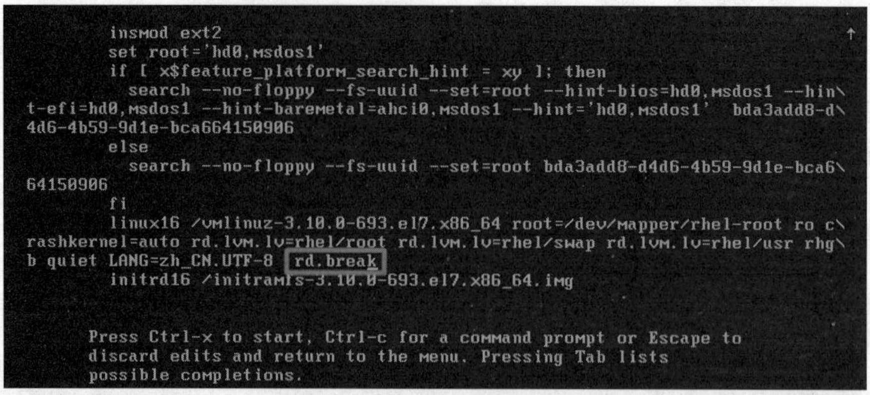

图 1-43　内核信息的编辑界面

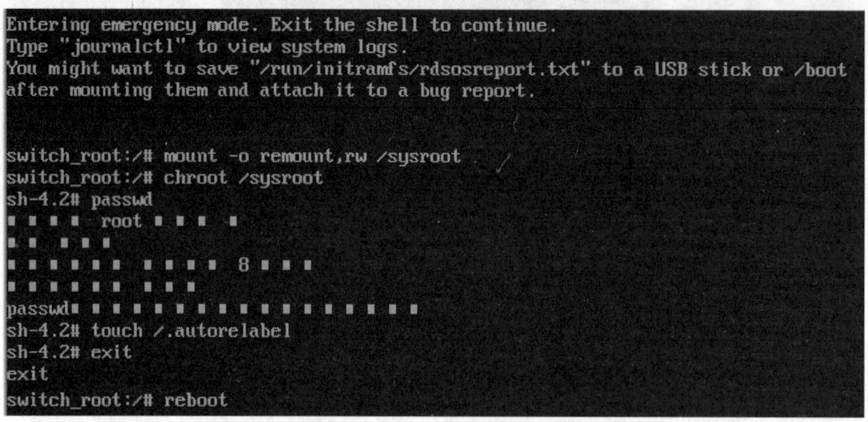

图 1-44　重置 Linux 系统的 root 管理员密码

注意：输入 passwd 后，输入密码和确认密码是不显示的！

```
mount -o remount,rw /sysroot
chroot /sysroot
passwd
touch /.autorelabel
exit
reboot
```

1.6　任务 6　RPM（红帽软件包管理器）

在 RPM（红帽软件包管理器）公布之前，要想在 Linux 系统中安装软件只能采取源码包的方式安装。早期在 Linux 系统中安装程序是一件非常困难、耗费耐心的事情，而且大多数的服务程序仅仅提供源代码，需要运维人员自行编译代码并解决许多软件依赖关系问题，因此要安装好一个服务程序，运维人员需要具备丰富的知识、高超的技能，甚至良好的耐心。另外，在安装、升级、卸载服务程序时，还要考虑到其他程序、库的依赖关系，所以在进行校验、安装、卸载、查询、升级等管理软件操作时，难度都非常大。

RPM 机制是为解决这些问题而设计的。RPM 有点像 Windows 系统中的控制面板，会建立统一的数据库文件，详细记录软件信息并能够自动分析依赖关系。目前 RPM 的优势已经被公众所认可，使用范围也已不局限在红帽系统中了。表 1-2 所示是一些常用的 RPM 软件包命令。

表 1-2 常用的 RPM 软件包命令

安装软件的命令格式	rpm -ivh filename.rpm
升级软件的命令格式	rpm -Uvh filename.rpm
卸载软件的命令格式	rpm -e filename.rpm
查询软件描述信息的命令格式	rpm -qpi filename.rpm
列出软件文件信息的命令格式	rpm -qpl filename.rpm
查询文件属于哪个 RPM 的命令格式	rpm -qf filename

1.7 任务 7 yum 软件仓库

尽管 RPM 能够帮助用户查询软件相关的依赖关系，但问题还是要运维人员自己来解决，而有些大型软件可能与数十个程序都有依赖关系，在这种情况下安装软件会是非常痛苦的。yum 软件仓库便是为了进一步降低软件安装难度和复杂度而设计的技术。

RHEL 先将发布的软件存放到 yum 服务器内，再分析这些软件的依赖属性问题，将软件内的记录信息写下来（header），然后将这些信息分析后记录成软件相关性的清单列表。这些列表数据与软件所在的位置可以叫容器（repository）。当用户端有软件安装的需求时，用户端主机会主动地向网络上面的 yum 服务器的容器网址下载清单列表，然后通过清单列表的数据与本机 RPM 数据库已存在的软件数据相比较，就能够一次性安装所有需要的具有依赖属性的软件了。整个流程如图 1-45 所示。

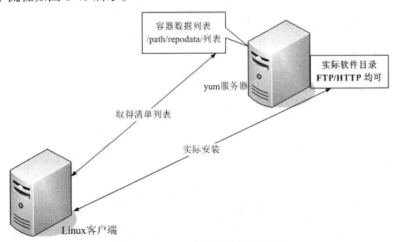

图 1-45 yum 使用的流程示意图

当用户端有升级、安装的需求时，yum 会向容器要求清单的更新，使清单更新到本机的 /var/cache/yum 里面。当用户端实施更新、安装时，就会用本机清单与本机的 RPM 数据库进行比较，这样就知道该下载什么软件了。接下来 yum 会到容器服务器（yum server）下载所需要的软件，然后再通过 RPM 的机制开始安装软件。这就是整个流程，但仍然离不开 RPM。常见的 yum 命令如表 1-3 所示。

表 1-3　常见的 yum 命令

命　　令	作　　用
yum repolist all	列出所有仓库
yum list all	列出仓库中所有软件包
yum info 软件包名称	查看软件包信息
yum install 软件包名称	安装软件包
yum reinstall 软件包名称	重新安装软件包
yum update 软件包名称	升级软件包
yum remove 软件包名称	移除软件包
yum clean all	清除所有仓库缓存
yum check-update	检查可更新的软件包
yum grouplist	查看系统中已经安装的软件包组
yum groupinstall 软件包组	安装指定的软件包组
yum groupremove 软件包组	移除指定的软件包组
yum groupinfo 软件包组	查询指定的软件包组信息

1.8　任务 8　systemd 初始化进程

　　Linux 操作系统的开机过程是这样的，即从 BIOS 开始，进入 Boot Loader，再加载系统内核，然后内核进行初始化，最后启动初始化进程。初始化进程作为 Linux 系统的第一个进程，需要完成 Linux 系统中相关的初始化工作，为用户提供合适的工作环境。红帽 RHEL 7 系统已经替换掉了熟悉的初始化进程服务 System V init，正式采用全新的 systemd 初始化进程服务。如果您之前学习的是 RHEL 5 或 RHEL 6 系统，可能会不习惯。systemd 初始化进程服务采用了并发启动机制，开机速度得到了不小的提升。

　　RHEL 7 系统选择 systemd 初始化进程服务已经是一个既定事实，因此也没有了"运行级别"这个概念。Linux 系统在启动时要进行大量的初始化工作，如挂载文件系统和交换分区、启动各类进程服务等，这些都可以看作是一个一个的单元（Unit）。systemd 用目标（target）代替了 System V init 中运行级别的概念，这两者的区别如表 1-4 所示。

表 1-4　systemd 与 System V init 的区别以及作用

System V init 运行级别	systemd 目标名称	作　　用
0	runlevel0.target, poweroff.target	关机
1	runlevel1.target, rescue.target	单用户模式
2	runlevel2.target, multi-user.target	等同于级别 3
3	runlevel3.target, multi-user.target	多用户的文本界面
4	runlevel4.target, multi-user.target	等同于级别 3

续表

System V init 运行级别	systemd 目标名称	作　用
5	runlevel5.target, graphical.target	多用户的图形界面
6	runlevel6.target, reboot.target	重启
emergency	emergency.target	紧急 shell

如果想要将系统默认的运行目标修改为"多用户，无图形"模式，可直接用 ln 命令把多用户模式目标文件连接到/etc/systemd/system/目录，具体如下。

```
[root@ RHEL7-1 ~]# ln -sf/lib/systemd/system/multi-user.target /etc/ systemd/
system/default.target
```

在 RHEL 6 系统中使用 service、chkconfig 等命令来管理系统服务，而在 RHEL 7 系统中使用 systemctl 命令来管理服务。表 1-5 和表 1-6 是 RHEL 6 系统中的 System V init 命令与 RHEL 7 系统中的 systemctl 命令的对比，后续章节中会经常用到它们。

表 1-5　systemctl 管理服务的启动、重启、停止、重载、查看状态等常用命令

System V init 命令 （RHEL 6 系统）	systemctl 命令（RHEL 7 系统）	作　用
service foo start	systemctl start foo.service	启动服务
service foo restart	systemctl restart foo.service	重启服务
service foo stop	systemctl stop foo.service	停止服务
service foo reload	systemctl reload foo.service	重新加载配置文件（不终止服务）
service foo status	systemctl status foo.service	查看服务状态

表 1-6　systemctl 设置服务开机启动、不启动、查看各级别下服务启动状态等常用命令

System V init 命令 （RHEL 6 系统）	systemctl 命令（RHEL 7 系统）	作　用
chkconfig foo on	systemctl enable foo.service	开机自动启动
chkconfig foo off	systemctl disable foo.service	开机不自动启动
chkconfig foo	systemctl is-enabled foo.service	查看特定服务是否为开机自动启动
chkconfig --list	systemctl list-unit-files --type=service	查看各个级别下服务的启动与禁用情况

1.9　任务 9　启动 shell

操作系统的核心功能就是管理和控制计算机硬件、软件资源，以尽量合理、有效地组织多个用户共享多种资源，而 shell 则是介于使用者和操作系统核心程序（Kernel）间的一个接口。在各种 Linux 发行套件中，目前虽然已经提供了丰富的图形化接口，但 shell 仍是一种非常方便、灵活的途径。

Linux 中的 shell 又称为命令行，在这个命令行窗口中，用户输入指令，操作系统执行并

将结果回显在屏幕上。

1. 使用 Linux 系统的终端窗口

现在的 Red Hat Enterprise Linux 7 操作系统默认采用的都是图形界面的 GNOME 或者 KDE 操作方式，要想使用 shell 功能，就必须像在 Windows 中那样打开一个命令行窗口。一般用户，可以通过执行"应用程序"→"系统工具"→"终端"命令来打开终端窗口，或者直接在桌面单击鼠标右键，选择"在终端中打开（Open Terminal）"命令，如图 1-46 所示。如果是英文系统，对应的是："Applications"→"System Tools"→"Terminal"。由于中英文之间都是比较常用的单词，在本书的后面不再单独说明。

执行以上命令后，就打开了一个白底黑字的命令行窗口，这里可以使用 Red Hat Enterprise Linux 7 支持的所有命令行指令。

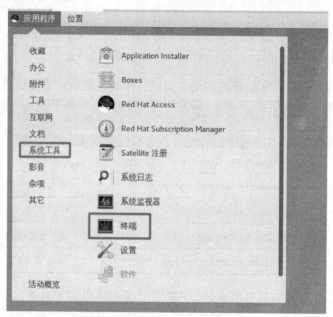

图 1-46　从这里打开终端

2. 使用 shell 提示符

登录之后，普通用户的命令行提示符以"$"号结尾，超级用户的命令以"#"号结尾。

```
[yangyun@localhost~]$                          ;一般用户以"$"号结尾
[yangyun@localhost~]$ su root                  ;切换到 root 账号
Password:
[root@localhost~]#                             ;命令行提示符变成以"#"号结尾了
```

3. 退出系统

在终端中输入"shutdown –P now"，或者单击右上角的关机按钮 ，选择"关机"按钮，可以退出系统。

4. 再次登录

如果再次登录，为了后面的实训顺利进行，请选择 root 用户。如图 1-47 所示，单击"Not listed？"按钮，后面输入 root 用户及密码，以 root 身份登录计算机。

图 1-47　选择用户登录

5. 制作系统快照

安装成功后，请一定使用 VM 的快照功能进行快照备份，一旦需要可立即恢复到系统的初始状态。提醒读者，对于重要实训节点，也可以进行快照备份，以便后续可以恢复到适当断点。

1.10　项目实录：Linux 系统安装与基本配置

1. 视频位置

实训前请扫二维码观看"实训项目　安装与基本配置 Linux 操作系统"慕课。

2. 项目背景

某计算机已经安装了 Windows 7/8 操作系统，该计算机的磁盘分区情况如图 1-48 所示，要求增加安装 RHEL 7/CentOS 7，并保证原来的 Windows 7/8 仍可使用。

慕课

实训项目　安装与基本
配置 Linux 操作系统

3. 项目分析

要求增加安装 RHEL 7/CentOS 7，并保证原来的 Windows 7/8 仍可使用。从图 1-48 所示可知，此硬盘约有 300GB，分为 C、D、E 3 个分区。对于此类硬盘比较简便的操作方法是将 E 盘上的数据转移到 C 盘或者 D 盘，而利用 E 盘的硬盘空间来安装 Linux。

对于要安装的 Linux 操作系统，需要进行磁盘分区规划，分区规划如图 1-49 所示。

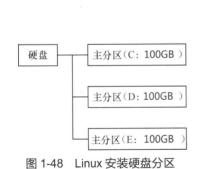

图 1-48　Linux 安装硬盘分区

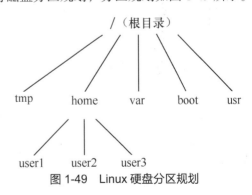

图 1-49　Linux 硬盘分区规划

硬盘大小为 100G，分区规划如下。

- /boot 分区大小为 600MB。
- swap 分区大小为 4GB。
- /分区大小为 10GB。
- /usr 分区大小为 8GB。
- /home 分区大小为 8GB。

- /var 分区大小为 8GB。
- /tmp 分区大小为 6GB。
- 预留 55GB 不进行分区。

4. 深度思考

在观看视频时思考以下几个问题。

（1）如何进行双启动安装？

（2）分区规划为什么必须要慎之又慎？

（3）安装系统前，对 E 盘是如何处理的？

（4）第一个系统的虚拟内存设置至少多大？为什么？

5. 做一做

根据项目要求及视频内容，将项目完整地做一遍。

1.11 练习题

一、填空题

1. GNU 的含义是_____。

2. Linux 一般有 3 个主要部分：_____、_____、_____。

3. 目前被称为纯种的 UNIX 指的就是_____以及_____这两套操作系统。

4. Linux 是基于_____的软件模式进行发布的，它是 GNU 项目制定的通用公共许可证，英文是_____。

5. 史托曼成立了自由软件基金会，它的英文是_____。

6. POSIX 是_____的缩写，重点在规范核心与应用程序之间的接口，这是由美国电气与电子工程师学会（IEEE）所发布的一项标准。

7. 当前的 Linux 常见的应用可分为_____与_____两个方面。

8. Linux 的版本分为_____和_____两种。

9. 安装 Linux 最少需要两个分区，分别是_____。

10. Linux 默认的系统管理员账号是_____。

二、选择题

1. Linux 最早是由计算机爱好者（　　　）开发的。

    A. Richard Petersen   B. Linus Torvalds

    C. Rob Pick   D. Linux Sarwar

2. 下列中（　　　）是自由软件。

    A. Windows XP   B. UNIX   C. Linux   D. Windows 2008

3. 下列中（　　　）不是 Linux 的特点。

    A. 多任务   B. 单用户   C. 设备独立性   D. 开放性

4. Linux 的内核版本 2.3.20 是（　　　）的版本。

    A. 不稳定   B. 稳定的   C. 第三次修订   D. 第二次修订

5. Linux 安装过程中的硬盘分区工具是（　　　）。

    A. PQmagic   B. FDISK   C. FIPS   D. Disk Druid

6. Linux 的根分区系统类型可以设置成（　　　）。

    A. FATl6   B. FAT32   C. ext4   D. NTFS

三、简答题

1. 简述 Linux 的体系结构。

2. 使用虚拟机安装 Linux 系统时，为什么要先选择"稍后安装操作系统"，而不是去选择"RHEL 7 系统映像光盘"？

3. 简述 RPM 与 yum 软件仓库的作用。

4. 安装 Red Hat Linux 系统的基本磁盘分区有哪些？

5. Red Hat Linux 系统支持的文件类型有哪些？

6. 丢失 root 口令如何解决？

7. RHEL 7 系统采用了 systemd 作为初始化进程，那么如何查看某个服务的运行状态？

1.12　实践习题

使用虚拟机和安装光盘安装和配置 Red Hat Enterprise Linux 7.4，试着在安装过程中对 IPV4 进行配置。

1.13　超级链接

点击访问学习**国家精品资源共享课程**网站中学习情境的相关内容。后面项目也请访问该学习网站，不再一一标注。

项目 ② 熟练使用 Linux 常用命令

项目导入

在文本模式和终端模式下，经常使用 Linux 命令来查看系统的状态和监视系统的操作，如对文件和目录进行浏览、操作等。在 Linux 较早的版本中，由于不支持图形化操作，用户基本上都是使用命令行方式对系统进行操作，所以掌握常用的 Linux 命令是必要的。项目 2 将对 Linux 的常用命令进行分类介绍。

职业能力目标和要求

- 熟悉 Linux 系统的终端窗口和命令基础。
- 掌握文件目录类命令。
- 掌握系统信息类命令。
- 掌握进程管理类命令及其他常用命令。

微课

2.1 **任务 1　熟悉 Linux 命令基础**

掌握 Linux 命令对于管理 Linux 网络操作系统是非常必要的。

Linux 操作基础

2.1.1　子任务 1　了解 Linux 命令特点

在 Linux 系统中，命令区分大小写。在命令行中，可以使用"Tab"键来自动补齐命令，即可以只输入命令的前几个字母，然后按"Tab"键。

按"Tab"键时，如果系统只找到一个与输入字符相匹配的目录或文件，则自动补齐；如果没有匹配的内容或有多个相匹配的名字，系统将发出警鸣声，再按一下"Tab"键将列出所有相匹配的内容（如果有的话），以供用户选择。

例如，在命令提示符后输入"mou"，然后按"Tab"键，系统将自动补全该命令为"mount"；如果在命令提示符后只输入"mo"，然后按"Tab"键，此时将警鸣一声，再次按"Tab"键，系统将显示所有以"mo"开头的命令。

另外，利用向上或向下的光标键，可以翻查曾经执行过的历史命令，并可以再次执行。

如果要在一个命令行上输入和执行多条命令，可以使用分号来分隔命令，如"cd /;ls"。

断开一个长命令行，可以使用反斜杠"\"，可以将一个较长的命令分成多行表达，增强命令的可读性。执行后，shell 自动显示提示符">"，表示正在输入一个长命令，此时可继续在新行上输入命令的后续部分。

2.1.2 子任务 2 后台运行程序

一个文本控制台或一个仿真终端在同一时刻只能运行一个程序或命令，在执行结束前，一般不能进行其他操作。此时可采用将程序在后台执行的方式，以释放控制台或终端，使其仍能进行其他操作。要使程序以后台方式执行，只需在要执行的命令后跟上一个"&"符号即可，如"**find -name httpd.conf&**"。

2.2 任务 2 熟练使用文件目录类命令

文件目录类命令是对文件和目录进行各种操作的命令。

2.2.1 子任务 1 熟练使用浏览目录类命令

1. pwd 命令

pwd 命令用于显示用户当前所处的目录。如果用户不知道自己当前所处的目录，就必须使用它。例如：

```
[root@RHEL7-1 etc]# pwd
/etc
```

2. cd 命令

cd 命令用来在不同的目录中进行切换。用户在登录系统后，会处于用户的家目录（$HOME）中，该目录一般以/home 开始，后跟用户名，这个目录就是用户的初始登录目录（root 用户的家目录为/root）。如果用户想切换到其他的目录中，就可以使用 cd 命令，后跟想要切换的目录名。例如：

```
[root@RHEL7-1 etc]# cd              //改变目录位置至用户登录时的工作目录
[root@RHEL7-1 ~]# cd dir1           //改变目录位置至当前目录下的 dir1 子目录下
[root@RHEL7-1 dir1]# cd ~           //改变目录位置至用户登录时的工作目录（用户的家目录）
[root@RHEL7-1 ~]# cd ..             //改变目录位置至当前目录的父目录
[root@RHEL7-1 /]# cd                //改变目录位置至用户登录时的工作目录
[root@RHEL7-1 ~]# cd ../etc         //改变目录位置至当前目录的父目录下的 etc 子目录下
[root@RHEL7-1 etc]# cd /root/dir1/subdir1 //利用绝对路径表示改变目录到 /root
/dir1/subdir1 目录下
```

说明：在 Linux 系统中，用"."代表当前目录；用".."代表当前目录的父目录；用"~"代表用户的个人家目录（主目录）。例如，root 用户的个人主目录是/root，则不带任何参数的"cd"命令相当于"cd~"，即将目录切换到用户的家目录。

3. ls 命令

ls 命令用来列出文件或目录信息。该命令的语法为

```
ls  [参数]  [目录或文件]
```

ls 命令的常用参数选项如下。

- -a：显示所有文件，包括以"."开头的隐藏文件。
- -A：显示指定目录下所有的子目录及文件，包括隐藏文件。但不显示"."和".."。
- -c：按文件的修改时间排序。

- -C：分成多列显示各行。
- -d：如果参数是目录，则只显示其名称而不显示其下的各个文件。往往与"-l"选项一起使用，以得到目录的详细信息。
- -l：以长格形式显示文件的详细信息。
- -i：在输出的第一列显示文件的 i 节点号。

例如：

```
[root@RHEL7-1 ~]#ls            //列出当前目录下的文件及目录
[root@RHEL7-1 ~]#ls -a         //列出包括以"."开始的隐藏文件在内的所有文件
[root@RHEL7-1 ~]#ls -t         //依照文件最后修改时间的顺序列出文件
[root@RHEL7-1 ~]#ls -F         //列出当前目录下的文件名及其类型
//以/ 结尾表示为目录名，以* 结尾表示为可执行文件，以@ 结尾表示为符号连接
[root@RHEL7-1 ~]#ls -l         //列出当前目录下所有文件的权限、所有者、文件大小、修改时
间及名称
[root@RHEL7-1 ~]#ls -lg        //同上，并显示出文件的所有者工作组名
[root@RHEL7-1 ~]#ls -R         //显示出目录下以及其所有子目录的文件名
```

2.2.2 子任务 2 熟练使用浏览文件类命令

1. cat 命令

cat 命令主要用于滚屏显示文件内容或是将多个文件合并成一个文件。该命令的语法为

```
cat [参数] 文件名
```

cat 命令的常用参数选项如下。

- -b：对输出内容中的非空行标注行号。
- -n：对输出内容中的所有行标注行号。

通常使用 cat 命令查看文件内容，但是 cat 命令的输出内容不能够分页显示，要查看超过一屏的文件内容，需要使用 more 或 less 等其他命令。如果在 cat 命令中没有指定参数，则 cat 会从标准输入（键盘）中获取内容。

例如，要查看/soft/file1 文件内容的命令为

```
[root@RHEL7-1 ~]#cat /soft/file1
```

利用 cat 命令还可以合并多个文件。例如，要把 file1 和 file2 文件的内容合并为 file3，且 file2 文件的内容在 file1 文件的内容前面，则命令为

```
[root@RHEL7-1 ~]# cat file2 file1>file3
//如果file3文件存在，则此命令的执行结果会覆盖file3文件中原有内容
[root@RHEL7-1 ~]# cat file2 file1>>file3
//如果file3文件存在，此命令的执行结果将把file2和file1文件的内容附加到file3文件中
原有内容的后面。
```

2. more 命令

在使用 cat 命令时，如果文件太长，用户只能看到文件的最后一部分。这时可以使用 more 命令，一页一页地分屏显示文件的内容。more 命令通常用于分屏显示文件内容。大部分情况下，可以不加任何参数选项执行 more 命令查看文件内容。执行 more 命令后，进入 more 状态，按"Enter"键可以向下移动一行，按"Space"键可以向下移动一页；按"Q"键可以退出

more 命令。该命令的语法为

```
more  [参数]  文件名
```

more 命令的常用参数选项如下。

- -num：这里的 num 是一个数字，用来指定分页显示时每页的行数。
- +num：指定从文件的第 num 行开始显示。

例如：

```
[root@RHEL7-1 ~]#more file1          // 以分页方式查看 file1 文件的内容
[root@RHEL7-1 ~]#cat file1 | more    // 以分页方式查看 file1 文件的内容
```

more 命令经常在管道中被调用，以实现各种命令输出内容的分屏显示。上面的第二个命令就是利用 shell 的管道功能分屏显示 file1 文件的内容。关于管道的内容在项目 7 中有详细介绍。

3. less 命令

less 命令是 more 命令的改进版，比 more 命令的功能强大。more 命令只能向下翻页，而 less 命令可以向下、向上翻页，甚至可以前后左右移动。执行 less 命令后，进入了 less 状态，按 "Enter" 键可以向下移动一行，按 "Space" 键可以向下移动一页，按 "B" 键可以向上移动一页，也可以用光标键向前、后、左、右移动，按 "Q" 键可以退出 less 命令。

less 命令还支持在一个文本文件中进行快速查找。先按下斜杠键 "/"，再输入要查找的单词或字符。less 命令会在文本文件中进行快速查找，并把找到的第一个搜索目标高亮度显示。如果希望继续查找，就再次按下斜杠键 "/"，再按 "Enter" 键即可。

less 命令的用法与 more 基本相同，例如：

```
[root@RHEL7-1 ~]#less /etc/httpd/conf/httpd.conf   //以分页方式查看 httpd.conf
文件的内容
```

4. head 命令

head 命令用于显示文件的开头部分，默认情况下只显示文件的前 10 行内容。该命令的语法为

```
head  [参数]  文件名
```

head 命令的常用参数选项如下。

- -n num：显示指定文件的前 num 行。
- -c num：显示指定文件的前 num 个字符。

例如：

```
[root@RHEL7-1 ~]#head  -n  20  /etc/httpd/conf/httpd.conf        // 显示
httpd.conf 文件的前 20 行
```

5. tail 命令

tail 命令用于显示文件的末尾部分，默认情况下，只显示文件的末尾 10 行内容。该命令的语法为

```
tail  [参数]  文件名
```

tail 命令的常用参数选项如下。

- -n num：显示指定文件的末尾 num 行。
- -c num：显示指定文件的末尾 num 个字符。

● +num：从第 num 行开始显示指定文件的内容。

例如：

```
[root@RHEL7-1 ~]#tail    -n    20    /etc/httpd/conf/httpd.conf        //显示
httpd.conf 文件的末尾 20 行
```

tail 命令最强悍的功能是可以持续刷新一个文件的内容，当想要实时查看最新日志文件时，这特别有用。此时的命令格式为"tail -f 文件名"：

```
[root@RHEL7-1 ~]# tail -f /var/log/messages
    May  2 21:28:24 localhost dbus-daemon: dbus[815]: [system] Activating via
systemd: service name='net.reactivated.Fprint' unit='fprintd.service'
    ......
    May  2 21:28:24 localhost systemd: Started Fingerprint Authentication Daemon.
    May  2 21:28:28 localhost su: (to root) yangyun on pts/0
    May  2 21:28:54 localhost journal: No devices in use, exit
```

2.2.3 子任务 3 熟练使用目录操作类命令

1. mkdir 命令

mkdir 命令用于创建一个目录。该命令的语法为

```
mkdir  [参数]  目录名
```

上述目录名可以为相对路径，也可以为绝对路径。

mkdir 命令的常用参数选项如下。

-p：在创建目录时，如果父目录不存在，则同时创建该目录及该目录的父目录。

例如：

```
[root@RHEL7-1 ~]#mkdir dir1    //在当前目录下创建 dir1 子目录
[root@RHEL7-1 ~]#mkdir -p dir2/subdir2
    //在当前目录的 dir2 目录中创建 subdir2 子目录，如果 dir2 目录不存在，则同时创建
```

2. rmdir 命令

rmdir 命令用于删除空目录。该命令的语法为

```
rmdir  [参数]  目录名
```

上述目录名可以为相对路径，也可以为绝对路径。但所删除的目录必须为空目录。

rmdir 命令的常用参数选项如下。

-p：在删除目录时，一同删除父目录，但父目录中必须没有其他目录及文件。

例如：

```
[root@RHEL7-1 ~]#rmdir dir1    //在当前目录下删除 dir1 空子目录
[root@RHEL7-1 ~]#rmdir -p dir2/subdir2
    //删除当前目录中 dir2/subdir2 子目录，//删除 subdir2 目录时，如果 dir2 目录中无其他目录，
则一起删除
```

2.2.4 子任务 4 熟练使用 cp 命令

1. cp 命令的使用方法

cp 命令主要用于文件或目录的复制。该命令的语法为

```
cp  [参数]  源文件    目标文件
```

cp 命令的常用参数选项如下。

- -a：尽可能将文件状态、权限等属性照原状予以复制。
- -f：如果目标文件或目录存在，先删除它们再进行复制（即覆盖），并且不提示用户。
- -i：如果目标文件或目录存在，提示是否覆盖已有的文件。
- -R：递归复制目录，即包含目录下的各级子目录。

2. 使用 cp 命令的范例

复制（cp）这个指令是非常重要的，不同身份者执行这个指令会有不同的结果产生，尤其是-a、-p 选项，对于不同身份来说，差异非常大。下面的练习中，有的身份为 root，有的身份为一般账号（在这里用 bobby 这个账号），练习时请特别注意身份的差别。请观察下面的复制练习。

【例 2-1】用 root 身份，将家目录下的.bashrc 复制到/tmp 下，并更名为 bashrc。

```
[root@RHEL7-1 ~]# cp ~/.bashrc /tmp/bashrc
[root@RHEL7-1 ~]# cp -i ~/.bashrc /tmp/bashrc
cp: overwrite `/tmp/bashrc'? n 不覆盖，y 为覆盖
# 重复做两次，由于/tmp 下已经存在 bashrc 了，加上-i 选项后，
# 则在覆盖前会询问使用者是否确定！可以按下 n 或者 y 来二次确认
```

【例 2-2】变换目录到/tmp，并将/var/log/wtmp 复制到/tmp 且观察属性。

```
[root@RHEL7-1 ~]# cd    /tmp
[root@RHEL7-1 tmp]# cp /var/log/wtmp  . <==想要复制到当前目录，最后的"."不要忘
[root@RHEL7-1 tmp]#ls   -l  /var/log/wtmp wtmp
-rw-rw-r-1 root utmp 96384 Sep 24 11:54/var/log/wtmp
-rw-r-r-1 root root 96384 Sep 24 14:06 wtmp
# 注意上面的特殊字体，在不加任何选项复制的情况下，文件的某些属性/权限会改变
# 这是个很重要的特性，连文件建立的时间也不一样了，要注意
```

那如果你想要将文件的所有特性都一起复制过来该怎么办？可以加上-a，如下所示。

```
[root@RHEL7-1 tmp]# cp   -a   /var/log/wtmp wtmp_2
[root@RHEL7-1 tmp]# ls  -l   /var/log/wtmp wtmp_2
-rw-rw-r-1 root utmp 96384 Sep 24 11:54/var/log/wtmp
-rw-rw-r-1 root utmp 96384 Sep 24 11:54 wtmp_2
```

cp 的功能很多，由于我们常常会进行一些数据的复制，所以也会常常用到这个指令。一般来说，如果复制别人的数据（当然，你必须要有 read 的权限）时，总是希望复制到的数据最后是自己的。所以，在预设的条件中，cp 的源文件与目的文件的权限是不同的，目的文件的拥有者通常会是指令操作者本身。

举例来说，例 2-2 中，由于是 root 的身份，因此复制过来的文件拥有者与群组就改变成为 root 所有。由于具有这个特性，所以当我们在进行备份的时候，某些需要特别注意的特殊权限文件。例如，密码文件（/etc/shadow）以及一些配置文件，就不能直接以 cp 来复制，而必须要加上-a 或-p 等属性。

注意：如果想要复制文件给其他使用者，也必须要注意文件的权限（包含读、写、执行以及文件拥有者等），否则，其他人还是无法针对你给的文件进行修改。

【例 2-3】复制/etc/这个目录下的所有内容到/tmp 里面。

```
[root@RHEL7-1 tmp]# cp   /etc   /tmp
cp:omitting directory`/etc'  <== 如果是目录则不能直接复制，要加上-r的选项
[root@RHEL7-1 tmp]# cp   -r  /etc /tmp
# 还是要再次强调：-r是可以复制目录，但是，文件与目录的权限可能会被改变
# 所以，也可以利用"cp   -a  /etc  /tmp"命令，尤其是在备份的情况下
```

【例 2-4】若~/.bashrc 比/tmp/bashrc 新才复制过来。

```
[root@RHEL7-1 tmp]# cp  -u  ~/.bashrc  /tmp/bashrc
# -u的特性是在目标文件与来源文件有差异时，才会复制
# 所以，常被用于"备份"的工作当中
```

思考：你能否使用 bobby 身份，完整地复制/var/log/wtmp 文件到/tmp 下面，并更名为 bobby_wtmp 呢？

参考答案：

```
[bobby@RHEL7-1 ~]$ cp -a /var/log/wtmp  /tmp/bobby_wtmp
[bobby@RHEL7-1 ~]$ ls -l /var/log/wtmp  /tmp/bobby_wtmp
```

2.2.5　子任务 5　熟练使用文件操作类命令

1. mv 命令

mv 命令主要用于文件或目录的移动或改名。该命令的语法为

mv　[参数]　源文件或目录　　目标文件或目录

mv 命令的常用参数选项如下。

● -i：如果目标文件或目录存在，则提示是否覆盖目标文件或目录。

● -f：无论目标文件或目录是否存在，直接覆盖目标文件或目录，不提示。

例如：

```
//将当前目录下的 testa 文件移动到/usr/目录下，文件名不变
[root@RHEL7-1 ~]# mv testa /usr/
//将/usr/testa 文件移动到根目录下，移动后的文件名为 tt
[root@RHEL7-1 ~]# mv /usr/testa /tt
```

2. rm 命令

rm 命令主要用于文件或目录的删除。该命令的语法为

rm　[参数]　文件名或目录名

rm 命令的常用参数选项如下。

● -i：删除文件或目录时提示用户。

● -f：删除文件或目录时不提示用户。

● -R：递归删除目录，即包含目录下的文件和各级子目录。

例如：

```
//删除当前目录下的所有文件，但不删除子目录和隐藏文件
[root@RHEL7-1 ~]# mkdir /dir1;cd /dir1
[root@RHEL7-1 dir1]# touch aa.txt bb.txt; mkdir subdir11;ll
[root@RHEL7-1 dir1]# rm *
// 删除当前目录下的子目录 subdir11，包含其下的所有文件和子目录，并且提示用户确认
```

```
[root@RHEL7-1 dir]# rm -iR subdir11
```

3. touch 命令

touch 命令用于建立文件或更新文件的修改日期。该命令的语法为

```
touch  [参数]  文件名或目录名
```

touch 命令的常用参数选项如下。

- -d yyyymmdd：把文件的存取或修改时间改为 yyyy 年 mm 月 dd 日。
- -a：只把文件的存取时间改为当前时间。
- -m：只把文件的修改时间改为当前时间。

例如：

```
[root@RHEL7-1 ~]# touch aa
//如果当前目录下存在 aa 文件，则把 aa 文件的存取和修改时间改为当前时间
//如果不存在 aa 文件，则新建 aa 文件
[root@RHEL7-1 ~]# touch -d 20180808 aa        //将 aa 文件的存取和修改时间改为 2018
年 8 月 8 日
```

4. rpm 命令

rpm 命令主要用于对 RPM 软件包进行管理。RPM 包是 Linux 的各种发行版本中应用最为广泛的软件包格式之一。学会使用 rpm 命令对 RPM 软件包进行管理至关重要。该命令的语法为

```
rpm  [参数]  软件包名
```

rpm 命令的常用参数选项如下。

- -qa：查询系统中安装的所有软件包。
- -q：查询指定的软件包在系统中是否安装。
- -qi：查询系统中已安装软件包的描述信息。
- -ql：查询系统中已安装软件包里所包含的文件列表。
- -qf：查询系统中指定文件所属的软件包。
- -qp：查询 RPM 包文件中的信息，通常用于在未安装软件包之前了解软件包中的信息。

拓展阅读

5. diff 命令、ln 命令、gzip 和 gunzip 命令、tar 命令

- -i：用于安装指定的 RPM 软件包。
- -v：显示较详细的信息。
- -h：以 "#" 显示进度。
- -e：删除已安装的 RPM 软件包。
- -U：升级指定的 RPM 软件包。软件包的版本必须比当前系统中安装的软件包的版本高才能正确升级。如果当前系统中并未安装指定的软件包，则直接安装。
- -F：更新软件包。

例如：

```
[root@RHEL7-1 ~]#rpm -qa|more          //显示系统安装的所有软件包列表
[root@RHEL7-1 ~]#rpm -q selinux-policy //查询系统是否安装了 selinux-policy
[root@RHEL7-1 ~]#rpm -qi selinux-policy  //查询系统已安装的软件包的描述信息
[root@RHEL7-1 ~]#rpm -ql selinux-policy   //查询系统已安装的软件包里所包含的文
```

件列表

```
[root@RHEL7-1 ~]#rpm -qf /etc/passwd    //查询 passwd 文件所属的软件包
[root@RHEL7-1 ~]#mkdir /iso;mount /dev/cdrom  /iso    //挂载光盘
[root@RHEL7-1 ~]#cd /iso/Packages        //改变目录到 sudo 软件包所在的目录
[root@RHEL7-1 Packages]#rpm -ivh sudo-1.8.19p2-10.el7.x86_64.rpm  //安装软
件包，系统将以"#"显示安装进度和安装的详细信息
[root@RHEL7-1Packages]#rpm -Uvh sudo-1.8.19p2-10.el7.x86_64.rpm //升级 sudo
[root@RHEL7-1Packages]#rpm -e sudo-1.8.19p2-10.el7.x86_64    //卸载 sudo
```

注意：卸载软件包时不加扩展名.rpm，如果使用命令：rpm -e sudo-1.8.19p2-10.x86_64.rpm-nodeps，则表示不检查依赖性。另外，软件包的名称会因系统版本而稍有差异，不要机械照抄。

5. whereis 命令

whereis 命令用来寻找命令的可执行文件所在的位置。该命令的语法为

```
whereis  [参数]  命令名称
```

whereis 命令的常用参数选项如下。

- -b：只查找二进制文件。
- -m：只查找命令的联机帮助手册部分。
- -s：只查找源代码文件。

例如：

```
//查找命令 rpm 的位置
[root@RHEL7-1 ~]# whereis rpm
rpm: /bin/rpm /etc/rpm /usr/lib/rpm /usr/include/rpm /usr/share/man/man8/rpm.8.gz
```

6. whatis 命令

whatis 命令用于获取命令简介。它从某个程序的使用手册中抽出一行简单的介绍性文件，帮助用户迅速了解这个程序的具体功能。该命令的语法为

```
whatis  命令名称
```

例如：

```
[root@RHEL7-1 ~]# whatis ls
ls          (1) - list directory contents
```

7. find 命令

find 命令用于文件查找。它的功能非常强大。该命令的语法为

```
find  [路径]   [匹配表达式]
```

find 命令的匹配表达式主要有以下几种类型。

- -name filename：查找指定名称的文件。
- -user username：查找属于指定用户的文件。
- -group grpname：查找属于指定组的文件。
- -print：显示查找结果。
- -size n：查找大小为 n 块的文件，一块为 512B。符号"+n"表示查找大小大于 n 块的文件；符号"-n"表示查找大小小于 n 块的文件；符号"nc"表示查找大小为 n 个字符的文件。
- -inum n：查找索引节点号为 n 的文件。

- -type：查找指定类型的文件。文件类型有：b（块设备文件）、c（字符设备文件）、d（目录）、p（管道文件）、l（符号链接文件）、f（普通文件）。
- -atime n：查找 n 天前被访问过的文件。"+n"表示超过 n 天前被访问的文件；"-n"表示未超过 n 天前被访问的文件。
- -mtime n：类似于 atime，但检查的是文件内容被修改的时间。
- -ctime n：类似于 atime，但检查的是文件索引节点被改变的时间。
- -perm mode：查找与给定权限匹配的文件，必须以八进制的形式给出访问权限。
- -newer file：查找比指定文件新的文件，即最后修改时间离现在较近。
- -exec command {} \;：对匹配指定条件的文件执行 command 命令。
- -ok command {} \;：与 exec 相同，但执行 command 命令时请求用户确认。

例如：

```
[root@RHEL7-1 ~]# find . -type f -exec ls -l {} \;
//在当前目录下查找普通文件，并以长格形式显示
[root@RHEL7-1 ~]# find /logs -type f -mtime 5 -exec rm {} \;
//在/logs目录中查找修改时间为 5 天以前的普通文件，并删除。保证/logs目录存在
[root@RHEL7-1 ~]# find /etc -name "*.conf"
//在/etc/目录下查找文件名以".conf"结尾的文件
[root@RHEL7-1 ~]# find . -type f -perm 755 -exec ls {} \;
//在当前目录下查找权限为 755 的普通文件并显示
```

注意：由于 find 命令在执行过程中将消耗大量资源，所以建议以后台方式运行。

8. 使用 locate 命令

尽管 find 命令已经展现了其强大的搜索能力，但对于大批量的搜索而言，还是显得慢了一些，特别是当用户完全不记得自己的文件放在哪里的时候。这时，locate 命令是一个不错的选择。如下：

```
[root@RHEL7-1 ~]# locate *.doc
/usr/lib/kbd/keymaps/legacy/i386/qwerty/no-latin1.doc
/usr/lib64/python2.7/pdb.doc
```

9. grep 命令

grep 命令用于查找文件中包含有指定字符串的行。该命令的语法为

```
grep [参数]    要查找的字符串    文件名
```

grep 命令的常用参数选项如下。

- -v：列出不匹配的行。
- -c：对匹配的行计数。
- -l：只显示包含匹配模式的文件名。
- -h：抑制包含匹配模式的文件名的显示。
- -n：每个匹配行只按照相对的行号显示。
- -i：对匹配模式不区分大小写。

在 grep 命令中，字符 "^" 表示行的开始，字符 "$" 表示行的结尾。如果要查找的字符串中带有空格，可以用单引号或双引号括起来。

例如：

```
[root@RHEL7-1 ~]# grep -2 root /etc/passwd
//在文件 passwd 中查找包含字符串 "root" 的行，如果找到，显示该行及该行前后各 2 行的内容
[root@RHEL7-1 ~]# grep "^root$" /etc/passwd
//在 passwd 文件中搜索只包含 "root" 4 个字符的行
```

提示：grep 和 find 命令的差别在于 grep 是在文件中搜索满足条件的行，而 find 是在指定目录下根据文件的相关信息查找满足指定条件的文件。

10. dd 命令

dd 命令用于按照指定大小和个数的数据块来复制文件或转换文件，格式为 "dd [参数]"。

dd 命令是一个比较重要而且比较有特色的一个命令，它能够让用户按照指定大小和个数的数据块来复制文件的内容。当然如果愿意的话，还可以在复制过程中转换其中的数据。Linux 系统中有一个名为/dev/zero 的设备文件，因为这个文件不会占用系统存储空间，但却可以提供无穷无尽的数据，所以可以使用它作为 dd 命令的输入文件，来生成一个指定大小的文件。dd 命令的参数及其作用如表 2-1 所示。

表 2-1　dd 命令的参数及其作用

参　　数	作　　用
if	输入的文件名称
of	输出的文件名称
bs	设置每个 "块" 的大小
count	设置要复制 "块" 的个数

例如，我们可以用 dd 命令从/dev/zero 设备文件中取出两个大小为 560MB 的数据块，然后保存成名为 file1 的文件。在理解了这个命令后，以后就能随意创建任意大小的文件了（**做配额测试时很有用**）：

```
[root@RHEL7-1 ~]# dd if=/dev/zero of=file1 count=2 bs=560M
记录了 2+0 的读入
记录了 2+0 的写出
1174405120 字节(1.2 GB)已复制, 1.12128 s, 1.0 GB/s
```

dd 命令的功能也绝不仅限于复制文件这么简单。如果您想把光驱设备中的光盘制作成 iso 格式的映像文件，在 Windows 系统中需要借助于第三方软件才能做到，但在 Linux 系统中可以直接使用 dd 命令来压制出光盘映像文件，将它变成一个可立即使用的 iso 镜像：

```
[root@RHEL7-1 ~]# dd if=/dev/cdrom of=RHEL-server-7.0-x86_64.iso
7311360+0 records in
7311360+0 records out
3743416320 bytes (3.7 GB) copied, 370.758 s, 10.1 MB/s
```

2.3　任务 3　熟练使用系统信息类命令

系统信息类命令是对系统的各种信息进行显示和设置的命令。

1. dmesg 命令

dmesg 命令用实例名和物理名称来标识连到系统上的设备。dmesg 命令也用于显示系统诊断信息、操作系统版本号、物理内存大小以及其他信息，例如：

```
[root@RHEL7-1 ~]#dmesg|more
```

提示：系统启动时，屏幕上会显示系统 CPU、内存、网卡等硬件信息。但通常显示得比较快，如果用户没有来得及看清，可以在系统启动后用 dmesg 命令查看。

2. free 命令

free 命令主要用来查看系统内存、虚拟内存的大小及占用情况，例如：

```
[root@RHEL7-1 ~]# free
                 total      used      free     shared    buffers    cached
Mem:            126212    124960      1252      0        16408      34028
-/+ buffers/cache:        74524     51688
Swap:           257032     25796    231236
```

3. date 命令

date 命令可以用来查看系统当前的日期和时间，例如：

```
[root@RHEL7-1 ~]# date
2016 年 01 月 22 日 星期五 15:13:26 CST
```

date 命令还可以用来设置当前的日期和时间，例如：

```
[root@RHEL7-1 ~]# date -d 08/08/2018
2018 年 08 月 08 日 星期一 00:00:00 CST
```

注意：只有 root 用户才可以改变系统的日期和时间。

4. cal 命令

cal 命令用于显示指定月份或年份的日历，可以带两个参数，其中，年、月份用数字表示；只有一个参数时表示年份，年份的范围为 1~9999；不带任何参数的 cal 命令显示当前月份的日历。例如：

```
[root@RHEL7-1 ~]# cal 7 2019
   七月 2019
日 一 二 三 四 五 六
    1  2  3  4  5  6
 7  8  9 10 11 12 13
14 15 16 17 18 19 20
21 22 23 24 25 26 27
28 29 30 31
```

5. clock 命令

clock 命令用于从计算机的硬件获得日期和时间。例如：

```
[root@RHEL7-1 ~]# clock
2018 年 05 月 02 日 星期三 15 时 16 分 01 秒  -0.253886 seconds
```

2.4 任务 4 熟练使用进程管理类命令

进程管理类命令是对进程进行各种显示和设置的命令。

1. ps 命令

ps 命令主要用于查看系统的进程。该命令的语法为

```
ps [参数]
```

ps 命令的常用参数选项如下。

- -a：显示当前控制终端的进程（包含其他用户的）。
- -u：显示进程的用户名和启动时间等信息。
- -w：宽行输出，不截取输出中的命令行。
- -l：按长格形式显示输出。
- -x：显示没有控制终端的进程。
- -e：显示所有的进程。
- -t n：显示第 n 个终端的进程。

例如：

```
[root@RHEL7-1 ~]# ps -au
USER    PID    %CPU  %MEM  VSZ   RSS   TTY   STAT  START  TIME  COMMAND
root    2459   0.0   0.2   1956  348   tty2  Ss+   09:00  0:00  /sbin/mingetty tty2
root    2460   0.0   0.2   2260  348   tty3  Ss+   09:00  0:00  /sbin/mingetty tty3
root    2461   0.0   0.2   3420  348   tty4  Ss+   09:00  0:00  /sbin/mingetty tty4
root    2462   0.0   0.2   3428  348   tty5  Ss+   09:00  0:00  /sbin/mingetty tty5
root    2463   0.0   0.2   2028  348   tty6  Ss+   09:00  0:00  /sbin/mingetty tty6
root    2895   0.0   0.9   6472  1180  tty1  Ss    09:09  0:00  bash
```

提示：ps 通常和重定向、管道等命令一起使用，用于查找出所需的进程。输出内容的第一行的中文解释是：进程的所有者；进程 ID 号；运算器占用率；内存占用率；虚拟内存使用量（单位是 KB）；占用的固定内存量（单位是 KB）；所在终端进程状态；被启动的时间；实际使用 CPU 的时间；命令名称与参数等。

2. pidof 命令

pidof 命令用于查询某个指定服务进程的 PID 值，该命令格式为

```
pidof [参数] [服务名称]
```

每个进程的进程号码值（PID）是唯一的，因此可以通过 PID 来区分不同的进程。例如，可以使用如下命令来查询本机上 sshd 服务程序的 PID：

```
[root@1 RHEL7-1 ~]# pidof sshd
1161
```

3. kill 命令

前台进程在运行时，可以用 "Ctrl+C" 组合键来终止它，但后台进程无法使用这种方法终止，此时可以使用 kill 命令向进程发送强制终止信号，以达到目的，例如：

```
[root@RHEL7-1 dir1]# kill -l
 1) SIGHUP          2) SIGINT          3) SIGQUIT          4) SIGILL
```

5）SIGTRAP	6）SIGABRT	7）SIGBUS	8）SIGFPE
9）SIGKILL	10）SIGUSR1	11）SIGSEGV	12）SIGUSR2
13）SIGPIPE	14）SIGALRM	15）SIGTERM	17）SIGCHLD
18）SIGCONT	19）SIGSTOP	20）SIGTSTP	21）SIGTTIN
22）SIGTTOU	23）SIGURG	24）SIGXCPU	25）SIGXFSZ
26）SIGVTALRM	27）SIGPROF	28）SIGWINCH	29）SIGIO
30）SIGPWR	31）SIGSYS	34）SIGRTMIN	35）SIGRTMIN+1

（略）

上述命令用于显示 kill 命令所能够发送的信号种类。每个信号都有一个数值对应，例如 SIGKILL 信号的值为 9。kill 命令的格式为

kill　[参数]　进程 1　进程 2……

参数选项-s 后边一般跟信号的类型。

例如：

```
[root@RHEL7-1 ~]# ps
  PID TTY       TIME CMD
 1448 pts/1  00:00:00  bash
 2394 pts/1  00:00:00  ps
[root@RHEL7-1 ~]# kill -s SIGKILL 1448  或者//kill  -9 1448
//上述命令用于结束 bash 进程，会关闭终端
```

4．killall 命令

killall 命令用于终止某个指定名称的服务所对应的全部进程，该命令格式为

killall [参数] [进程名称]

通常来讲，复杂软件的服务程序会有多个进程协同为用户提供服务，如果逐个去结束这些进程会比较麻烦，此时可以使用 killall 命令来批量结束某个服务程序带有的全部进程。下面以 httpd 服务程序为例，来结束其全部进程。由于 RHEL 7 系统默认没有安装 httpd 服务程序，所以大家此时只需看操作过程和输出结果即可，等学习了相关内容之后再来实践。

```
[root@RHEL7-1 ~]# pidof httpd
13581 13580 13579 13578 13577 13576
[root@RHEL7-1 ~]# killall -9 httpd
[root@RHEL7-1 ~]# pidof httpd
[root@RHEL7-1 ~]#
```

注意：如果在系统终端中执行一个命令后想立即停止它，可以同时按下"Ctrl + C"组合键（生产环境中比较常用的一个组合键），这样将立即终止该命令的进程。或者，如果有些命令在执行时不断地在屏幕上输出信息，影响到后续命令的输入，则可以在执行命令时在末尾添加上一个&符号，这样命令将进入系统后台来执行。

5．nice 命令

Linux 系统有两个和进程有关的优先级。用"ps -l"命令可以看到两个域：PRI 和 NI。PRI 是进程实际的优先级，它是由操作系统动态计算的。这个优先级的计算和 NI 值有关。NI 值可以被用户更改，NI 值越高，优先级越低。一般用户只能加大 NI 值，只有超级用户才可以

减小 NI 值。NI 值被改变后，会影响 PRI。优先级高的进程被优先运行，默认时进程的 NI 值为 0。nice 命令的用法如下：

```
nice -n 程序名   //以指定的优先级运行程序
```

其中，*n* 表示 NI 值，正值代表 NI 值增加，负值代表 NI 值减小。

例如：

```
[root@RHEL7-1 ~]# nice --2 ps -l
```

6. renice 命令

renice 命令是根据进程的进程号来改变进程的优先级的。renice 的用法如下：

```
renice n 进程号
```

其中，*n* 为修改后的 NI 值。

例如：

```
[root@RHEL7-1 ~]# ps -l
F S   UID   PID  PPID  C PRI  NI ADDR SZ WCHAN  TTY          TIME CMD
0 S     0  3324  3322  0  80   0 - 27115 wait   pts/0    00:00:00 bash
4 R     0  4663  3324  0  80   0 - 27032 -      pts/0    00:00:00 ps
[root@RHEL7-1 ~]# renice -6 3324
```

7. top 命令

拓展阅读

6. top 命令

和 ps 命令不同，top 命令可以实时监控进程的状况。top 屏幕自动每 5 秒刷新一次，也可以用 "top -d 20"，使得 top 屏幕每 20 秒刷新一次。

8. jobs、bg、fg 命令

jobs 命令用于查看在后台运行的进程。例如：

```
[root@Server01 ~]# find / -name h*  //立即按 "Ctrl + Z" 组合键将
                                       当前命令暂停
[1]+  已停止              find / -name h*
[root@Server01 ~]# jobs
[1]+  已停止              find / -name h*
```

bg 命令用于把进程放到后台运行。例如：

```
[root@Server01 ~]# bg %1
```

fg 命令用于把在后台运行的进程调到前台。例如：

```
[root@Server01 ~]# fg %1
```

9. at 命令

如果想在特定时间运行 Linux 命令，可以将 at 添加到语句中。语法是 at 后面跟着希望命令运行的日期和时间，然后命令提示符变为 at>，这样就可以输入在上面指定的时间运行的命令。

例如：

```
[root@RHEL7-1 ~]# at 4:08 PM Sat
at> echo 'hello'
at> CTRL+D
job 1 at Sat May 5 16:08:00 2018
```

这将会在周六下午 4:08 运行 echo 'hello'程序。

2.5 任务 5　熟练使用其他常用命令

除了上面介绍的命令，还有一些命令也经常用到。

1. clear 命令

clear 命令用于清除字符终端屏幕内容。

2. uname 命令

uname 命令用于显示系统信息。例如：

```
root@RHEL7-1 ~]# uname -a
Linux Server 3.6.9-5.EL #1 Wed Jan 5 19:22:18 EST 2005 i686 i686 i386 GNU/Linux
```

3. man 命令

man 命令用于列出命令的帮助手册。例如：

```
[root@RHEL7-1 ~]# man ls
```

典型的 man 手册包含以下几部分。

- NAME：命令的名字。
- SYNOPSIS：名字的概要，简单说明命令的使用方法。
- DESCRIPTION：详细描述命令的使用，如各种参数选项的作用。
- SEE ALSO：列出可能要查看的其他相关的手册页条目。
- AUTHOR、COPYRIGHT：作者和版权等信息。

4. shutdown 命令

shutdown 命令用于在指定时间关闭系统。该命令的语法为：

```
 shutdown  [参数]  时间  [警告信息]
```

shutdown 命令常用的参数选项如下。

- -r：系统关闭后重新启动。
- -h：关闭系统。

时间可以是以下几种形式。

- now：表示立即。
- hh:mm：指定绝对时间，hh 表示小时，mm 表示分钟。
- +m：表示 m 分钟以后。

例如：

```
 [root@RHEL7-1 ~]# shutdown -h now  //关闭系统
```

5. halt 命令

halt 命令表示立即停止系统，但该命令不自动关闭电源，需要人工关闭电源。

6. reboot 命令

reboot 命令用于重新启动系统，相当于"**shutdown -r now**"。

7. poweroff 命令

poweroff 命令用于立即停止系统，并关闭电源，相当于"**shutdown -h now**"。

8. alias 命令

alias 命令用于创建命令的别名。该命令的语法为：

```
alias  命令别名 = "命令行"
```

例如：

```
[root@RHEL7-1 ~]# alias httpd="vim /etc/httpd/conf/httpd.conf"
//定义 httpd 为命令 "vim /etc/httpd/conf/httpd.conf" 的别名，输入 httpd 会怎样？
```

alias 命令不带任何参数时将列出系统已定义的别名。

9. unalias 命令

unalias 命令用于取消别名的定义。例如：

```
[root@RHEL7-1 ~]# unalias httpd
```

10. history 命令

history 命令用于显示用户最近执行的命令，可以保留的历史命令数和环境变量 HISTSIZE 有关。只要在编号前加 "!"，就可以重新运行 history 中显示出的命令行。例如：

```
[root@RHEL7-1 ~]# !1239
```

拓展阅读

上述代码示例表示重新运行第 1 239 个历史命令。

11. wget 命令

wget 命令用于在终端中下载网络文件，命令的格式为

```
wget [参数] 下载地址
```

7. wget 命令

12. who 命令

who 用于查看当前登入主机的用户终端信息，格式为 "who [参数]"。

这 3 个简单的字母可以快速显示出所有正在登录本机的用户的名称以及他们正在开启的终端信息。表 2-2 所示为执行 who 命令后的结果。

表 2-2 执行 who 命令的结果

登录的用户名	终 端 设 备	登录到系统的时间
root	:0	2018-05-02 23:57 (:0)
root	pts/0	2018-05-03 17:34 (:0)

13. last 命令

last 命令用于查看所有系统的登录记录，格式为 "last [参数]"。

使用 last 命令可以查看本机的登录记录。但是，由于这些信息都是以日志文件的形式保存在系统中，所以黑客可以很容易地对内容进行篡改。因此，千万不要单纯以该命令的输出信息而判断系统有无被恶意入侵！

```
[root@RHEL7-1 ~]# last
root     pts/0    :0            Thu May  3 17:34   still logged in
root     pts/0    :0            Thu May  3 17:29 - 17:31  (00:01)
root     pts/1    :0            Thu May  3 00:29   still logged in
root     pts/0    :0            Thu May  3 00:24 - 17:27  (17:02)
root     pts/0    :0            Thu May  3 00:03 - 00:03  (00:00)
root     pts/0    :0            Wed May  2 23:58 - 23:59  (00:00)
root     :0       :0            Wed May  2 23:57   still logged in
```

```
reboot    system boot  3.10.0-693.el7.x Wed May  2 23:54 - 19:30  (19:36)
……省略部分登录信息……
```

14. sosreport 命令

sosreport 命令用于收集系统配置及架构信息并输出诊断文档，格式为"sosreport"。

15. echo 命令

echo 命令用于在终端输出字符串或变量提取后的值，格式为"echo [字符串 | $变量]"。

例如，把指定字符串"long.com"输出到终端屏幕的命令为：

```
[root@RHEL7-1 ~]# echo long.Com
```

该命令会在终端屏幕上显示如下信息：

```
long.Com
```

下面，我们使用$变量的方式提取变量 shell 的值，并将其输出到屏幕上：

```
[root@RHEL7-1 ~]# echo $SHELL
/bin/bash
```

拓展阅读

8. sosreport 命令

拓展阅读

9. uptime 命令

2.6 项目实录：使用 Linux 基本命令

1. 视频位置

实训前请扫二维码，观看"实训项目　熟练使用 Linux 基本命令"慕课。

慕课

实训项目　熟练使用
Linux 基本命令

2. 项目实训目的

- 掌握 Linux 各类命令的使用方法。
- 熟悉 Linux 操作环境。

3. 项目背景

现在有一台已经安装了 Linux 操作系统的主机，并且已经配置了基本的 TCP/IP 参数，能够通过网络连接局域网中或远程的主机。一台 Linux 服务器，能够提供 FTP、Telnet 和 SSH 连接。

4. 项目实训内容

练习使用 Linux 常用命令，达到熟练应用的目的。

5. 做一做

根据项目实录视频进行项目的实训，检查学习效果。

2.7 练习题

一、填空题

1. 在 Linux 系统中，命令_____大小写。在命令行中，可以使用_____键来自动补齐命令。

2. 如果要在一个命令行上输入和执行多条命令，可以使用_____来分隔命令。

3. 断开一个长命令行，可以使用_____，以将一个较长的命令分成多行表达，增强命令的可读性。执行后，shell 自动显示提示符_____，表示正在输入一个长命令。

4. 要使程序以后台方式执行，只需在要执行的命令后跟上一个_____符号。

二、选择题

1. （　　）命令能用来查找在文件 TESTFILE 中包含 4 个字符的行。

   A. grep '????' TESTFILE   B. grep '....' TESTFILE

   C. grep '^????$' TESTFILE   D. grep '^....$' TESTFILE

2. （　　）命令用来显示/home 及其子目录下的文件名。

   A. ls -a /home   B. ls -R /home   C. ls -l /home   D. ls -d /home

3. 如果忘记了 ls 命令的用法，可以采用（　　）命令获得帮助。

   A. ? ls   B. help ls   C. man ls   D. get ls

4. 查看系统当中所有进程的命令是（　　）。

   A. ps all   B. ps aix   C. ps auf   D. ps aux

5. Linux 中有多个查看文件的命令，如果希望在查看文件内容过程中用光标可以上下移动来查看文件内容，则符合要求的那一个命令是（　　）。

   A. cat   B. more   C. less   D. head

6. （　　）命令可以了解当前目录下还有多大空间。

   A. df   B. du /   C. du .   D. df .

7. 假如需要找出 /etc/my.conf 文件属于哪个包（package），可以执行（　　）命令。

   A. rpm -q /etc/my.conf   B. rpm -requires /etc/my.conf

   C. rpm -qf /etc/my.conf   D. rpm -q | grep /etc/my.conf

8. 在应用程序启动时，（　　）命令设置进程的优先级。

   A. priority   B. nice   C. top   D. setpri

9. （　　）命令可以把 f1.txt 复制为 f2.txt。

   A. cp f1.txt | f2.txt   B. cat f1.txt | f2.txt

   C. cat f1.txt > f2.txt   D. copy f1.txt | f2.txt

10. 使用（　　）命令可以查看 Linux 的启动信息。

   A. mesg –d   B. dmesg   C. cat /etc/mesg   D. cat /var/mesg

三、简答题

1. more 和 less 命令有何区别？

2. Linux 系统下对磁盘的命名原则是什么？

3. 在网上下载一个 Linux 下的应用软件，介绍其用途和基本使用方法。

2.8　实践习题

练习使用 Linux 常用命令，达到熟练应用的目的。

学习情境二

系统配置与管理

项目 ③ 管理 Linux 服务器的用户和组

项目导入

Linux 是多用户多任务的网络操作系统，因此，作为该种系统的网络管理员，掌握用户和组的创建与管理至关重要。项目 3 将主要介绍利用命令行和图形工具对用户和组群进行创建与管理等内容。

职业能力目标和要求

- 了解用户和组群配置文件。
- 熟练掌握 Linux 下用户的创建与维护管理的方法。
- 熟练掌握 Linux 下组群的创建与维护管理的方法。
- 熟悉用户账户管理器的使用方法。

微课

Linux 用户和软件
包管理

3.1 任务 1 理解用户账户和组群

Linux 操作系统是多用户多任务的操作系统，允许多个用户同时登录到系统，使用系统资源。用户账户是用户的身份标识。用户通过用户账户可以登录到系统，并且访问已经被授权的资源。系统依据账户来区分属于每个用户的文件、进程、任务，并给每个用户提供特定的工作环境（例如，用户的工作目录、shell 版本以及图形化的环境配置等），使每个用户都能各自不受干扰地独立工作。

Linux 系统下的用户账户分为两种：普通用户账户和超级用户账户（root）。普通用户在系统中只能进行普通工作，只能访问他们拥有的或者有权限执行的文件。超级用户账户也叫管理员账户，它的任务是对普通用户和整个系统进行管理。超级用户账户对系统具有绝对的控制权，能够对系统进行一切操作，如操作不当很容易对系统造成损坏。

因此即使系统只有一个用户使用，也应该在超级用户账户之外再建立一个普通用户账户，在用户进行普通工作时以普通用户账户登录系统。

在 Linux 系统中，为了方便管理员管理和用户工作，产生了组群的概念。组群是具有相同特性的用户的逻辑集合，使用组群有利于系统管理员按照用户的特性组织和管理用户，提高工作效率。有了组群，在做资源授权时可以把权限赋予某个组群，组群中的成员即可自动获得这种权限。一个用户账户可以同时是多个组群的成员，其中某个组群是该用户的主组群（私有组群），其他组群为该用户的附属组群（标准组群）。表 3-1 列出了与用户和组群相关的一些基本概念。

表 3-1 用户和组群的基本概念

概　　念	描　　述
用户名	用来标识用户的名称，可以是字母、数字组成的字符串，区分大小写
密码	用于验证用户身份的特殊验证码
用户标识（UID）	用来表示用户的数字标识符
用户主目录	用户的私人目录，也是用户登录系统后默认所在的目录
登录 shell	用户登录后默认使用的 shell 程序，默认为/bin/bash
组群	具有相同属性的用户属于同一个组群
组群标识（GID）	用来表示组群的数字标识符

root 用户的 UID 为 0，系统用户的 UID 从 1 到 999；普通用户的 UID 可以在创建时由管理员指定，如果不指定，用户的 UID 默认从 1 000 开始顺序编号。在 Linux 系统中，创建用户账户的同时也会创建一个与用户同名的组群，该组群是用户的主组群。普通组群的 GID 默认也是从 1 000 开始编号。

3.2　任务 2　理解用户账户文件和组群文件

用户账户信息和组群信息分别存储在用户账户文件和组群文件中。

3.2.1　理解用户账户文件

1. /etc/passwd 文件

准备工作：新建用户 bobby、user1、user2，将 user1 和 user2 加入 bobby 群组（后面章节有详解）。

```
[root@RHEL7-1 ~]# useradd bobby
[root@RHEL7-1 ~]# useradd user1
[root@RHEL7-1 ~]# useradd user2
[root@RHEL7-1 ~]# usermod -G bobby user1
[root@RHEL7-1 ~]# usermod -G bobby user2
```

在 Linux 系统中，所创建的用户账户及其相关信息（密码除外）均放在/etc/passwd 配置文件中。用 vim 编辑器（或者使用 **cat　/etc/passwd**）打开 passwd 文件，内容格式如下：

```
root:x:0:0:root:/root:/bin/bash
bin:x:1:1:bin:/bin:/sbin/nologin
daemon:x:2:2:daemon:/sbin:/sbin/nologin
user1:x:1002:1002::/home/user1:/bin/bash
```

文件中的每一行代表一个用户账户的资料，可以看到第一个用户是 root。然后是一些标准账户，此类账户的 shell 为/sbin/nologin，代表无本地登录权限。最后一行是由系统管理员创建的普通账户：user1。

passwd 文件的每一行用“:”分隔为 7 个域，各域的内容如下：

用户名:加密口令:UID:GID:用户的描述信息:主目录:命令解释器（登录 shell）

passwd 文件中的各字段的含义如表 3-2 所示，其中少数字段的内容是可以为空的，但仍需使用 ":" 进行占位来表示该字段。

表 3-2　passwd 文件字段说明

字　段	说　明
用户名	用户账号名称，用户登录时所使用的用户名
加密口令	用户口令，考虑系统的安全性，现在已经不使用该字段保存口令，而用字母 "x" 来填充该字段，真正的密码保存在 shadow 文件中
UID	用户号，唯一表示某用户的数字标识
GID	用户所属的私有组号，该数字对应 group 文件中的 GID
用户描述信息	可选的关于用户全名、用户电话等描述性信息
主目录	用户的宿主目录，用户成功登录后的默认目录
命令解释器	用户所使用的 shell，默认为 "/bin/bash"

2．/etc/shadow 文件

由于所有用户对/etc/passwd 文件均有读取权限，为了增强系统的安全性，用户经过加密之后的口令都存放在/etc/shadow 文件中。/etc/shadow 文件只对 root 用户可读，因而大大提高了系统的安全性。shadow 文件的内容形式如下(**cat　/etc/shadow**)：

```
root:$6$PQxz7W3s$Ra7Akw53/n7rntDgjPNWdCG66/5RZgjhoe1zT2F00ouf2iDM.AVvRIYo
ez10hGG7kBHEaah.oH5U1t6OQj2Rf.:17654:0:99999:7:::
bin:*:16925:0:99999:7:::
daemon:*:16925:0:99999:7:::
bobby:!!:17656:0:99999:7:::
user1:!!:17656:0:99999:7:::
```

shadow 文件保存投影加密之后的口令以及与口令相关的一系列信息，每个用户的信息在 shadow 文件中占用一行，并且用 ":" 分隔为 9 个域，各域的含义如表 3-3 所示。

表 3-3　shadow 文件字段说明

字　段	说　明
1	用户登录名
2	加密后的用户口令，*表示非登录用户, !! 表示没设置密码
3	从 1970 年 1 月 1 日起，到用户最近一次口令被修改的天数
4	从 1970 年 1 月 1 日起，到用户可以更改密码的天数，即最短口令存活期
5	从 1970 年 1 月 1 日起，到用户必须更改密码的天数，即最长口令存活期
6	口令过期前几天提醒用户更改口令
7	口令过期后几天账户被禁用
8	口令被禁用的具体日期（相对日期，从 1970 年 1 月 1 日至禁用时的天数）
9	保留域，用于功能扩展

3. /etc/login.defs 文件

建立用户账户时会根据/etc/login.defs 文件的配置设置用户账户的某些选项。该配置文件的有效设置内容及中文注释如下所示。

```
MAIL_DIR        /var/spool/mail //用户邮箱目录


MAIL_FILE       .mail
PASS_MAX_DAYS   99999               //账户密码最长有效天数
PASS_MIN_DAYS   0                   //账户密码最短有效天数
PASS_MIN_LEN    5                   //账户密码的最小长度
PASS_WARN_AGE   7                   //账户密码过期前提前警告的天数
UID_MIN             1000            //用 useradd 命令创建账户时自动产生的最小 UID 值
UID_MAX             60000           //用 useradd 命令创建账户时自动产生的最大 UID 值
GID_MIN             1000            //用 groupadd 命令创建组群时自动产生的最小 GID 值
GID_MAX             60000           //用 groupadd 命令创建组群时自动产生的最大 GID 值
USERDEL_CMD     /usr/sbin/userdel_local //如果定义的话，将在删除用户时执行，以删除
相应用户的计划作业和打印作业等
CREATE_HOME     yes                 //创建用户账户时是否为用户创建主目录
```

3.2.2 理解组群文件

组群账户的信息存放在/etc/group 文件中，而关于组群管理的信息（组群口令、组群管理员等）则存放在/etc/gshadow 文件中。

1. /etc/group 文件

group 文件位于"/etc"目录，用于存放用户的组账户信息，对于该文件的内容任何用户都可以读取。每个组群账户在 group 文件中占用一行，并且用 ":" 分隔为 4 个域。每一行各域的内容如下（使用 **cat /etc/group**）：

组群名称:组群口令（一般为空，用 x 占位）:GID:组群成员列表

group 文件的内容形式如下：

```
root:x:0:

bin:x:1:

daemon:x:2:

bobby:x:1001:user1,user2

user1:x:1002:
```

可以看出，root 的 GID 为 0，没有其他组成员。group 文件的组群成员列表中如果有多个用户账户属于同一个组群，则各成员之间以 "," 分隔。在/etc/group 文件中，用户的主组群并不把该用户作为成员列出，只有用户的附属组群才会把该用户作为成员列出。例如，用户 bobby 的主组群是 bobby，但/etc/group 文件中组群 bobby 的成员列表中并没有用户 bobby，只有用户 user1 和 user2。

2. /etc/gshadow 文件

/etc/gshadow 文件用于存放组群的加密口令、组管理员等信息，该文件只有 root 用户可以读取。每个组群账户在 gshadow 文件中占用一行，并以 ":" 分隔为 4 个域。每一行中各域的

内容如下：

> 组群名称：加密后的组群口令（没有就用！）：组群的管理员：组群成员列表

gshadow 文件的内容形式如下：

```
root:::
bin:::
daemon:::
bobby:!::user1,user2
user1:!::
```

3.3　任务 3　管理用户账户

用户账户管理包括新建用户、设置用户账户口令和用户账户维护等内容。

3.3.1　新建用户

在系统新建用户可以使用 useradd 或者 adduser 命令。useradd 命令的格式是：

```
useradd  [选项]  <username>
```

useradd 命令有很多选项，如表 3-4 所示。

表 3-4　useradd 命令选项

选　　项	说　　明
-c comment	用户的注释性信息
-d home_dir	指定用户的主目录
-e expire_date	禁用账号的日期，格式为 YYYY-MM-DD
-f inactive_days	设置账户过期多少天后用户账户被禁用。如果为 0，账户过期后将立即被禁用；如果为-1，账户过期后，将不被禁用
-g initial_group	用户所属主组群的组群名称或者 GID
-G group-list	用户所属的附属组群列表，多个组群之间用逗号分隔
-m	若用户主目录不存在则创建它
-M	不要创建用户主目录
-n	不要为用户创建用户私人组群
-p passwd	加密的口令
-r	创建 UID 小于 1000 的不带主目录的系统账号
-s shell	指定用户的登录 shell，默认为/bin/bash
-u UID	指定用户的 UID，它必须是唯一的，且大于 999

【例 3-1】新建用户 user3，UID 为 1010，指定其所属的私有组为 group1（group1 组的标识符为 1010），用户的主目录为/home/user3，用户的 shell 为/bin/bash，用户的密码为 123456，账户永不过期。

```
[root@RHEL7-1 ~]# groupadd -g 1010  group1
```

```
[root@RHEL7-1 ~]# useradd -u 1010 -g 1010  -d /home/user3 -s /bin/bash -p 123456
-f -1 user3
[root@RHEL7-1 ~]# tail -1 /etc/passwd
user3:x:1010:1000::/home/user3:/bin/bash
```

如果新建用户已经存在，那么在执行 useradd 命令时，系统会提示该用户已经存在：

```
[root@RHEL7-1 ~]# useradd user3
useradd: user user3 exists
```

3.3.2 设置用户账户口令

1. passwd 命令

指定和修改用户账户口令的命令是 passwd。超级用户可以为自己和其他用户设置口令，而普通用户只能为自己设置口令。passwd 命令的格式为：

```
passwd [选项] [username]
```

passwd 命令的常用选项如表 3-5 所示。

表 3-5 passwd 命令选项

选　　项	说　　　　明
-l	锁定（停用）用户账户
-u	口令解锁
-d	将用户口令设置为空，这与未设置口令的账户不同。未设置口令的账户无法登录系统，而口令为空的账户可以
-f	强迫用户下次登录时必须修改口令
-n	指定口令的最短存活期
-x	指定口令的最长存活期
-w	口令要到期前提前警告的天数
-i	口令过期后多少天停用账户
-S	显示账户口令的简短状态信息

【例 3-2】假设当前用户为 root，则下面的两个命令分别为 root 用户修改自己的口令和 root 用户修改 user1 用户的口令。

```
//root 用户修改自己的口令，直接用 passwd 命令回车即可
[root@RHEL7-1 ~]# passwd


//root 用户修改 user1 用户的口令
[root@RHEL7-1 ~]# passwd user1
```

需要注意的是，普通用户修改口令时，passwd 命令会首先询问原来的口令，只有验证通过才可以修改。而 root 用户为用户指定口令时，不需要知道原来的口令。为了系统安全，用户应选择包含字母、数字和特殊符号组合的复杂口令，且口令长度应至少为 8 个字符。

如果密码复杂度不够，系统会提示"**无效的密码： 密码未通过字典检查 - 它基于字典**

单词"。这时有两种处理方法，一是再次输入刚才输入的简单密码，系统也会接受；另一种方法是更改为符合要求的密码。例如，P@ssw02d 包含大小写字母、数字、特殊符号等 8 位或以上的字符组合。

2. chage 命令

要修改用户账户口令，也可以用 chage 命令实现。chage 命令的常用选项如表 3-6 所示。

表 3-6　chage 命令选项

选　项	说　明
-l	列出账户口令属性的各个数值
-m	指定口令最短存活期
-M	指定口令最长存活期
-W	口令要到期前提前警告的天数
-I	口令过期后多少天停用账户
-E	用户账户到期作废的日期
-d	设置口令上一次修改的日期

【例 3-3】设置 user1 用户的最短口令存活期为 6 天，最长口令存活期为 60 天，口令到期前 5 天提醒用户修改口令。设置完成后查看各属性值。

```
[root@RHEL7-1 ~]# chage -m 6 -M 60 -W 5 user1
[root@RHEL7-1 ~]# chage -l user1
最近一次密码修改时间                    ：5 月 04, 2018
密码过期时间                          ：7 月 03, 2018
密码失效时间                          ：从不
帐户过期时间                          ：从不
两次改变密码之间相距的最小天数           ：6
两次改变密码之间相距的最大天数           ：60
在密码过期之前警告的天数               ：5
```

3.3.3　维护用户账户

1. 修改用户账户

usermod 命令用于修改用户的属性，格式为"usermod [选项] 用户名"。

前文曾反复强调，Linux 系统中的一切都是文件，因此在系统中创建用户也就是修改配置文件的过程。用户的信息保存在/etc/passwd 文件中，可以直接用文本编辑器来修改其中的用户参数项目，也可以用 usermod 命令修改已经创建的用户信息，诸如用户的 UID、基本/扩展用户组、默认终端等。usermod 命令的参数以及作用如表 3-7 所示。

表 3-7　usermod 命令中的参数及作用

参　数	作　用
-c	填写用户账户的备注信息

续表

参　数	作　用
-d -m	参数-m 与参数-d 连用，可重新指定用户的家目录并自动把旧的数据转移过去
-e	账户的到期时间，格式为 YYYY-MM-DD
-g	变更所属用户组
-G	变更扩展用户组
-L	锁定用户禁止其登录系统
-U	解锁用户，允许其登录系统
-s	变更默认终端
-u	修改用户的 UID

大家不要被这么多参数难倒。我们先来看一下账户用户 user1 的默认信息：

```
[root@RHEL7-1 ~]# id user1
uid=1002(user1) gid=1002(user1) 组=1002(user1),1001(bobby)
```

将用户 user1 加入 root 用户组中，这样扩展组列表中会出现 root 用户组的字样，而基本组不会受到影响：

```
[root@RHEL7-1 ~]# usermod -G root user1
[root@RHEL7-1 ~]# id user1
uid=1002(user1) gid=1002(user1) 组=1002(user1),0(root)
```

再来试试用-u 参数修改 user1 用户的 UID 号码值。除此之外，我们还可以用-g 参数修改用户的基本组 ID，用-G 参数修改用户扩展组 ID。

```
[root@RHEL7-1 ~]# usermod -u 8888 user1
[root@RHEL7-1 ~]# id user1
uid=8888(user1) gid=1002(user1) 组=1002(user1),0(root)
```

修改用户 user1 的主目录为/var/user1，把启动 shell 修改为/bin/tcsh，完成后恢复到初始状态。可以用如下操作：

```
[root@RHEL7-1 ~]# usermod -d /var/user1 -s /bin/tcsh user1
[root@RHEL7-1 ~]# tail -3 /etc/passwd
user1:x:8888:1002::/var/user1:/bin/tcsh
user2:x:1003:1003::/home/user2:/bin/bash
user3:x:1010:1000::/home/user3:/bin/bash
[root@RHEL7-1 ~]# usermod -d /var/user1 -s /bin/bash user1
```

2. 禁用和恢复用户账户

有时需要临时禁用一个账户而不删除它。禁用用户账户可以用 passwd 或 usermod 命令实现，也可以直接修改/etc/passwd 或/etc/shadow 文件。

例如，暂时禁用和恢复 user1 账户，可以使用以下 3 种方法实现。

（1）使用 passwd 命令

```
//使用 passwd 命令禁用 user1 账户，利用 tail 命令可以看到被锁定的账户密码栏前面会加上!!
```

```
[root@RHEL7-1 ~]# passwd -l user1
锁定用户 user1 的密码
passwd: 操作成功
[root@RHEL7-1 ~]# tail -1 /etc/shadow
user1:!!$6$7bRDvYC7$zbzZImfXZiwXOluR1nO.U2gOEkXjPZINI2nFk1NiJI2dZuazcjFX8
Dt/ng5KdPtXRfCC7198SX5oIaxklObGB1:18124:0:99999:7:::
```

//利用 passwd 命令的-u 选项解除账户锁定，重新启用 user1 账户
```
[root@RHEL7-1 ~]# passwd -u user1
```

（2）使用 usermod 命令

```
//禁用 user1 账户
[root@RHEL7-1 ~]# usermod -L user1
//解除 user1 账户的锁定
[root@RHEL7-1 ~]# usermod -U user1
```

（3）直接修改用户账户配置文件

可将/etc/shadow 文件中关于 user1 账户的 passwd 域的第一个字符前面加上一个"！"，达到禁用账户的目的，在需要恢复的时候只要删除字符"！"即可。

如果只是禁止用户账户登录系统，可以将其启动 shell 设置为/bin/false 或者/dev/null。

3．删除用户账户

要删除一个账户，可以直接删除/etc/passwd 和/etc/shadow 文件中要删除的用户所对应的行，或者用 userdel 命令删除。userdel 命令的格式为

```
userdel [-r] 用户名
```

如果不加-r 选项，userdel 命令会在系统中所有与账户有关的文件中（例如/etc/passwd，/etc/shadow，/etc/group）将用户的信息全部删除。

如果加-r 选项，则在删除用户账户的同时，还将用户主目录以及其下的所有文件和目录全部删除掉。另外，如果用户使用 E-mail 的话，同时也将/var/spool/mail 目录下的用户文件删掉。

3.4 任务 4 管理组群

组群管理包括新建组群、维护组群账户和为组群添加用户等内容。

3.4.1 维护组群账户

创建组群和删除组群的命令与创建、维护账户的命令相似。创建组群可以使用命令 groupadd 或者 addgroup。

例如，创建一个新的组群，组群的名称为 testgroup，可用以下命令：

```
[root@RHEL7-1 ~]# groupadd testgroup
```

要删除一个组可以用 groupdel 命令，例如删除刚创建的 testgroup 组时可用以下命令：

```
[root@RHEL7-1 ~]# groupdel testgroup
```

需要注意的是，如果要删除的组群是某个用户的主组群，则该组群不能被删除。

修改组群的命令是 groupmod，其命令格式为

```
groupmod [选项] 组名
```

常见的命令选项如表 3-8 所示。

表 3-8　groupmod 命令选项

选　　项	说　　明
-g gid	把组群的 GID 改成 gid
-n group-name	把组群的名称改为 group-name
-o	强制接受更改的组的 GID 为重复的号码

3.4.2　为组群添加用户

在 Red Hat Linux 中使用不带任何参数的 useradd 命令创建用户时，会同时创建一个和用户账户同名的组群，称为主组群。当一个组群中必须包含多个用户时，则需要使用附属组群。在附属组中增加、删除用户都用 gpasswd 命令。gpasswd 命令的格式为

```
gpasswd [选项] [用户] [组]
```

只有 root 用户和组管理员才能够使用这个命令，命令选项如表 3-9 所示。

表 3-9　gpasswd 命令选项

选　　项	说　　明
-a	把用户加入组
-d	把用户从组中删除
-r	取消组的密码
-A	给组指派管理员

例如，要把 user1 用户加入 testgroup 组，并指派 user1 为管理员，可以执行下列命令：

```
[root@RHEL7-1 ~]# groupadd testgroup
[root@RHEL7-1 ~]# gpasswd -a user1 testgroup
[root@RHEL7-1 ~]# gpasswd -A user1 testgroup
```

3.5　任务 5　使用 su 命令与 sudo 命令

各位读者在实验环境中很少遇到安全问题，并且为了避免因权限因素导致配置服务失败，从而建议读者使用 root 管理员身份来学习本书，但是在生产环境中还是要对安全多一份敬畏之心，不要用 root 管理员身份去做所有事情。因为一旦执行了错误的命令，可能会直接导致系统崩溃。尽管 Linux 系统考虑安全性，使得许多系统命令和服务只能被 root 管理员使用，但是这也让普通用户受到了更多的权限束缚，从而导致无法顺利完成特定的工作任务。

3.5.1　su 命令

su 命令可以解决切换用户身份的需求，使得当前用户在不退出登录的情况下，顺畅地切换到其他用户，比如从 root 管理员切换至普通用户：

```
[root@RHEL7-1 ~]# id
uid=0(root) gid=0(root) 组=0(root) 环境=unconfined_u:unconfined_r:
```

```
unconfined_t:s0-s0:c0.c1023
   [root@RHEL7-1 ~]# useradd -G testgroup  test
   [root@RHEL7-1 ~]# su - test
   [test@RHEL7-1 ~]$ id
   uid=8889(test) gid=8889(test) 组=8889(test),1011(testgroup) 环境
=unconfined_u:unconfined_r:unconfined_t:s0-s0:c0.c1023
```

　　细心的读者一定会发现，上面的 su 命令与用户名之间有一个减号（-），这意味着完全切换到新的用户，即把环境变量信息也变更为新用户的相应信息，而不是保留原始的信息。强烈建议在切换用户身份时添加这个减号（-）。

　　另外，当从 root 管理员切换到普通用户时是不需要密码验证的，而从普通用户切换成 root 管理员就需要进行密码验证了；这也是一个必要的安全检查：

```
[test@RHEL7-1 ~]$ su root
Password:
[root@RHEL7-1 ~]# su - test
上一次登录：日 5月  6 05:22:57 CST 2018pts/0 上
[test@RHEL7-1 ~]$ exit
logout
[root@RHEL7-1 ~]#
```

拓展阅读　　### 3.5.2　sudo 命令

　　尽管像上面这样使用 su 命令后，普通用户可以完全切换到 root 管理员身份来完成相应工作，但这会暴露 root 管理员的密码，从而增大了系统密码被黑客获取的概率，因此上述操作并不是最安全的方案。

10. sudo 命令　**3.6**　任务 6　使用用户管理器管理用户和组群

　　默认图形界面的用户管理器是没有安装的，需要安装 system-config-users 工具。

3.6.1　安装 system-config-users 工具

　　（1）下列命令用于检查是否安装 system-config-users。

```
[root@RHEL7-1 ~]# rpm -qa|grep system-config-users
```

　　（2）如果没有安装，可以使用 yum 命令安装所需软件包。

　　① 挂载 ISO 安装映像，相关代码如下。

```
//挂载光盘到 /iso 下
[root@RHEL7-1 ~]# mkdir /iso
[root@RHEL7-1 ~]# mount /dev/cdrom /iso
mount: /dev/sr0 写保护，将以只读方式挂载
```

　　② 制作用于安装的 yum 源文件，相关代码如下。

```
[root@RHEL7-1 ~]# vim /etc/yum.repos.d/dvd.repo
```

dvd.repo 文件的内容如下（后面不再赘述）：

```
# /etc/yum.repos.d/dvd.repo
# or for ONLY the media repo, do this:
```

```
# yum --disablerepo=\* --enablerepo=c6-media [command]
[dvd]
name=dvd
#特别注意本地源文件的表示，需用 3 个"/"
baseurl=file:///iso
gpgcheck=0
enabled=1
```

③ 使用 yum 命令查看 system-config-users 软件包的信息，如图 3-1 所示。

```
[root@RHEL7-1 ~]# yum info system-config-users
```

```
[root@rhel7-1 ~]# yum info system-config-users
已加载插件: langpacks, product-id, search-disabled-repos, subscription-manager
This system is not registered with an entitlement server. You can use subscripti
on-manager to register.
可安装的软件包
名 称    : system-config-users
架 构    : noarch
版 本    : 1.3.5
发 布    : 2.el7
大 小    : 339 k
源       : dvd
简 介    : A graphical interface for administering users and groups
网 址    : http://fedorahosted.org/system-config-users
协 议    : GPLv2+
描 述    : system-config-users is a graphical utility for administrating
         : users and groups.  It depends on the libuser library.
```

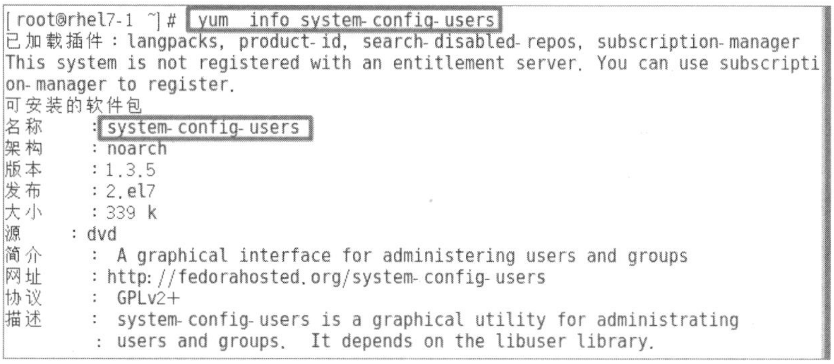

图 3-1　使用 yum 命令查看 system-config-users 软件包的信息

④ 使用 yum 命令安装 system-config-users。

```
[root@RHEL7-1 ~]# yum clean all                    //安装前先清除缓存
[root@RHEL7-1 ~]# yum install system-config-users -y
```

正常安装完成后，最后的提示信息是：

```
......
已安装：
  system-config-users.noarch 0:1.3.5-2.el7
作为依赖被安装：
  system-config-users-docs.noarch 0:1.0.9-6.el7
完毕！
```

所有软件包安装完毕，可以使用 rpm 命令再一次进行查询：

```
[root@RHEL7-1 etc]# rpm -qa | grep system-config-users
system-config-users-docs-1.0.9-6.el7.noarch
system-config-users-1.3.5-2.el7.noarch
```

3.6.2　用户管理器

使用命令：system-config-users 会打开图 3-2 所示的"用户管理器"。

使用"用户管理器"可以方便地执行添加用户或组群、编辑用户或组群的属性、删除用户或组群、加入或退出组群等操作。图形界面比较简单，在此不再赘述。不过提醒读者，system-config 有许多其他应用，大家可以试着安装并应用。

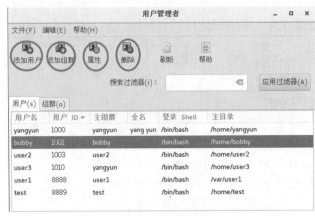

图 3-2   用户管理器

3.7   任务 7   使用常用的账户管理命令

账户管理命令可以在非图形化操作中对账户进行有效管理。

1. vipw 命令

vipw 命令用于直接对用户账户文件/etc/passwd 进行编辑，使用的默认编辑器是 vi。在对 /etc/passwd 文件进行编辑时将自动锁定该文件，编辑结束后对该文件进行解锁，保证了文件的一致性。vipw 命令在功能上等同于"vi /etc/passwd"命令，但是比直接使用 vi 命令更安全。该命令的语法为

```
[root@RHEL7-1 ~]# vipw
```

2. vigr 命令

vigr 命令用于直接对组群文件/etc/group 进行编辑。在用 vigr 命令对/etc/group 文件进行编辑时将自动锁定该文件，编辑结束后对该文件进行解锁，保证了文件的一致性。vigr 命令在功能上等同于"vi/etc/group"命令，但是比直接使用 vi 命令更安全。vigr 命令的语法为

```
[root@RHEL7-1 ~]# vigr
```

3. pwck 命令

pwck 命令用于验证用户账户文件认证信息的完整性。该命令检测/etc/passwd 文件和 /etc/shadow 文件每行中字段的格式和值是否正确。pwck 命令的语法为

```
[root@RHEL7-1 ~]#pwck
```

4. grpck 命令

grpck 命令用于验证组群文件认证信息的完整性。该命令还可检测/etc/group 文件和 /etc/gshadow 文件每行中字段的格式和值是否正确。grpck 命令的语法为

```
[root@RHEL7-1 ~]#grpck
```

5. id 命令

id 命令用于显示一个用户的 UID 和 GID 以及用户所属的组列表。在命令行输入 id 直接回车将显示当前用户的 ID 信息。id 命令的语法为

```
id [选项] 用户名
```

例如，显示 user1 用户的 UID、GID 信息的实例如下所示：

```
[root@RHEL7-1 ~]# id user1
uid=8888(user1) gid=1002(user1) 组=1002(user1),0(root),1011(testgroup)
```

6. finger、chfn、chsh 命令

使用 finger 命令可以查看用户的相关信息，包括用户的主目录、启动 shell、用户名、地址、电话等存放在/etc/passwd 文件中的记录信息。管理员和其他用户都可以用 finger 命令来了解当前用户信息（finger 命令默认没有安装，需要单独安装该命令，安装详情见电子资料）：

```
finger [选项] 用户名
[root@RHEL7-1 ~]# finger
Login       Name       Tty       Idle Login Time    Office      Office Phone
root        root       tty1        4  Sep  1 14:22
root        root       pts/0          Sep  1 14:39 (192.168.1.101)
```

finger 命令常用的一些选型如表 3-10 所示。

表 3-10　finger 命令选项

选　项	说　　明
-l	以长格式显示用户信息，是默认选项
-m	关闭以用户姓名查询账户的功能，如不加此选项，用户可以用一个用户的姓名来查询该用户的信息
-s	以短格式查看用户的信息
-p	不显示 plan（plan 信息是用户主目录下的.plan 等文件）

用户自己可以使用 chfn 和 chsh 命令来修改 finger 命令显示的内容。chfn 命令可以修改用户的办公地址、办公电话和住宅电话等。chsh 命令用来修改用户的启动 shell。用户在用 chfn 和 chsh 命令修改个人账户信息时会被提示要输入密码。例如：

```
[user1@Server ~]$ chfn
Changing finger information for user1.
Password:
Name [oneuser]:oneuser
Office []: network
Office Phone []: 66773007
Home Phone []: 66778888
Finger information changed.
```

用户可以直接输入 chsh 命令或使用-s 选项来指定要更改的启动 shell。例如，若用户 user1 想把自己的启动 shell 从 bash 改为 tcsh，则可以使用以下两种方法：

```
[user1@Server ~]$ chsh
Changing shell for user1.
Password:
New shell [/bin/bash]: /bin/tcsh
shell changed.
```

或：

```
[user1@Server ~]$ chsh -s /bin/tcsh
```

```
Changing shell for user1.
```

7. whoami 命令

whoami 命令用于显示当前用户的名称。whoami 命令与 id -un 命令的作用相同。

```
[user1@Server ~]$ whoami
User1
```

8. newgrp 命令

newgrp 命令用于转换用户的当前组到指定的主组群,对于没有设置组群口令的组群账户,只有组群的成员才可以使用 newgrp 命令改变主组群身份到该组群。如果组群设置了口令,其他组群的用户只要拥有组群口令也可以将主组群身份改变到该组群。应用实例如下:

```
[root@RHEL7-1 ~]# id                        //显示当前用户的 gid
uid=0(root) gid=0 ( root )  groups=0(root),1(bin),2(daemon),3(sys),4(adm),
6(disk),10(wheel)
[root@RHEL7-1 ~]# newgrp group1             //改变用户的主组群
[root@RHEL7-1 ~]# id
uid=0(root) gid=500(group1) groups=0(root),1(bin),2(daemon),3(sys),4(adm),
6(disk),10(wheel)
[root@RHEL7-1 ~]# newgrp                     //newgrp 命令不指定组群时转换为用户的私有组
[root@RHEL7-1 ~]# id
uid=0(root) gid=0(root) groups=0(root),1(bin),2(daemon),3(sys),4(adm),6(disk),
10(wheel)
```

使用 groups 命令可以列出指定用户的组群。例如:

```
[root@RHEL7-1 ~]# whoami
root
[root@RHEL7-1 ~]# groups
root bin daemon sys adm disk wheel
```

3.8 企业实战与应用——账号管理实例

1. 情境

假设需要的账号数据如表 3-11 所示,你该如何操作?

表 3-11 账号数据

账号名称	账号全名	支持次要群组	是否可登录主机	口令
myuser1	1st user	mygroup1	可以	Password
myuser2	2nd user	mygroup1	可以	Password
myuser3	3rd user	无额外支持	不可以	password

2. 解决方案

```
# 先处理账号相关属性的数据:
[root@RHEL7-1 ~]# groupadd mygroup1
```

```
[root@RHEL7-1 ~]# useradd -G mygroup1 -c "1st user" myuser1
[root@RHEL7-1 ~]# useradd -G mygroup1 -c "2nd user" myuser2
[root@RHEL7-1 ~]# useradd -c "3rd user" -s /sbin/nologin myuser3


# 再处理账号的口令相关属性的数据：
[root@RHEL7-1 ~]# echo "password" | passwd --stdin myuser1
[root@RHEL7-1 ~]# echo "password" | passwd --stdin myuser2
[root@RHEL7-1 ~]# echo "password" | passwd --stdin myuser3
```

特别注意：myuser1 与 myuser2 都支持次要群组，但该群组不见得存在，因此需要先手动创建。再者，myuser3 是"不可登录系统"的账号，因此需要使用/sbin/nologin 来设置，这样该账号就成为非登录账户了。

3.9 项目实录：管理用户和组

1. 视频位置

实训前请扫二维码，观看"实训项目 管理用户和组"慕课。

慕课

实训项目 管理用户和组

2. 项目实训目的

● 熟悉 Linux 用户的访问权限。

● 掌握在 Linux 系统中增加、修改、删除用户或用户组的方法。

● 掌握用户账户管理及安全管理。

3. 项目背景

某公司有 60 个员工，分别在 5 个部门工作，每个人工作内容不同。需要在服务器上为每个人创建不同的账号，把相同部门的用户放在一个组中，每个用户都有自己的工作目录。另外，需要根据工作性质对每个部门和每个用户在服务器上的可用空间进行限制。

4. 项目实训内容

练习设置用户的访问权限，练习账号的创建、修改、删除。

5. 做一做

根据项目实录视频进行项目的实训，检查学习效果。

3.10 练习题

一、填空题

1. Linux 操作系统是_____的操作系统，它允许多个用户同时登录到系统，使用系统资源。

2. Linux 系统下的用户账户分为两种：_____和_____。

3. root 用户的 UID 为_____，普通用户的 UID 可以在创建时由管理员指定，如果不指定，用户的 UID 默认从_____开始顺序编号。

4. 在 Linux 系统中，创建用户账户的同时也会创建一个与用户同名的组群，该组群是用户的_____。普通组群的 GID 默认也从_____开始编号。

5. 一个用户账户可以同时是多个组群的成员，其中某个组群是该用户的_____（私有组群），其他组群为该用户的_____（标准组群）。

6. 在 Linux 系统中，所创建的用户账户及其相关信息（密码除外）均放在_____配置文件中。

7. 由于所有用户对/etc/passwd 文件均有_____权限，为了增强系统的安全性，用户经过加密之后的口令都存放在_____文件中。

8. 组群账户的信息存放在_____文件中，而关于组群管理的信息（组群口令、组群管理员等）则存放在_____文件中。

二、选择题

1. （　　）目录存放用户密码信息。

    A. /etc   B. /var   C. /dev   D. /boot

2. 命令（　　）可创建用户 ID 是 200、组 ID 是 1000、用户主目录为/home/user01 的用户账户。

    A. useradd -u:200 -g:1000 -h:/home/user01 user01

    B. useradd -u=200 -g=1000 -d=/home/user01 user01

    C. useradd -u 200 -g 1000 -d /home/user01 user01

    D. useradd -u 200 -g 1000 -h /home/user01 user01

3. 用户登录系统后首先进入（　　）。

    A. /home   B. /root 的主目录

    C. /usr   D. 用户自己的家目录

4. 在使用了 shadow 口令的系统中，/etc/passwd 和/etc/shadow 两个文件的权限正确的是（　　）。

    A. -rw-r----- , -r--------   B. -rw-r--r-- , -r--r--r—

    C. -rw-r--r-- , -r--------   D. -rw-r--rw- , -r-----r—

5. （　　）可以删除一个用户并同时删除用户的主目录。

    A. rmuser –r   B. deluser –r   C. userdel –r   D. usermgr -r

6. 系统管理员应该采用的安全措施有（　　）。

    A. 把 root 密码告诉每一位用户

    B. 设置 telnet 服务来提供远程系统维护

    C. 经常检测账户数量、内存信息和磁盘信息

    D. 当员工辞职后，立即删除该用户账户

7. 在/etc/group 中有一行 students::600:z3,14,w5，这表示有（　　）用户在 students 组里。

    A. 3   B. 4   C. 5   D. 不知道

8. 命令（　　）可以用来检测用户 lisa 的信息。

    A. finger lisa   B. grep lisa /etc/passwd

    C. find lisa /etc/passwd   D. who lisa

项目 ④ 配置与管理文件系统

项目导入

Linux 系统的网络管理员需要学习 Linux 文件系统和磁盘管理。尤其对于初学者来说，文件的权限与属性是学习 Linux 的一个相当重要的关卡，如果没有这部分的知识储备，那么当你遇到 "Permission deny" 的错误提示时将会一筹莫展。

职业能力目标和要求

- 理解 Linux 文件系统结构。
- 能够进行 Linux 系统的文件权限管理，熟悉磁盘和文件系统管理工具。
- 掌握 Linux 系统权限管理的应用。

4.1 任务1 全面理解文件系统与目录

文件系统（File System）是磁盘上有特定格式的一片区域，操作系统利用文件系统保存和管理文件。

4.1.1 子任务1 认识文件系统

用户在硬件存储设备中执行的文件建立、写入、读取、修改、转存与控制等操作都是依靠文件系统来完成的。文件系统的作用是合理规划硬盘，以保证用户正常的使用需求。Linux 系统支持数十种的文件系统，而最常见的文件系统如下所示。

微课

Linux 的文件系统

（1）**Ext3**：是一款日志文件系统，能够在系统异常宕机时避免文件系统资料丢失，并能自动修复数据的不一致与错误。然而，当硬盘容量较大时，所需的修复时间也会很长，而且也不能百分之百地保证资料不会丢失。它会把整个磁盘的每个写入动作的细节都预先记录下来，以便在发生异常宕机后能回溯追踪到被中断的部分，然后尝试进行修复。

（2）**Ext4**：Ext3 的改进版本，作为 RHEL 6 系统中的默认文件管理系统，它支持的存储容量高达 1EB（1EB=1 073 741 824GB），且能够有无限多的子目录。另外，Ext4 文件系统能够批量分配 block 块，从而极大地提高了读写效率。

（3）**XFS**：是一种高性能的日志文件系统，而且是 RHEL 7 中默认的文件管理系统。它的优势在发生意外宕机后显得尤其明显，即可以快速地恢复可能被破坏的文件，而且强大的日志功能只用花费极低的计算和存储性能。它最大可支持的存储容量为 18EB，这几乎满足了所有需求。

日常在硬盘需要保存的数据实在太多了，因此 Linux 系统中有一个名为 super block 的"硬盘地图"。Linux 并不是把文件内容直接写入到这个"硬盘地图"里面，而是在里面记录着整个文件系统的信息。因为，如果把所有的文件内容都写入到这里面，它的体积将变得非常大，而且文件内容的查询与写入速度也会变得很慢。Linux 只是把每个文件的权限与属性记录在 inode 中，而且每个文件占用一个独立的 inode 表格。该表格的大小默认为 128 字节，里面记录着如下信息。

- 该文件的访问权限（read、write、execute）。
- 该文件的所有者与所属组（owner、group）。
- 该文件的大小（size）。
- 该文件的创建或内容修改时间（ctime）。
- 该文件的最后一次访问时间（atime）。
- 该文件的修改时间（mtime）。
- 文件的特殊权限（SUID、SGID、SBIT）。
- 该文件的真实数据地址（point）。

而文件的实际内容则保存在 block 块中（大小可以是 1KB、2KB 或 4KB），一个 inode 的默认大小仅为 128B（Ext3），记录一个 block 则消耗 4B。当文件的 inode 被写满后，Linux 系统会自动分配出一个 block 块，专门用于像 inode 那样记录其他 block 块的信息，这样把各个 block 块的内容串到一起，就能够让用户读到完整的文件内容了。对于存储文件内容的 block 块，有下面两种常见情况（以 4KB 的 block 大小为例进行说明）。

- 情况 1：文件很小（1KB），但依然会占用一个 block，因此会潜在地浪费 3KB。
- 情况 2：文件很大（5KB），那么会占用两个 block（5KB–4KB 后剩下的 1KB 也要占用一个 block）。

计算机系统在发展过程中产生了众多的文件系统，为了使用户在读取或写入文件时不用关心底层的硬盘结构，Linux 内核中的软件层为用户程序提供了一个 VFS（Virtual File System，虚拟文件系统）接口，这样用户实际上在操作文件时就是统一对这个虚拟文件系统进行操作了。图 4-1 所示为 VFS 的架构示意图。从中可见，实际文件系统在 VFS 下隐藏了自己的特性和细节，这样用户在日常使用时会觉得"文件系统都是一样的"，也就可以随意使用各种命令在任何文件系统中进行各种操作了（如使用 cp 命令来复制文件）。

4.1.2 子任务 2 理解 Linux 文件系统目录结构

在 Linux 系统中，目录、字符设备、块设备、套接字、打印机等都被抽象成了文件：Linux 系统中一切都是文件。既然平时我们打交道的都是文件，那么又应该如何找到它们呢？在 Windows 操作系统中，想要找到一个文件，我们要依次进入该文件所在的磁盘分区（假设这里是 D 盘），然后在进入该分区下的具体目录，最终找到这个文件。但是在 Linux 系统中并不存在 C/D/E/F 等盘符，Linux 系统中的一切文件都是从"根（/）"目录开始的，并按照文件系统层次化标准（Filesystem Aierarchy Standard，FHS）采用树形结构来存放文件，以及定义了常见目录的用途。另外，Linux 系统中的文件和目录名称是严格区分大小写的。例如，root、rOOt、Root、rooT 均代表不同的目录，并且文件名称中不得包含斜杠（/）。Linux 系统中的文件存储结构如图 4-2 所示。

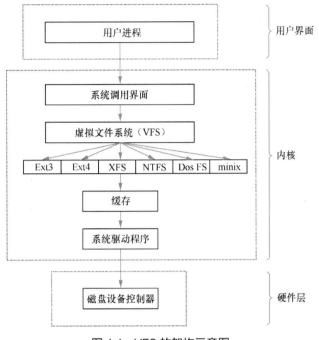

图 4-1 VFS 的架构示意图

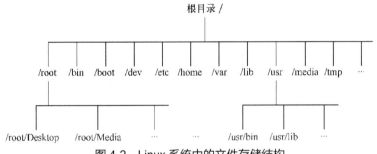

图 4-2 Linux 系统中的文件存储结构

在 Linux 系统中，最常见的目录以及所对应的存放内容如表 4-1 所示。

表 4-1 Linux 系统中常见的目录名称以及相应内容

目录名称	应放置文件的内容
/	Linux 文件的最上层根目录
/boot	开机所需文件——内核、开机菜单以及所需配置文件等
/dev	以文件形式存放任何设备与接口
/etc	配置文件
/home	用户家目录
/bin	Binary 的缩写，存放用户的可运行程序，如 ls、cp 等，也包含其他 shell，如 bash 和 cs 等

续表

目录名称	应放置文件的内容
/lib	开机时用到的函数库，以及/bin 与/sbin 下面的命令要调用的函数
/sbin	开机过程中需要的命令
/media	用于挂载设备文件的目录
/opt	放置第三方的软件
/root	系统管理员的家目录
/srv	一些网络服务的数据文件目录
/tmp	任何人均可使用的"共享"临时目录
/proc	虚拟文件系统，如系统内核、进程、外部设备及网络状态等
/usr/local	用户自行安装的软件
/usr/sbin	Linux 系统开机时不会使用到的软件/命令/脚本
/usr/share	帮助与说明文件，也可放置共享文件
/var	主要存放经常变化的文件，如日志
/lost+found	当文件系统发生错误时，将一些丢失的文件片段存放在这里

4.1.3 子任务 3 理解绝对路径与相对路径

了解绝对路径与相对路径的概念。

- 绝对路径：由根目录（/）开始写起的文件名或目录名称，如/home/dmtsai/basher。
- 相对路径：相对于目前路径的文件名写法，如./home/dmtsai 或../../home/dmtsai/等。

技巧：开头不是"/"的就属于相对路径的写法。

相对路径是以当前所在路径的相对位置来表示的。举例来说，你目前在/home 这个目录下，如果想要进入/var/log 这个目录时，可以怎么写呢？有两种方法。

- cd /var/log：绝对路径。
- cd ../var/log：相对路径。

因为你目前在/home 下，所以要回到上一层（../）之后，才能进入/var/log 目录。特别注意两个特殊的目录。

- . ：代表当前的目录，也可以使用./来表示。
- .. ：代表上一层目录，也可以用../来代表。

此处的.和..是很重要的，例如，常常看到的 cd ..或./command 之类的指令表达方式，就是代表上一层与目前所在目录的工作状态。

4.2 任务 2 管理 Linux 文件权限

4.2.1 子任务 1 理解文件和文件权限

文件是操作系统用来存储信息的基本结构，是一组信息的集合。文件通过文件名来唯一地标识。Linux 中的文件名称最长可允许 255 个字符，这些字符可用 A~Z、0~9、.、_、-等符号来表示。与其他操作系统相比，Linux 最大的不同就是没有"扩展名"的概念，也就是说文件的名称和该文件的种类并没有直接的关联。例如，sample.txt 可能是一个运行文件，而 sample.exe 也有可能是文本文件，甚至可以不使用扩展名。另一个特性是 Linux 文件名区分大小写。例如，sample.txt、Sample.txt、SAMPLE.txt、samplE.txt 在 Linux 系统中都代表不同的文件，但在 DOS 和 Windows 操作系统中却是指同一个文件。在 Linux 系统中，如果文件名以"."开始，表示该文件为隐藏文件，需要使用"ls -a"命令才能显示。

在 Linux 中的每一个文件或目录都包含有访问权限，这些访问权限决定了谁能访问和如何访问这些文件和目录。通过设定权限可以从以下 3 种访问方式限制访问权限。

● 只允许用户自己访问。

● 允许一个预先指定的用户组中的用户访问。

● 允许系统中的任何用户访问。

同时，用户能够控制一个给定的文件或目录的访问程度。一个文件或目录可能有读、写及执行权限。当创建一个文件时，系统会自动赋予文件所有者读和写的权限，这样可以允许所有者显示文件内容和修改文件。文件所有者可以将这些权限改变为任何他想指定的权限。一个文件也许只有读权限，禁止任何修改。文件也可能只有执行权限，允许它像一个程序一样执行。

根据赋予权限的不同，3 种不同的用户（所有者、用户组或其他用户）能够访问不同的目录或者文件。所有者是创建文件的用户，文件的所有者能够授予所在用户组的其他成员以及系统中除所属组之外的其他用户的文件访问权限。

每一个用户针对系统中的所有文件都有它自身的读、写和执行权限。第一套权限控制访问自己的文件权限，即所有者权限。第二套权限控制用户组访问其中一个用户的文件的权限。第三套权限控制其他所有用户访问一个用户的文件的权限。这三套权限赋予用户不同类型（即所有者、用户组和其他用户）的读、写及执行权限，就构成了一个有 9 种类型的权限组。

我们可以用"ls -l"或者 ll 命令显示文件的详细信息，其中包括权限。如下所示：

```
[root@RHEL7-1 ~]# ll
total 84
drwxr-xr-x 2 root root  4096 Aug  9 15:03 Desktop
-rw-r--r--   1 root root  1421 Aug  9 14:15 anaconda-ks.cfg
-rw-r--r--   1 root root  6107 Aug  9 14:15 install.log.syslog
drwxr-xr-x 2 root root  4096 Sep  1 13:54 webmin
```

上面列出了各种文件的详细信息，共分 7 组。各组信息的含义如图 4-3 所示。

图 4-3　文件属性示意图

4.2.2　子任务 2　详解文件的各种属性信息

1. 第 1 组为文件类型权限

每一行的第一个字符一般用来区分文件的类型，一般取值为 d、-、l、b、c、s、p。具体含义如下。

- d：表示是一个目录，在 ext 文件系统中目录也是一种特殊的文件。
- -：表示该文件是一个普通的文件。
- l：表示该文件是一个符号链接文件，实际上它指向另一个文件。
- b、c：分别表示该文件为区块设备或其他的外围设备，是特殊类型的文件。
- s、p：这些文件关系到系统的数据结构和管道，通常很少见到。

每一行的第 2~10 个字符表示文件的访问权限。这 9 个字符每 3 个为一组，左边 3 个字符表示所有者权限，中间 3 个字符表示与所有者同一组的用户的权限，右边 3 个字符是其他用户的权限。代表的意义如下。

- 字符 2、3、4 表示该文件所有者的权限，有时也简称为 u（User）的权限。
- 字符 5、6、7 表示该文件所有者所属组的组成员的权限。例如，此文件拥有者属于"user"组群，该组群中有 6 个成员，表示这 6 个成员都有此处指定的权限。简称为 g（Group）的权限。
- 字符 8、9、10 表示该文件所有者所属组群以外的权限，简称为 o（Other）的权限。

这 9 个字符根据权限种类的不同，也分为 3 种类型。

- r（Read，读取）：对文件而言，具有读取文件内容的权限；对目录来说，具有浏览目录的权限。
- w（Write，写入）：对文件而言，具有新增、修改文件内容的权限；对目录来说，具有删除、移动目录内文件的权限。
- x（execute，执行）：对文件而言，具有执行文件的权限；对目录来说，具有进入目录的权限。
- -：表示不具有该项权限。

下面举例说明。

- brwxr--r--：该文件是块设备文件，文件所有者具有读、写与执行的权限，其他用户则具有读取的权限。
- -rw-rw-r-x：该文件是普通文件，文件所有者与同组用户对文件具有读写的权限，而其他用户仅具有读取和执行的权限。
- drwx--x--x：该文件是目录文件，目录所有者具有读写与进入目录的权限，其他用户能进入该目录，却无法读取任何数据。
- lrwxrwxrwx：该文件是符号链接文件，文件所有者、同组用户和其他用户对该文件都具有读、写和执行权限。

每个用户都拥有自己的主目录，通常在/home 目录下，这些主目录的默认权限为 rwx------：执行 mkdir 命令所创建的目录，其默认权限为 rwxr-xr-x。用户可以根据需要修改目录的权限。

此外，默认的权限可用 umask 命令修改，用法非常简单，只需执行"umask 777"命令，便代表屏蔽所有的权限，因而之后建立的文件或目录，其权限都变成 000，依次类推。通常 root 账号搭配 umask 命令的数值为 022、027 和 077，普通用户则是采用 002，这样所产生的默认权限依次为 755、750、700、775。有关权限的数字表示法，后面将会详细说明。

用户登录系统时，用户环境就会自动执行 umask 命令来决定文件、目录的默认权限。

2. 第 2 组表示有多少文件名连结到此节点（i-node）

每个文件都会将其权限与属性记录到文件系统的 i-node 中，不过，我们使用的目录树却是使用文件来记录，因此每个文件名就会连接到一个 i-node。这个属性记录的就是有多少不同的文件名连接到相同的一个 i-node。

3. 第 3 组表示这个文件（或目录）的拥有者账号

4. 第 4 组表示这个文件的所属群组

在 Linux 系统下，你的账号会附属于一个或多个的群组中。举例来说明：class1、class2、class3 均属于 projecta 这个群组，假设某个文件所属的群组为 projecta，且该文件的权限为（-rwxrwx---），则 class1、class2、class3 3 人对于该文件都具有可读、可写、可执行的权限（看群组权限）。但如果是不属于 projecta 的其他账号，对于此文件就不具有任何权限了。

5. 第 5 组为这个文件的容量大小，默认单位为 bytes

6. 第 6 组为这个文件的创建日期或者是最近的修改日期

这一栏的内容分别为日期（月/日）及时间。如果这个文件被修改的时间距离现在太久了，那么时间部分会仅显示年份而已。如果想要显示完整的时间格式，可以利用 ls 的选项，即 ls -l --full-time 就能够显示出完整的时间格式了。

7. 第 7 组为这个文件的文件名

比较特殊的是：如果文件名之前多一个"."，则代表这个文件为隐藏文件。请读者使用 ls 及 ls -a 这两个指令去体验一下什么是隐藏文件。

4.2.3　子任务 3　使用数字表示法修改权限

在文件建立时系统会自动设置权限，如果这些默认权限无法满足需要，此时可以使用 chmod 命令来修改权限。通常在权限修改时可以用两种方式来表示权限类型：数字表示法和文字表示法。

chmod 命令的格式是：

```
chmod   选项    文件
```

所谓数字表示法是指将读取（r）、写入（w）和执行（x）分别以数字 4、2、1 来表示，没有授予的部分就表示为 0，然后再把所授予的权限相加而成。表 4-2 是几个示范的例子。

表 4-2　以数字表示法修改权限的例子

原 始 权 限	转换为数字			数字表示法
rwxrwxr-x	（421）	（421）	（401）	775
rwxr-xr-x	（421）	（401）	（401）	755
rw-rw-r--	（420）	（420）	（400）	664
rw-r--r--	（420）	（400）	（400）	644

例如，为文件/etc/file 设置权限：赋予拥有者和组群成员读取和写入的权限，而其他人只有读取权限。则应该将权限设为"rw-rw-r--"，而该权限的数字表示法为 664，因此可以输入下面的命令来设置权限：

```
[root@RHEL7-1 ~]# touch /etc/file
[root@RHEL7-1 ~]# chmod 664 /etc/file
[root@RHEL7-1 ~]# ll /etc/file
-rw-rw-r--. 1 root root 0 5月  20 23:15 /etc/file
```

再如，要将.bashrc 这个文件所有的权限都设定启用，那么就使用如下命令：

```
[root@RHEL7-1 ~]# ls    -al   .bashrc
-rw-r--r--. 1 root root 176 12月 29 2013 .bashrc
[root@RHEL7-1 ~]# chmod  777   .bashrc
[root@RHEL7-1 ~]# ls    -al    .bashrc
-rwxrwxrwx. 1 root root 176 12月 29 2013 .bashrc
```

如果要将权限变成-rwxr-xr--呢？权限的数字就成为[4+2+1][4+0+1][4+0+0]=754，所以需要使用 chmod 754 filename 命令。另外，在实际的系统运行中最常发生的一个问题就是，常常我们以 vim 编辑一个 shell 的文本批处理文件 test.sh 后，它的权限通常是-rw-rw-r--，也就是664。如果要将该文件变成可执行文件，并且不要让其他人修改此文件，那么就需要-rwxr-xr-x这样的权限。此时就要执行 chmod   755   test.sh 指令。

技巧：如果有些文件不希望被其他人看到，则可以将文件的权限设定为-rwxr-----，执行chmod   740   filename 指令。

4.2.4　子任务 4　使用文字表示法修改权限

1．文字表示法

使用权限的文字表示法时，系统用 4 种字母来表示不同的用户。

- u：user，表示所有者。
- g：group，表示属组。
- o：others，表示其他用户。
- a：all，表示以上 3 种用户。

使用下面 3 种字符的组合表示法设置操作权限。

- r：read，可读。
- w：write，写入。
- x：execute，执行。

操作符号包括以下几种。

- ＋：添加某种权限。
- -：减去某种权限。
- ＝：赋予给定权限并取消原来的权限。

以文字表示法修改文件权限时，上例中的权限设置命令应该为

```
[root@RHEL7-1 ~]# chmod u=rw,g=rw,o=r /etc/file
```

修改目录权限和修改文件权限相同，都是使用 chmod 命令，但不同的是，要使用通配符"*"来表示目录中的所有文件。

例如，要同时将/etc/test 目录中的所有文件权限设置为所有人都可读取及写入，应该使用下面的命令：

```
[root@RHEL7-1 ~]# mkdir /etc/test;touch  /etc/test/f1.doc
[root@RHEL7-1 ~]# chmod a=rw /etc/test/*
```

或者：

```
[root@RHEL7-1 ~]# chmod 666 /etc/test/*
```

如果目录中包含其他子目录，则必须使用-R（Recursive）参数来同时设置所有文件及子目录的权限。

2. 利用 chmod 命令也可以修改文件的特殊权限

例如，要设置/etc/file 文件的 SUID 权限的方法如下（先了解，后面会详细介绍）：

```
[root@RHEL7-1 ~]# ll /etc/file
-rw-rw-rw-. 1 root root 0 5月  20 23:15 /etc/file
[root@RHEL7-1 ~]# chmod u+s /etc/file
[root@RHEL7-1 ~]# ll /etc/file
-rwSrw-rw-. 1 root root 0 5月  20 23:15 /etc/file
```

特殊权限也可以采用数字表示法。SUID、SGID 和 sticky 权限分别为 4、2 和 1。使用 chmod 命令设置文件权限时，可以在普通权限的数字前面加上一位数字来表示特殊权限。例如：

```
[root@RHEL7-1 ~]# chmod 6664 /etc/file
[root@RHEL7-1 ~]# ll  /etc/file
-rwSrwSr-- 1 root root 22 11-27 11:42 file
```

3. 使用文字表示法的有趣实例

【例 4-1】假如我们要"设定"一个文件的权限为-rwxr-xr-x 时，所表述的含义如下。

- user (u)：具有可读、可写、可执行的权限。
- group 与 others (g/o)：具有可读与执行的权限。

执行结果如下：

```
[root@RHEL7-1 ~]# chmod u=rwx,go=rx  .bashrc
# 注意：u=rwx,go=rx 是连在一起的，中间并没有任何空格
[root@RHEL7-1 ~]# ls -al .bashrc
-rwxr-xr-x 1 root root 395 Jul 4 11:45.bashrc
```

【例 4-2】假如设置-rwxr-xr--这样的权限又该如何操作呢？可以使用"chmod u=rwx，g=rx，o=r filename"来设定。此外，如果不知道原先的文件属性，而想增加.bashrc 文件的所有人均有写入的权限，那么可以使用如下命令：

```
[root@RHEL7-1 ~]# ls   -al   .bashrc
-rwxr-xr-x 1 root root 395 Jul 4 11:45.bashrc
[root@RHEL7-1 ~]# chmod a+w  .bashrc
[root@RHEL7-1 ~]# ls   -al   .bashrc
-rwxrwxrwx 1 root root 395 Jul 4 11:45.bashrc
```

【例 4-3】如果要将权限去掉而不改动其他已存在的权限呢？例如，要去掉所有人的可执行权限，则可以使用如下命令：

```
[root@RHEL7-1 ~]# chmod a-x   .bashrc
[root@RHEL7-1 ~]# ls   -al   .bashrc
-rw-rw-rw- 1 root root 395 Jul 4 11:45.bashrc
```

特别提示：在+与-的状态下，只要不是指定的项目，权限是不会变动的。例如，上面的例子中，由于仅去掉 x 权限，因此其他权限值保持不变。举例来说，想让用户拥有执行的权限，但又不知道该文件原来的权限，此时，利用 chmod a+x filename，就可以让该程序拥有执行的权限。

4.2.5 子任务 5　理解权限与指令间的关系

拓展阅读

权限对于使用者来说非常重要，因为权限可以限制使用者能不能读取/建立/删除/修改文件或目录。

4.3　任务 3　修改文件与目录的默认权限与隐藏权限

11. 理解权限与
指令间的关系

文件权限包括读（r）、写（w）、执行（x）等基本权限，决定文件类型的属性包括目录（d）、文件（-）、连结符等。修改权限的方法（chgrp，chown，chmod）在前面已经提过。在 Linux 的 ext2/ext3/ext4 文件系统下，除基本 r、w、x 权限外，还可以设定系统隐藏属性。设置系统隐藏属性使用 chattr 命令，而使用 lsattr 命令可以查看隐藏属性。

另外，基于安全（security）机制方面的考虑，设定文件不可修改的特性，即使是文件的拥有者也不能修改，非常重要。

4.3.1 子任务 1　理解文件预设权限：umask

您可能会问：建立文件或目录时，默认权限是什么呢？默认权限与 umask 有密切关系，umask 指定的就是用户在建立文件或目录时的默认权限值。那么如何得知或设定 umask 呢？请看下面的命令及运行结果：

```
[root@RHEL7-1 ~]# umask
0022           <==与一般权限有关的是后面 3 个数字！
[root@RHEL7-1 ~]# umask -S
u=rwx,g=rx,o=rx
```

查阅默认权限的方式有两种：一是直接输入 umask，可以看到数字形态的权限设定；二是加入 -S（Symbolic）选项，则会以符号类型的方式显示权限。

但是，umask 会有 4 组数字，而不是只有 3 组。第一组是特殊权限用的，稍后会讲到。现在先看后面的 3 组。

目录与文件的默认权限是不一样的。我们知道，x 权限对于目录是非常重要的。但是一般文件不应该有执行的权限。因为一般文件通常是用于数据的记录，当然不需要执行的权限。因此，预设的情况如下。

- 若使用者建立文件，则预设没有可执行（x）权限，即只有 rw 这两个权限，也就是最大为 666，预设权限为：-rw-rw-rw-。
- 若用户建立目录，则由于 x 与是否可以进入此目录有关，因此默认所有权限均开放，即为 777，预设权限为：drwxrwxrwx。

umask 的分值指的是该默认值需要减掉的权限（r、w、x 分别对应的是 4、2、1），具体如下。

- 去掉写入的权限时，umask 的分值输入 2。
- 去掉读取的权限时，umask 的分值输入 4。
- 去掉读取和写入的权限时，umask 的分值输入 6。
- 去掉执行和写入的权限时，umask 的分值输入 3。

思考：5 分是什么？就是读取与执行的权限。

以上面的例子来说，因为 umask 为 022，所以 user 并没有被去掉任何权限，不过 group

与 others 的权限被去掉了 2（也就是 w 这个权限），那么使用者的权限如下。

- 建立文件时：(-rw-rw-rw-) - (-----w--w-) =-rw-r--r--。
- 建立目录时：(drwxrwxrwx) - (d----w--w-) =drwxr-xr-x。

是这样吗？请看测试结果。

```
[root@RHEL7-1 ~]# umask
0022
[root@RHEL7-1 ~]# touch test1
[root@RHEL7-1 ~]# mkdir test2
[root@RHEL7-1 ~]# 11
-rw-r--r-- 1 root root    0 Sep 27 00:25 test1
drwxr-xr-x 2 root root 4096 Sep 27 00:25 test2
```

4.3.2　子任务 2　利用 umask

假如你与同学进行的是同一个项目，你们的账号属于相同群组，并且/home/class/目录是你们的项目目录。想象一下，有没有可能你所制作的文件你的同学无法编辑？如果是这样，该怎么办呢？

这个问题可能经常发生。以上面的案例来说，test1 的权限是 644。也就是说，如果 umask 的值为 022，那新建的数据只有用户自己具有写入（w）的权限，同群组的人只有读取（r）的权限，肯定无法修改。这样怎么能共同制作项目呢？

因此，当我们需要新建文件给同群组的使用者共同编辑时，umask 的群组就不能去掉 2 这个 w 的权限。这时 umask 的值应该是 002，这样才能使新建文件的权限是-rw-rw-r--。那么如何设定 umask 呢？直接在 umask 后面输入 002 就可以了。命令运行情况如下：

```
[root@RHEL7-1 ~]# umask 002
[root@RHEL7-1 ~]# touch test3
[root@RHEL7-1 ~]# mkdir test4
[root@RHEL7-1 ~]# 11
-rw-rw-r-- 1 root root    0 Sep 27 00:36 test3
drwxrwxr-x 2 root root 4096 Sep 27 00:36 test4
```

umask 与新建文件及目录的默认权限有很大关系。这个属性可以用在服务器上，尤其是文件服务器（file server）上。例如，在创建 Samba server 或者 FTP server 时，显得尤为重要。

思考：假设 umask 为 003，在此情况下建立的文件与目录的权限又是怎样的呢？

umask 为 003，所以去掉的权限为- - - - - - - -wx，因此相关权限如下。

- 文件：(-rw-rw-rw-) –(--------wx)=-rw-rw-r--。
- 目录：(drwxrwxrwx) –(d-------wx)=drwxrwxr--。

关于 umask 与权限的计算方式中，有的教材喜欢使用二进制的方式来进行 AND 与 NOT 的计算。不过，本书认为上面这种计算方式比较容易。

警示：有的书籍或者是论坛上，喜欢使用文件默认属性 666 及目录默认属性 777 与 umask 进行相减来计算文件属性，这是不对的。以上面例题来看，如果使用默认属性相加减，则文件属性变成：666-003=663，即-rw-rw--wx，这是完全不对的。想想看，原本文件就已经去除了 x 的默认属性，怎么可能突然间冒出来了呢？所以，这个地方一定要特别小心。

root 的 umask 值默认是 022 是基于安全的考虑。对于一般用户，通常 umask 为 002，即保留同群组的写入权限。关于预设 umask 的设定可以参考/etc/bashrc 这个文件的内容。

4.3.3 子任务 3 设置文件隐藏属性

1. chattr 命令

功能说明：改变文件属性。

语法：chattr [-RV][-v<版本编号>][+/-/=<属性>][文件或目录...]。

这项指令可改变存放在 ext4 文件系统上的文件或目录属性，这些属性共有以下 8 种模式。

- a：系统只允许在这个文件之后追加数据，不允许任何进程覆盖或截断这个文件。如果目录具有这个属性，系统将只允许在这个目录下建立和修改文件，而不允许删除任何文件。
- b：不更新文件或目录的最后存取时间。
- c：将文件或目录压缩后存放。
- d：将文件或目录排除在操作之外。
- i：不得任意改动文件或目录。
- s：保密性删除文件或目录。
- S：即时更新文件或目录。
- u：预防意外删除。

chattr 的相关参数如下。其中，最重要的是+i 与+a 这两个属性。由于这些属性是隐藏的，所以需要使用 lsattr 命令。

-R：递归处理，将指定目录下的所有文件及子目录一并处理。

-v<版本编号>：设置文件或目录版本。

-V：显示指令执行过程。

+<属性>：开启文件或目录的该项属性。

-<属性>：关闭文件或目录的该项属性。

=<属性>：指定文件或目录的该项属性。

【例 4-4】请尝试在/tmp 目录下建立文件，加入 i 参数，并尝试删除。

```
[root@RHEL7-1 ~]# cd    /tmp
[root@RHEL7-1 tmp]# touch attrtest       <==建立一个空文件
[root@RHEL7-1 tmp]# chattr +i attrtest <==给予 i 属性
[root@RHEL7-1 tmp]# rm attrtest          <==尝试删除，查看结果
rm:remove write-protected regular empty file `attrtest'?y
rm:cannot remove `attrtest':Operation not permitted <==操作不允许
# 看到了吗？连 root 也没有办法将这个文件删除！赶紧解除设定吧
```

将该文件的 i 属性取消的代码如下：

```
[root@RHEL7-1 tmp]# chattr -i attrtest
```

这个指令很重要，尤其是在系统的数据安全方面。

此外，如果是 log file（日志文件），就需要+a 属性：增加但不能修改与删除旧有数据。

2. lsattr 命令

功能说明：显示文件隐藏属性。

语法：lsattr [-adR]文件或目录。

该命令的选项与参数如下。

-a：将隐藏文件的属性也显示出来。

-d：如果是目录，仅列出目录本身的属性而非目录内的文件名。

-R：连同子目录的数据也一并列出来。

例如：

```
[root@RHEL7-1 tmp]# chattr  +aiS attrtest
[root@RHEL7-1 tmp]# lsattr attrtest
--S-ia---------- attrtest
```

使用 chattr 设定后，可以利用 lsattr 来查阅隐藏的属性。不过，这两个指令在使用上必须要特别小心，否则会造成很大的困扰。例如，如果将/etc/shadow 密码文件设定为具有 i 属性，则在若干天后，会发现无法新增用户。

4.3.4 子任务 4 设置文件特殊权限：SUID、SGID、SBIT

拓展阅读

在复杂多变的生产环境中，单纯设置文件的 rwx 权限无法满足我们对安全和灵活性的需求，因此便有了 SUID、SGID 与 SBIT 的特殊权限位。这是一种对文件权限进行设置的特殊功能，可以与一般权限同时使用，以弥补一般权限不能实现的功能。

12.设置文件特殊权限：
SUID、SGID、SBIT

4.4 任务 4 文件访问控制列表

不知道大家是否发现，前文讲解的一般权限、特殊权限、隐藏权限其实有一个共性——权限是针对某一类用户设置的。如果希望对某个指定的用户进行单独的权限控制，就需要用到文件的访问控制列表（Access Control List，ACL）了。通俗来讲，基于普通文件或目录设置 ACL 其实就是针对指定的用户或用户组设置文件或目录的操作权限。另外，如果针对某个目录设置了 ACL，则目录中的文件会继承其 ACL；若针对文件设置了 ACL，则文件不再继承其所在目录的 ACL。

为了更直观地看到 ACL 对文件权限控制的强大效果，可以先切换到普通用户，然后尝试进入 root 管理员的家目录中。在没有针对普通用户对 root 管理员的家目录设置 ACL 之前，其执行结果如下所示：

```
[root@RHEL7-1 ~]# su - bobby
Last login: Sat Mar 21 16:31:19 CST 2017 on pts/0
[bobby@RHEL7-1 ~]$ cd /root
-bash: cd: /root: Permission denied
[bobby@RHEL7-1 root]$ exit
```

4.4.1 setfacl 命令

setfacl 命令用于管理文件的 ACL 规则，格式为"setfacl [参数] 文件名称"。文件的 ACL 提供的是在所有者、所属组、其他人的读/写/执行权限之外的特殊权限控制，使用 setfacl 命令可以针对单一用户或用户组、单一文件或目录来进行读/写/执行权限的控制。其中，针对目录文件需要使用-R 递归参数；针对普通文件可以使用-m 参数；如果想要删除某个文件的 ACL，可以使用-b 参数。下面来设置用户在/root 目录上的权限：

```
[root@RHEL7-1 ~]# setfacl -Rm u:bobby:rwx /root
[root@RHEL7-1 ~]# su - bobby
Last login: Sat Mar 21 15:45:03 CST 2017 on pts/1
[bobby@RHEL7-1 ~]$ cd /root
[bobby@RHEL7-1 root]$ ls
anaconda-ks.cfg Downloads Pictures Public
[bobby@RHEL7-1 root]$ cat anaconda-ks.cfg
[bobby@RHEL7-1 root]$ exit
```

那么，怎样查看文件上有哪些 ACL 呢？常用的 ls 命令看不到 ACL 表信息，却可以看到文件权限的最后一个点（.）变成了加号（+），这就意味着该文件已经设置了 ACL。

```
[root@RHEL7-1 ~]# ls -ld /root
dr-xrwx---+ 14 root root 4096 May 4 2017 /root
```

4.4.2 getfacl 命令

getfacl 命令用于显示文件上设置的 ACL 信息，格式为 "getfacl 文件名称"。Linux 系统中的命令就是这么可爱又好记。想要设置 ACL，用的是 setfacl 命令；想要查看 ACL，则用的是 getfacl 命令。下面使用 getfacl 命令显示在 root 管理员家目录上设置的所有 ACL 信息。

```
[root@RHEL7-1 ~]# getfacl /root
getfacl: Removing leading '/' from absolute path names
# file: root
# owner: root
# group: root
user::r-x
user:bobby:rwx
group::r-x
mask::rwx
other::---
```

4.5 企业实战与应用

1. 情境及需求

情境： 假设系统中有两个账号，分别是 alex 与 arod，这两个账号除了支持自己的群组，还共同支持一个名为 project 的群组。如这两个账号需要共同拥有/srv/ahome/目录的开发权，且该目录不允许其他账号进入查阅，请问该目录的权限应如何设定？请先以传统权限说明，再以 SGID 的功能解析。

目标： 了解为何项目开发时，目录最好设定 SGID 的权限。

前提： 多个账号支持同一群组，且共同拥有目录的使用权。

需求： 需要使用 root 的身份运行 chmod、chgrp 等命令，帮用户设定好他们的开发环境。这也是管理员的重要任务之一。

2. 解决方案

（1）制作出这两个账号的相关数据，如下所示。

```
[root@RHEL7-1 ~]# groupadd project          <==增加新的群组
[root@RHEL7-1 ~]# useradd -G project alex   <==建立 alex 账号，且支持 project
[root@RHEL7-1 ~]# useradd -G project arod   <==建立 arod 账号，且支持 project
[root@RHEL7-1 ~]# id alex                    <==查阅 alex 账号的属性
uid=1008(alex) gid=1012(alex) 组=1012(alex),1011(project) <==确定有支持!
[root@RHEL7-1 ~]# id arod
id=1009(arod) gid=1013(arod) 组=1013(arod),1011(project)
```

（2）建立所需要开发的项目目录。

```
[root@RHEL7-1 ~]# mkdir    /srv/ahome
[root@RHEL7-1 ~]# ll  -d  /srv/ahome
drwxr-xr-x 2 root root 4096 Sep 29 22:36/srv/ahome
```

（3）从上面的输出结果可发现 alex 与 arod 都不能在该目录内建立文件，因此需要进行权限与属性的修改。由于其他人均不可进入此目录，所以该目录的群组应为 project，权限应为 770 才合理。

```
[root@RHEL7-1 ~]# chgrp project /srv/ahome
[root@RHEL7-1 ~]# chmod 770 /srv/ahome
[root@RHEL7-1 ~]# ll -d /srv/ahome
drwxrwx--- 2 root project 4096 Sep 29 22:36/srv/ahome
# 从上面的权限来看，由于 alex/arod 均支持 project，所以似乎没问题了
```

（4）分别以两个使用者来测试，情况会如何呢？先用 alex 建立文件，再用 arod 去处理。

```
[root@RHEL7-1 ~]# su  -  alex        <==先切换身份成 alex 来处理
[alex@RHEL7-1~]$ cd    /srv/ahome    <==切换到群组的工作目录去
[alex@RHEL7-1 ahome]$ touch abcd      <==建立一个空的文件出来!
[alex@RHEL7-1 ahome]$ exit    <==离开 alex 的身份
[root@RHEL7-1 ~]# su  -  arod
[arod@RHEL7-1 ~]$ cd      /srv/ahome
[arod@RHEL7-1 ahome]$ ll abcd
-rw-rw-r-- 1 alex alex 0 Sep 29 22:46 abcd
# 仔细看一下上面的文件，群组是 alex，而群组 arod 并不支持
# 因此对于 abcd 这个文件来说，arod 应该只是其他人，只有 r 权限
[arod@RHEL7-1 ahome]$ exit
```

由上面的结果可以知道，若单纯使用传统的 rwx，则对 alex 建立的 abcd 这个文件来说，arod 可以删除它，但是却不能编辑它。若要实现目标，就需要用到特殊权限。

（5）加入 SGID 的权限，并进行测试。

```
[root@RHEL7-1 ~]# chmod 2770    /srv/ahome
[root@RHEL7-1 ~]# ll  -d   /srv/ahome
drwxrws--- 2 root project 4096 Sep 29 22:46/srv/ahome
```

（6）测试：使用 alex 去建立一个文件，并且查阅文件权限看看。

```
[root@RHEL7-1 ~]# su - alex
[alex@RHEL7-1~]$ cd  /srv/ahome
[alex@RHEL7-1 ahome]$ touch 1234
```

```
[alex@RHEL7-1 ahome]$ ll 1234
-rw-rw-r--  1 alex project 0 Sep 29 22:53 1234
# 没错！这才是我们要的！现在 alex、arod 建立的新文件所属群组都是 project
# 由于两个账号均属于此群组，加上 umask 都是 002，这样两个账号才可以互相修改对方的文件
```

最终的结果显示，此目录的权限最好是 2770，所属文件拥有者属于 root 即可，至于群组，则必须要为两个账号共同支持的 project 才可以。

4.6　项目实录：配置与管理文件权限

1. 视频位置

实训前请扫二维码，观看"实训项目　管理文件权限"慕课。

2. 项目实训目的

慕课

● 掌握利用 chmod 及 chgrp 等命令实现 Linux 文件权限管理的方法。

● 掌握磁盘限额的实现方法（下个项目会详细讲解）。

实训项目　管理文件权限

3. 项目背景

某公司有 60 个员工，分别在 5 个部门工作，每个人的工作内容不同。需要在服务器上为每个人创建不同的账号，把相同部门的用户放在一个组中，每个用户都有自己的工作目录。另外，需要根据每个人的工作性质对每个部门和每个用户在服务器上的可用空间进行限制。

假设有用户 user1，请设置 user1 对/dev/sdb1 分区的磁盘限额，将 user1 对 blocks 的 soft 设置为 5000，hard 设置为 10000；inodes 的 soft 设置为 5000，hard 设置为 10000。

4. 项目实训内容

练习 chmod、chgrp 等命令的使用，练习在 Linux 下实现磁盘限额的方法。

5. 做一做

根据项目实录视频进行项目的实训，检查学习效果。

4.7　练习题

一、填空题

1. 文件系统（File System）是磁盘上有特定格式的一片区域，操作系统利用文件系统_____和_____文件。

2. ext 文件系统在 1992 年 4 月完成，称为_____，是第一个专门针对 Linux 操作系统的文件系统。Linux 系统使用_____文件系统。

3. ext 文件系统结构的核心组成部分是_____、_____和_____。

4. Linux 的文件系统是采用阶层式的_____结构，在该结构中的最上层是_____。

5. 默认的权限可用_____命令修改，用法非常简单，只需执行_____命令，便代表屏蔽所有的权限，因而之后建立的文件或目录，其权限都变成_____。

6. _____代表当前的目录，也可以使用./来表示。_____代表上一层目录，也可以用../来表示。

7. 若文件名前多一个"."，则代表该文件为_____。可以使用_____命令查看隐藏文件。

8. 想要让用户拥有文件 filename 的执行权限，但又不知道该文件原来的权限是什么，则应该执行_____命令。

二、选择题

1. 存放 Linux 基本命令的目录是（　　　）。

    A. /bin   B. /tmp   C. /lib   D. /root

2. 对于普通用户创建的新目录，（　　　）是默认的访问权限。

    A. rwxr-xr-x   B. rw-rwxrw-   C. rwxrwxr-x   D. rwxrwxrw-

3. 如果当前目录是/home/sea/china，那么"china"的父目录是（　　　）目录。

    A. /home/sea   B. /home/   C. /   D. /sea

4. 系统中有用户 user1 和 user2，同属于 users 组。在 user1 用户目录下有一文件 file1，它拥有 644 的权限，如果 user2 想修改 user1 用户目录下的 file1 文件，应拥有（　　　）权限。

    A. 744   B. 664   C. 646   D. 746

5. 用 ls -al 命令列出下面的文件列表，则（　　　）是符号连接文件。

    A. -rw------- 2 hel-s users 56 Sep 09 11:05 hello

    B. -rw------- 2 hel-s users 56 Sep 09 11:05 goodbey

    C. drwx----- 1 hel   users 1024 Sep 10 08:10 zhang

    D. lrwx----- 1 hel   users 2024 Sep 12 08:12 cheng

6. 如果 umask 设置为 022，则默认的新建文件的权限为（　　　）。

    A. ----w--w-   B. –rwxr-xr-x   C. r-xr-x---   D. rw-r—r--

项目 ⑤ 配置与管理磁盘

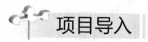

项目导入

Linux 系统的网络管理员应掌握配置和管理磁盘的技巧。如果 Linux 服务器有多个用户经常存取数据，为了维护所有用户对硬盘容量的公平使用，磁盘配额（Quota）就是一项非常有用的工具。另外，磁盘阵列（RAID）及逻辑滚动条文件系统（LVM）这些工具都可以帮助你管理与维护用户可用的磁盘容量。

职业能力目标和要求

- 掌握 Linux 下的磁盘管理工具的使用方法。
- 掌握 Linux 下的软 RAID 和 LVM 逻辑卷管理器的使用方法。
- 掌握设置磁盘限额的使用方法。

 5.1 任务1 熟练使用常用磁盘管理工具

在 Linux 系统安装时，其中有一个步骤是进行磁盘分区。在分区时可以采用 Disk Druid、RAID 和 LVM 等方式进行分区。除此之外，在 Linux 系统中还有 fdisk、cfdisk、parted 等分区工具。

注意： 下面所有的命令，都以新增一块 SCSI 硬盘为前提，新增的硬盘为/dev/sdb。请在开始本任务前在虚拟机中增加该硬盘，然后启动系统。

1. fdisk 命令

fdisk 磁盘分区工具在 DOS、Windows 和 Linux 中都有相应的应用程序。在 Linux 系统中，fdisk 是基于菜单的命令。对硬盘进行分区时，可以在 fdisk 命令后面直接加上要分区的硬盘作为参数。例如，对新增加的第二块 SCSI 硬盘进行分区的操作如下所示：

```
[root@RHEL7-1 ~]# fdisk /dev/sdb
Command (m for help):
```

在 command 提示后面输入相应的命令来选择需要的操作，例如输入 m 命令是列出所有可用命令。表 5-1 所示是 fdisk 命令选项。

下面以在/dev/sdb 硬盘上创建大小为 500MB、文件系统类型为 ext3 的/dev/sdb1 主分区为例，讲解 fdisk 命令的用法。

表 5-1　fdisk 命令选项

命　令	功　　能	命　令	功　　能
a	调整硬盘启动分区	q	不保存更改，退出 fdisk 命令
d	删除硬盘分区	t	更改分区类型
l	列出所有支持的分区类型	u	切换所显示的分区大小的单位
m	列出所有命令	w	把修改写入硬盘分区表，然后退出
n	创建新分区	x	列出高级选项
p	列出硬盘分区表		

（1）利用如下所示命令，打开 fdisk 操作菜单。

```
[root@RHEL7-1 ~]# fdisk /dev/sdb
Command (m for help):
```

（2）输入 p，查看当前分区表。从命令执行结果可以看到，/dev/sdb 硬盘并无任何分区。

```
//利用 p 命令查看当前分区表
Command (m for help): p
Disk /dev/sdb: 1073 MB, 1073741824 bytes
255 heads, 63 sectors/track, 130 cylinders
Units = cylinders of 16065 * 512 = 8225280 bytes
    Device Boot     Start      End      Blocks   Id  System
Command (m for help):
```

以上显示了/dev/sdb 的参数和分区情况。/dev/sdb 大小为 1 073MB，磁盘有 255 个磁头、130 个柱面，每个柱面有 63 个扇区。从第 4 行开始是分区情况，依次是分区名、是否为启动分区、起始柱面、终止柱面、分区的总块数、分区 ID、文件系统类型。例如，下面所示的/dev/sda1 分区是启动分区（带有*）：起始柱面是 1，结束柱面为 12，分区大小是 96 358 块（每块的大小是 1 024 字节，即总共有 100MB 左右的空间）。每柱面的扇区数等于磁头数乘以每柱扇区数，每两个扇区为 1 块，因此分区的块数等于分区占用的总柱面数乘以磁头数，再乘以每柱面的扇区数后除以 2。例如，/dev/sda2 的总块数=（终止柱面 44–起始柱面 13）× 255 × 63/2=257 040。

```
[root@RHEL7-1 ~]# fdisk /dev/sda
Command (m for help): p
Disk /dev/sda: 6442 MB, 6442450944 bytes
255 heads, 63 sectors/track, 783 cylinders
Units = cylinders of 16065 * 512 = 8225280 bytes
Device     Boot     Start      End      Blocks    Id  System
/dev/sda1   *          1        12      96358+    83  Linux
/dev/sda2             13        44      257040    82  Linux swap
/dev/sda3             45       783     5936017+   83  Linux
```

（3）输入 n，创建一个新分区。输入 p，选择创建主分区（创建扩展分区输入 e，创建逻辑分区输入 l）；输入数字 1，创建第一个主分区（主分区和扩展分区可选数字为 1~4，逻辑分区的数字标识从 5 开始）；输入此分区的起始、结束扇区，以确定当前分区的大小。也可以使用+sizeM 或者+sizeK 的方式指定分区大小。操作如下。

```
Command（m for help）: n        //利用 n 命令创建新分区
Command action
  e   extended
  p   primary partition（1-4）
P                              //输入字符 p，以创建主磁盘分区
Partition number（1-4）: 1
First cylinder（1-130, default 1）:
Using default value 1
Last cylinder or +size or +sizeM or +sizeK（1-130, default 130）: +500M
```

（4）输入 l 可以查看已知的分区类型及其 id，其中列出 Linux 的 id 为 83。输入 t，指定/dev/sdb1 的文件系统类型为 Linux。操作如下。

```
//设置/dev/sdb1 分区类型为 Linux
Command（m for help）: t
Selected partition 1
Hex code（type L to list codes）: 83
```

提示：如果不知道文件系统类型的 id 是多少，可以在上面输入 L 查找。

（5）分区结束后，输入 w，把分区信息写入硬盘分区表并退出。

（6）同样的方法建立磁盘分区/dev/sdb2、/dev/sdb3。

（7）如果要删除磁盘分区，在 fdisk 菜单下输入 d，并选择相应的磁盘分区即可。删除后输入 w，保存退出。

```
//删除/dev/sdb3 分区，并保存退出
Command（m for help）: d
Partition number（1, 2, 3）: 3
Command（m for help）: w
```

2．mkfs 命令

硬盘分区后，下一步的工作就是建立文件系统。类似于 Windows 下的格式化硬盘。在硬盘分区上建立文件系统会冲掉分区上的数据，而且不可恢复，因此在建立文件系统之前要确认分区上的数据不再使用。建立文件系统的命令是 mkfs，格式如下：

```
mkfs  [参数]   文件系统
```

mkfs 命令常用的参数选项如下。

-t：指定要创建的文件系统类型。

-c：建立文件系统前首先检查坏块。

-l file：从 file 文件中读磁盘坏块列表，file 文件一般是由磁盘坏块检查程序产生的。

-V：输出建立文件系统详细信息。

例如，在/dev/sdb1 上建立 ext4 类型的文件系统，建立时检查磁盘坏块并显示详细信息。如下所示：

```
[root@RHEL7-1 ~]# mkfs -t ext4 -V -c /dev/sdb1
```

完成了存储设备的分区和格式化操作，接下来就要挂载并使用存储设备了。与之相关的

步骤也非常简单：首先创建一个用于挂载设备的挂载点目录；然后使用 mount 命令将存储设备与挂载点进行关联；最后使用 df -h 命令来查看挂载状态和硬盘使用量信息。

```
[root@RHEL7-1 ~]# mkdir /newFS
[root@RHEL7-1 ~]# mount /dev/sdb1 /newFS/
[root@RHEL7-1 ~]# df -h
Filesystem        Size   Used Avail   Use%   Mounted on
dev/sda2          9.8G    86M  9.2G    1%    /
devtmpfs          897M     0  897M    0%    /dev
tmpfs             912M     0  912M    0%    /dev/shm
tmpfs             912M  9.0M  903M    1%    /run
tmpfs             912M     0  912M    0%    /sys/fs/cgroup
/dev/sda8         8.0G  3.0G  5.1G   38%    /usr
/dev/sda7         976M  2.7M  907M    1%    /tmp
/dev/sda3         7.8G   41M  7.3G    1%    /home
/dev/sda5         7.8G  140M  7.2G    2%    /var
/dev/sda1         269M  145M  107M   58%    /boot
tmpfs             183M   36K  183M    1%    /run/user/0 S
```

3. fsck 命令

fsck 命令主要用于检查文件系统的正确性，并对 Linux 磁盘进行修复。fsck 命令的格式如下：

```
fsck    [参数选项]    文件系统
```

fsck 命令常用的参数选项如下。

-t：给定文件系统类型，若在/etc/fstab 中已有定义或 kernel 本身已支持的不需添加此项。

-s：一个一个地执行 fsck 命令进行检查。

-A：对/etc/fstab 中所有列出来的分区进行检查。

-C：显示完整的检查进度。

-d：列出 fsck 的 debug 结果。

-P：在同时有-A 选项时，多个 fsck 的检查一起执行。

-a：如果检查中发现错误，则自动修复。

-r：如果检查有错误，询问是否修复。

例如，检查分区/dev/sdb1 上是否有错误，如果有错误自动修复（**必须先把磁盘卸载才能检查分区**）。

```
[root@RHEL7-1 ~]# umount /dev/sdb1
[root@RHEL7-1 ~]# fsck -a /dev/sdb1
fsck 1.35 (28-Feb-2004)
/dev/sdb1: clean, 11/128016 files, 26684/512000 blocks
```

4. dd 命令

使用 dd 命令建立和使用交换文件。

当系统的交换分区不能满足系统的要求而磁盘上又没有可用空间时，可以使用交换文件提供虚拟内存。

```
[root@RHEL7-1 ~]# dd if=/dev/zero of=/swap bs=1024 count=10240
```

上述命令的结果是在硬盘的根目录下建立了一个块大小为 1 024 字节、块数为 10 240 的名为 swap 的交换文件。该文件的大小为 1 024×10 240=10MB。

建立/swap 交换文件后，使用 mkswap 命令说明该文件用于交换空间。

```
[root@RHEL7-1 ~]# mkswap /swap
```

利用 swapon 命令可以激活交换空间，也可以利用 swapoff 命令卸载被激活的交换空间。

```
[root@RHEL7-1 ~]# swapon /swap
[root@RHEL7-1 ~]# swapoff /swap
```

5. df 命令

df 命令用来查看文件系统的磁盘空间占用情况。可以利用该命令来获取硬盘被占用了多少空间，以及目前还有多少空间等信息，还可以利用该命令获得文件系统的挂载位置。

df 命令的语法如下：

```
df [参数选项]
```

df 命令的常见参数选项如下。

-a：显示所有文件系统磁盘使用情况，包括 0 块的文件系统，如/proc 文件系统。

-k：以 k 字节为单位显示。

-i：显示 i 节点信息。

-t：显示各指定类型的文件系统的磁盘空间使用情况。

-x：列出不是某一指定类型文件系统的磁盘空间使用情况（与 t 选项相反）。

-T：显示文件系统类型。

例如，列出各文件系统的占用情况：

```
[root@RHEL7-1 ~]# df
Filesystem       1K-blocks        Used    Available  Use%  Mounted on
......
/dev/sda3        8125880          41436   7648632    1%    /home
/dev/sda5        8125880          142784  7547284    2%    /var
/dev/sda1        275387           147673  108975     58%   /boot
tmpfs            186704           36      186668     1%    /run/user/0
```

列出各文件系统的 i 节点的使用情况：

```
[root@RHEL7-1 ~]# df -ia
Filesystem       Inodes    IUsed    IFree     IUse%    Mounted on
rootfs           -         -        -         -        /
sysfs            0         0        0         -        /sys
proc             0         0        0         -        /proc
devtmpfs         229616    411      229205    1%       /dev
......
```

列出文件系统类型：

```
[root@RHEL7-1 ~]# df -T
Filesystem       Type    1K-blocks      Used   Available    Use%    Mounted on
/dev/sda2        ext4    10190100       98264  9551164      2%     /
```

```
devtmpfs      devtmpfs      918464      0      918464      0% /dev
......
```

6. du 命令

du 命令用于显示磁盘空间的使用情况。该命令逐级显示指定目录的每一级子目录占用文件系统数据块的情况。du 命令的语法如下：

```
du  [参数选项]  [文件或目录名称]
```

du 命令的参数选项如下。

-s：对每个 name 参数只给出占用的数据块总数。

-a：递归显示指定目录中各文件及子目录中各文件占用的数据块数。

-b：以字节为单位列出磁盘空间使用情况（AS 4.0 中默认以 KB 为单位）。

-k：以 1024 字节为单位列出磁盘空间使用情况。

-c：在统计后加上一个总计（系统默认设置）。

-l：计算所有文件大小，对硬链接文件重复计算。

-x：跳过在不同文件系统上的目录，不予统计。

例如，以字节为单位列出所有文件和目录的磁盘空间占用情况的命令如下所示：

```
[root@RHEL7-1 ~]# du -ab
```

7. mount 与 umount 命令

（1）mount 命令

在磁盘上建立好文件系统之后，还需要把新建立的文件系统挂载到系统上才能使用。这个过程称为挂载。文件系统所挂载到的目录被称为挂载点（mount point）。Linux 系统中提供了/mnt 和/media 两个专门的挂载点。一般而言，挂载点应该是一个空目录，否则目录中原来的文件将被系统隐藏。通常将光盘和软盘挂载到/media/cdrom（或者/mnt/cdrom）和/media/floppy（或者/mnt/ floppy）中，其对应的设备文件名分别为/dev/cdrom 和/dev/fd0。

文件系统可以在系统引导过程中自动挂载，也可以手动挂载，手动挂载文件系统的挂载命令是 mount。该命令的语法格式如下：

```
mount  选项  设备  挂载点
```

mount 命令的主要选项如下。

-t：指定要挂载的文件系统的类型。

-r：如果不想修改要挂载的文件系统，可以使用该选项以只读方式挂载。

-w：以可写的方式挂载文件系统。

-a：挂载/etc/fstab 文件中记录的设备。

把文件系统类型为 ext4 的磁盘分区/dev/sdb1 挂载到/newFS 目录下，可以使用命令：

```
[root@RHEL7-1 ~]# mount -t ext4 /dev/sdb1 /newFS
```

挂载光盘可以使用下列命令：

```
[root@RHEL7-1 ~]# mkdir /media/cdrom
[root@RHEL7-1 ~]# mount -t iso9660 /dev/cdrom  /media/cdrom
```

（2）umount 命令

文件系统可以被挂载也可以被卸载。卸载文件系统的命令是 umount。umount 命令的格式为

```
umount 设备｜挂载点
```

例如，卸载光盘可以使用命令：

```
[root@RHEL7-1 ~]# umount /media/cdrom
```

注意：光盘在没有卸载之前，无法从驱动器中弹出。正在使用的文件系统不能卸载。

8. 文件系统的自动挂载

如果要实现每次开机自动挂载文件系统，可以通过编辑/etc/fstab 文件来实现。在/etc/fstab 中列出了引导系统时需要挂载的文件系统以及文件系统的类型和挂载参数。系统在引导过程中会读取/etc/fstab 文件，并根据该文件的配置参数挂载相应的文件系统。以下是一个 fstab 文件的内容：

```
[root@RHEL7-1 ~]# cat /etc/fstab
# This file is edited by fstab-sync - see 'man fstab-sync' for details
LABEL=/              /              ext4    defaults                      1 1
LABEL=/boot          /boot          ext4    defaults                      1 2
none                 /dev/pts       devpts  gid=5,mode=620                0 0
none                 /dev/shm       tmpfs   defaults                      0 0
none                 /proc          proc    defaults                      0 0
none                 /sys           sysfs   defaults                      0 0
LABEL=SWAP-sda2      swap           swap    defaults                      0 0
/dev/sdb2            /media/sdb2    ext4    rw,grpquota,usrquota          0 0
/dev/hdc             /media/cdrom   auto    pamconsole,exec,noauto,managed 0 0
/dev/fd0             /media/floppy  auto    pamconsole,exec,noauto,managed 0 0
```

/etc/fstab 文件的每一行代表一个文件系统，每一行又包含 6 列，这 6 列的内容如下所示：

```
fs_spec    fs_file    fs_vfstype    fs_mntops    fs_freq    fs_passno
```

具体含义如下。

fs_spec：将要挂载的设备文件。

fs_file：文件系统的挂载点。

fs_vfstype：文件系统类型。

fs_mntops：挂载选项，决定传递给 mount 命令时如何挂载，各选项之间用逗号隔开。

fs_freq：由 dump 程序决定文件系统是否需要备份，0 表示不备份，1 表示备份。

fs_passno：由 fsck 程序决定引导时是否检查磁盘以及检查次序，取值可以为 0、1、2。

例如，如果实现每次开机自动将文件系统类型为 vfat 的分区/dev/sdb3 自动挂载到 /media/sdb3 目录下，需要在/etc/fstab 文件中添加下面一行内容。这样，重新启动计算机后，/dev/sdb3 就能自动挂载了。

拓展阅读

```
/dev/sdb3    /media/sdb3    vfat    defaults    0 0
```

5.2 任务 2 配置与管理磁盘配额

13. 任务 2 配置与管理磁盘配额

Linux 是一个多用户的操作系统，为了防止某个用户或组群占用过多的磁盘空间，可以通过磁盘配额（Disk Quota）功能限制用户和组群对磁盘空间的使用。在 Linux 系统中可以通过索引节点数和磁盘块区数来限制用户和组群对磁盘空间的使用。

- 限制用户和组的索引节点数（inode）是指限制用户和组可以创建的文件数量。
- 限制用户和组的磁盘块区数（block）是指限制用户和组可以使用的磁盘容量。

注意：任务 2 和任务 3 都是基于任务 1 中对磁盘/dev/sdb 的各种处理。为了使后续的实训能正常进行，特重申如下几个问题：/dev/sdb 的第 2 个分区是独立分区；将/dev/sdb2 挂载到/disk2；使用/etc/fstab 配置文件，完成自动挂载；重启，使计算机自动挂载生效。

5.3　任务 3　磁盘配额配置的企业案例

5.3.1　环境需求

- 目的与账号：5 个员工的账号分别是 myquota1、myquota2、myquota3、myquota4 和 myquota5，5 个用户的密码都是 password，且这 5 个用户所属的初始群组都是 myquotagrp。其他的账号属性则使用默认值。
- 账号的磁盘容量限制值：5 个用户都能够取得 300MB 的磁盘使用量（hard），文件数量则不予限制。此外，只要使用容量超过 250MB，就予以警告（soft）。
- 群组的限额：由于"我的系统"里面还有其他用户存在，因此限制 myquotagrp 这个群组最多仅能使用 1GB 的容量。也就是说，如果 myquotal、myquota2 和 myquota3 都用了 280MB 的容量了，那么其他两人最多只能使用 160（=1 000– 280×3）MB 的磁盘容量。这就是使用者与群组同时设定时会产生的效果。
- 宽限时间的限制：希望每个使用者在超过 soft 限制值之后，都还能够有 14 天的宽限时间。

5.3.2　解决方案

1. 使用 script 建立 quota 实训所需的环境

制作账号环境时，由于有 5 个账号，因此使用 script 创建环境（详细内容查看后面编程内容）。

```
[root@RHEL7-1 ~]# vim addaccount.sh
#!/bin/bash
# 使用 script 来建立实验 quota 所需的环境
groupadd myquotagrp
for username in myquota1 myquota2 myquota3 myquota4 myquota5
do
        useradd  -g  myquotagrp $username
        echo  "password"|passwd  --stdin $username
done

[root@RHEL7-1 ~]# sh addaccount.sh
```

2. 启动系统的磁盘配额

（1）文件系统支持。

要使用 quota 必须要有文件系统的支持。假设已经使用了预设支持 quota 的核心，那么接下来就是要启动文件系统的支持。不过，由于 quota 仅针对整个文件系统来进行规划，所以我们得先检查一下/home 是否是个独立的 filesystem 呢？这需要使用"df"命令。

```
[root@RHEL7-1 ~]# df    -h   /home
Filesystem Size Used Avail Use% Mounted on
/dev/sda3     7.8G 601M 6.8G   8% /home  <==主机的/home 确定是独立的
[root@RHEL7-1 ~]# mount|grep home
/dev/sda3 on /home type ext4 (rw,relatime,seclabel,data=ordered)
```

从上面的数据来看，这部主机的/home 确实是独立的 filesystem，因此可以直接限制/dev/sda3。如果你的系统的/home 并非独立的文件系统，那么可能就得要针对根目录（/）来规范。不过，不建议在根目录设定 quota。此外，由于 VFAT 文件系统并不支持 Linux quota 功能，所以我们要使用 mount 查询一下/home 的文件系统是什么。如果是 ext2/ext3/ext4，则支持 quota。

（2）如果只是想要在本次开机中实验 quota，那么可以使用以下方式来手动加入 quota 的支持。

```
[root@RHEL7-1 ~]# mount    -o   remount,usrquota,grpquota    /home
[root@RHEL7-1 ~]# mount|grep home
/dev/sda3 on /home type ext4 (rw,relatime,seclabel,quota,usrquota,grpquota,
data=ordered)
# 重点在于 usrquota,grpquota !注意写法
```

（3）自动挂载。

手动挂载的数据在下次重新挂载时就会消失，因此最好写入配置文件中。

```
[root@RHEL7-1 ~]# vim    /etc/fstab
/dev/sda3 /home ext4 defaults,usrquota,grpquota 1 2
# 其他项目并没有列出来! 重点在于第四字段! 于 default 后面加上两个参数
[root@RHEL7-1 ~]# umount    /home
[root@RHEL7-1 ~]# mount    -a
[root@RHEL7-1 ~]# mount|grep home
/dev/sda3 on/home type ext4(rw,usrquota,grpquota)
```

还是要再次强调，修改完/etc/fstab 后，务必要测试一下。若有错误务必赶紧处理。因为这个文件如果修改错误，会造成无法完全开机的情况。切记切记! 最好使用 vim 来修改。因为 vim 会有语法的检验，不会让你写错字。接下来让我们建立起 quota 的记录文件。

3. 建立 quota 记录文件

其实 quota 是透过分析整个文件系统中的每个使用者（群组）拥有的文件总数与总容量，再将这些数据记录在该文件系统的最顶层目录，然后在该记录文件中再使用每个账号（或群组）的限制值去规范磁盘使用量的。所以，创建 quota 记录文件非常重要。使用 quotacheck 命令扫描文件系统并建立 quota 的记录文件。

当我们运行 quotacheck 时，系统会担心破坏原有的记录文件，所以会产生一些错误信息警告。如果你确定没有任何人在使用 quota，可以强制重新进行 quotacheck 的动作（-mf）。强制执行的情况可以使用以下选项功能:

```
# 如果因为特殊需求需要强制扫描已挂载的文件系统，则可以使用如下命令
[root@RHEL7-1 ~]# quotacheck    -avug    -mf
```

```
quotacheck:Scanning  /dev/sda3  [/home] done
quotacheck:Checked 130 directories and 109 files
# 资料更简洁很多！因为有记录文件存在，所以警告信息不会出现
```

这样记录文件就建立起来了。不要手动去编辑那两个文件。因为那两个文件是 quota 自己的数据文件，并不是纯文本文件。并且该文件会一直变动，这是因为当你对/home 这个文件系统进行操作时，你操作的结果会影响磁盘，所以会同步记载到那两个文件中。所以要建立 aquota.user、aquota.group，记得使用 quotacheck 指令，不要手动编辑。

4. quota 启动、关闭与限制值设定

制作好 quota 配置文件之后，接下来就要启动 quota 了。启动的方式很简单，使用 quotaon 即可，至于关闭，则是使用 quotaoff。

（1）quotaon：启动 quota 的服务。

```
[root@RHEL7-1 ~]# quotaon  [-avug]
[root@RHEL7-1 ~]# quotaon  [-vug]  [/mount_point]
```

选项与参数如下。

-u：针对使用者启动 quota (aquota.usaer)。

-g：针对群组启动 quota (aquota.group)。

-v：显示启动过程的相关信息。

-a：根据/etc/mtab 内的 filesystem 设定启动有关的 quota，若不加-a，则后面就需要加上特定的那个 filesystem！

由于我们要启动 user/group 的 quota，所以使用下面的语法即可。

```
[root@RHEL7-1 ~]# quotaon   -auvg
/dev/sda3[/home]:group quotas turned on
/dev/sda3[/home]:user quotas turned on


# 特殊用法，假如你启动/var 的 quota 支持，那么仅启动 user quota
[root@RHEL7-1 ~]# quotaon   -uv   /var
```

quotaon -auvg 指令几乎只在第一次启动 quota 时才需要，因为下次重新启动系统时，系统的/etc/rc.d/rc.sysinit 这个初始化脚本就会自动下达这个指令。因此你只要在这次实例中进行一次即可，未来都不需要自行启动 quota。

（2）quotaoff：关闭 quota 的服务。

在进行完本次实训前不要关闭该服务！

（3）edquota：编辑账号/群组的限值与宽限时间。

① 我们先来看看当进入 myquota1 的限额设定时会出现什么画面。

```
[root@RHEL7-1 ~]# edquota   -u   myquota1
Disk quotas for user myquota1 (uid 1003):
 Filesystem   blocks  soft  hard  inodes  soft  hard
 /dev/sda3      80      0     0     10      0     0
```

② 需要修改的是 soft/hard 的值，单位是 KB，soft 为警告值，hard 为最大值。当磁盘使用量在 soft~hard 之间时，系统就会发出警告（默认倒计时 7 天）。若超过警告时间，磁盘使用量依然在 soft~hard 之间，则会禁止使用磁盘空间。若修改的是 blocks 的 soft/hard 值，则

表示规定用户可以使用的磁盘空间大小（一般都是规定磁盘使用量）；若修改的是 inodes 的 soft/hard 值，则表示规定用户可以创建的文件个数。我们修改 blocks 的 soft/hard 值。

```
Disk quotas for user myquota1(uid 1003):
 Filesystem blocks soft hard    inodes soft hard
 /dev/sda3      80 250000 300000    10   0   0
```

提示：在 edquota 的画面中，每一行只要保持 7 个字段就可以了，并不需要排列整齐。

③ 其他 5 个用户的设定可以使用 quota 复制。

```
#将 myquota1 的限制值复制给其他 4 个账号
[root@RHEL7-1 ~]# edquota -p myquota1 -u myquota2
[root@RHEL7-1 ~]# edquota -p myquota1 -u myquota3
[root@RHEL7-1 ~]# edquota -p myquota1 -u myquota4
[root@RHEL7-1 ~]# edquota -p myquota1 -u myquota5
```

④ 更改群组的 quota 限额。

```
[root @www ~]# edquota -g myquotagrp
Disk quotas for group myquotagrp(gid 1007)
 Filesystem    blocks    soft    hard      inodes  soft  hard
 /dev/sda3     400      900000 1000000     50      0     0
```

这样配置表示 myquota1、myquota2、myquota3、myquota4、myquota5 用户最多使用 300MB 的磁盘空间，超过 250MB 就发出警告并进入倒计时，而 myquota 组最多使用 1 000MB 的磁盘空间。也就是说，虽然 myquota1~ myquota5 等用户都有 300MB 的最大磁盘空间使用权限，但他们都属于 myquota 组，所以对应的磁盘的总量不得超过 1000MB。

⑤ 将宽限时间改成 14 天。

```
#宽限时间原本为 7 天，现在改成 14 天
[root@RHEL7-1 ~]# edquota -t
Grace period before enforcing soft limits for users:
Time units may be:days,hours,minutes,or seconds
 Filesystem       Block grace period    Inode grace period
 /dev/sada3           14days                7days
```

5. repquota：针对文件系统的限额做报表

```
[root@RHEL7-1 ~]# repquota /dev/sda3
*** Report for user quotas on device /dev/sda3
Block grace time: 14days; Inode grace time: 7days
                    Block limits              File limits
User          used    soft   hard  grace   used soft hard grace
----------------------------------------------------------------
root     --  573468      0      0            5    0    0
yangyun  --    4584      0      0          143    0    0
user1    --      28      0      0            7    0    0
user2    --      28      0      0            7    0    0
myquota1 --      28  250000 300000          7    0    0
```

myquota2	--	28	250000	300000	7	0	0
myquota3	--	28	250000	300000	7	0	0
myquota4	--	28	250000	300000	7	0	0
myquota5	--	28	250000	300000	7	0	0

6. 测试与管理

直接修改/etc/fstab。Linux 是一个多用户的操作系统，为了防止某个用户或组群占用过多的磁盘空间，可以通过磁盘配额（Disk Quota）功能限制用户和组群对磁盘空间的使用。在 Linux 系统中可以通过索引节点数和磁盘块区数来限制用户和组群对磁盘空间的使用。测试过程如下（以 myquota1 用户为例）：

```
[root@RHEL7-1 ~]# su - myquota1
Last login: Mon May 28 04:41:39 CST 2018 on pts/0
//写入一个 200MB 的文件 file1。关于 dd 命令的应用，读者可以复习项目 2 的相关知识
[myquota1@RHEL7-1 ~]$ dd if=/dev/zero of=file1 count=1 bs=200M
1+0 records in
1+0 records out
209715200 bytes (210 MB) copied, 0.276878 s, 757 MB/s
//再写入一个 200MB 的文件 file2
[myquota1@RHEL7-1 ~]$ dd if=/dev/zero of=file2 count=1 bs=200M
sda3: warning, user block quota exceeded.            //警告
sda3: write failed, user block limit reached.
dd: error writing 'file2': Disk quota exceeded
1+0 records in
0+0 records out
97435648 bytes (97 MB) copied, 0.104676 s, 931 MB/s //超 300MB 部分无法写入
```

特别注意：本次实训结束，请将自动挂载文件**/etc/fstab** 恢复到最初状态，以免后续实训中对/dev/sdb 等设备的操作影响到挂载，而使系统无法启动。相关命令为"**vim /etc/fstab**"。

5.4 任务 4 在 Linux 中配置软 RAID

RAID（Redundant Array of Inexpensive Disks，独立磁盘冗余阵列）用于将多个廉价的小型磁盘驱动器合并成一个磁盘阵列，以提高存储性能和容错功能。RAID 可分为软 RAID 和硬 RAID，其中，软 RAID 是通过软件实现多块硬盘冗余的，而硬 RAID 一般通过 RAID 卡来实现 RAID。前者配置简单，管理也比较灵活，对于中小企业来说不失为一种最佳选择。硬 RAID 在性能方面具有一定优势，但往往花费比较贵。

RAID 作为高性能的存储系统，已经得到了越来越广泛的应用。RAID 的级别从 RAID 概念的提出到现在，已经发展了 6 个级别，其级别分别是 0、1、2、3、4、5。但是最常用的是 0、1、3、5 这 4 个级别。

RAID0：将多个磁盘合并成一个大的磁盘，不具有冗余，并行 I/O，速度最快。RAID0 也称为带区集。它是将多个磁盘并列起来，成为一个大硬盘。在存放数据时，RAID0 将数据按磁盘的个数来进行分段，然后同时将这些数据写进这些盘中，如图 5-1 所示。

在所有的级别中，RAID0 的速度是最快的。但是 RAID0 没有冗余功能，如果一个磁盘（物理）损坏，则所有的数据都无法使用。

RAID1：把磁盘阵列中的硬盘分成相同的两组，互为映像，当任一磁盘介质出现故障时，可以利用其映像上的数据恢复，从而提高系统的容错能力。对数据的操作仍采用分块后并行传输方式。所有 RAID1 不仅提高了读写速度，还加强了系统的可靠性，其缺点是硬盘的利用率低，只有 50%，如图 5-2 所示。

图 5-1　RAID 0 技术示意图

图 5-2　RAID 1 技术示意图

RAID3：RAID3 存放数据的原理和 RAID0、RAID1 不同。RAID3 是以一个硬盘来存放数据的奇偶校验位，数据则分段存储于其余硬盘中。它像 RAID0 一样以并行的方式来存放数据，但速度没有 RAID0 快。如果数据盘（物理）损坏，只要将坏的硬盘换掉，RAID 控制系统会根据校验盘的数据校验位在新盘中重建坏盘上的数据。不过，如果校验盘（物理）损坏的话，则全部数据都无法使用。利用单独的校验盘来保护数据虽然没有映像的安全性高，但是硬盘利用率得到了很大的提高，为 $n-1$。其中 n 为使用 RAID3 的硬盘总数量。

RAID5：向阵列中的磁盘写数据，奇偶校验数据存放在阵列中的各个盘上，允许单个磁盘出错。RAID5 也是以数据的校验位来保证数据的安全，但它不是以单独硬盘来存放数据的校验位，而是将数据段的校验位交互存放于各个硬盘上。这样任何一个硬盘损坏，都可以根据其他硬盘上的校验位来重建损坏的数据。硬盘的利用率为 $n-1$，如图 5-3 所示。

Red Hat Enterprise Linux 提供了对软 RAID 技术的支持。在 Linux 系统中建立软 RAID 可以使用 mdadm 工具建立和管理 RAID 设备。

图 5-3　RAID5 技术示意图

5.4.1　创建与挂载 RAID 设备

下面以 4 块硬盘/dev/sdb、/dev/sdc、/dev/sdd、/dev/sde 为例来讲解 RAID5 的创建方法。此处利用 VMware 虚拟机，事先安装 4 块 SCSI 硬盘。

1. 创建 4 个磁盘分区

使用 fdisk 命令重新创建 4 个磁盘分区/dev/sdb1、/dev/sdc1、/dev/sdd1、/dev/sde1，容量大小一致，都为 500MB，并设置分区类型 id 为 fd（Linux raid autodetect）。下面以创建/dev/sdb1

磁盘分区为例（先删除原来的分区，如果是新磁盘直接分区）来讲解。

```
[root@RHEL7-1 ~]# fdisk /dev/sdb
Welcome to fdisk (util-linux 2.23.2).
Changes will remain in memory only, until you decide to write them.
Be careful before using the write command.
Command (m for help): d                       //删除分区命令
Partition number (1,2, default 2):
Partition 2 is deleted                         //删除分区 2
Command (m for help): d                        //删除分区命令
Selected partition 1
Partition 1 is deleted
Command (m for help): n                        //创建分区
Partition type:
   p   primary (0 primary, 0 extended, 4 free)
   e   extended
Select (default p): p                          //创建主分区 1
Using default response p
Partition number (1-4, default 1): 1           //创建主分区 1
First sector (2048-41943039, default 2048):
Using default value 2048
Last sector, +sectors or +size{K,M,G} (2048-41943039, default 41943039):
+500M                                          //分区容量为 500MB
Partition 1 of type Linux and of size 500 MiB is set
Command (m for help): t                        //设置文件系统
Selected partition 1
Hex code (type L to list all codes): fd        //设置文件系统为 fd
Changed type of partition 'Linux' to 'Linux raid autodetect'
Command (m for help): w                        //存盘退出
```

用同样方法创建其他 3 个硬盘分区，最后的分区结果如下所示（已去掉无用信息）：

```
[root@RHEL7-1 ~]# fdisk -l
Device Boot    Start    End        Blocks   Id  System
/dev/sdb1      2048     1026047    512000   fd  Linux raid autodetect
/dev/sdc1      2048     1026047    512000   fd  Linux raid autodetect
/dev/sdd1      2048     1026047    512000   fd  Linux raid autodetect
/dev/sde1      2048     1026047    512000   fd  Linux raid autodetect
```

2. 使用 mdadm 命令创建 RAID5

RAID 设备名称为/dev/md$X$，其中 X 为设备编号，该编号从 0 开始。

```
[root@RHEL7-1~]#mdadm   --create   /dev/md0   --level=5   --raid-devices=3
--spare-devices=1 /dev/sd[b-e]1
mdadm: array /dev/md0 started.
```

上述命令中指定 RAID 设备名为/dev/md0，级别为 5，使用 3 个设备建立 RAID，空余一个留作备用。上面的语法中，最后面是装置文件名，这些装置文件名可以是整个磁盘，如/dev/sdb，也可以是磁盘上的分区，如/dev/sdb1 之类。不过，这些装置文件名的总数必须要等于--raid-devices 与--spare-devices 的个数总和。此例中，/dev/sd[b-e]1 是一种简写，表示/dev/sdb1、/dev/sdc1、/dev/sdd1、/dev/sde1，其中/dev/sde1 为备用。

3．为新建立的/dev/md0 建立类型为 ext4 的文件系统

```
[root@RHEL7-1 ~]mkfs -t ext4 -c /dev/md0
```

4．查看建立的 RAID5 的具体情况（注意哪个是备用！）

```
[root@RHEL7-1 ~]mdadm --detail /dev/md0
/dev/md0:
           Version : 1.2
     Creation Time : Mon May 28 05:45:21 2018
        Raid Level : raid5
        Array Size : 1021952 (998.00 MiB 1046.48 MB)
     Used Dev Size : 510976 (499.00 MiB 523.24 MB)
      Raid Devices : 3
     Total Devices : 4
       Persistence : Superblock is persistent

       Update Time : Mon May 28 05:47:36 2018
             State : clean
    Active Devices : 3
   Working Devices : 4
    Failed Devices : 0
     Spare Devices : 1

            Layout : left-symmetric
        Chunk Size : 512K

Consistency Policy : resync

              Name : RHEL7-1:0  (local to host RHEL7-2)
              UUID : 082401ed:7e3b0286:58eac7e2:a0c2f0fd
            Events : 18

    Number   Major   Minor   Raid   Device       State
       0       8       17      0     active sync   /dev/sdb1
       1       8       33      1     active sync   /dev/sdc1
       4       8       49      2     active sync   /dev/sdd1
       3       8       65      -     spare         /dev/sde1
```

5. 将 RAID 设备挂载

将 RAID 设备/dev/md0 挂载到指定的目录/media/md0 中，并显示该设备中的内容。

```
[root@RHEL7-1 ~]# mkdir /media/md0
[root@RHEL7-1 ~]# mount /dev/md0 /media/md0 ; ls /media/md0
lost+found
[root@RHEL7-1 ~]# cd /media/md0
//写入一个50MB的文件50_file供数据恢复时测试用
[root@RHEL7-1 md0]# dd if=/dev/zero of=50_file count=1 bs=50M; ll
1+0 records in
1+0 records out
52428800 bytes (52 MB) copied, 0.550244 s, 95.3 MB/s
total 51216
-rw-r--r--. 1 root root 52428800 May 28 16:00 50_file
drwx------. 2 root root    16384 May 28 15:54 lost+found
[root@RHEL7-1 ~]# cd
```

5.4.2 RAID 设备的数据恢复

如果 RAID 设备中的某个硬盘损坏，系统会自动停止这块硬盘的工作，让后备的那块硬盘代替损坏的硬盘继续工作。例如，假设/dev/sdc1 损坏。更换损坏的 RAID 设备中成员的方法如下。

（1）将损坏的 RAID 成员标记为失效。

```
[root@RHEL7-1 ~]#mdadm /dev/md0 --fail /dev/sdc1
```

（2）移除失效的 RAID 成员。

```
[root@RHEL7-1 ~]#mdadm /dev/md0 --remove /dev/sdc1
```

（3）更换硬盘设备，添加一个新的 RAID 成员（注意上面查看 RAID5 的情况）。备份硬盘一般会自动替换。

```
[root@RHEL7-1 ~]#mdadm /dev/md0 --add /dev/sde1
```

（4）查看 RAID5 下的文件是否损坏，同时再次查看 RAID5 的情况。命令如下。

```
[root@RHEL7-1 ~]#ll /media/md0
[root@RHEL7-1 ~]#mdadm --detail /dev/md0
/dev/md0:
    ......

   Number   Major   Minor   Raid   Device       State
      0        8       17      0    active sync  /dev/sdb1
      3        8       65      1    active sync  /dev/sde1
      4        8       49      2    active sync  /dev/sdd1
```

RAID5 中的失效硬盘已被成功替换。

说明：mdadm 命令参数中凡是以"--"引出的参数选项，与"-"加单词首字母的方式等价。例如，"--remove"等价于"-r"，"--add"等价于"-a"。

（5）当不再使用 RAID 设备时，可以使用命令"mdadm -S /dev/md*X*"的方式停止 RAID 设备。需要注意的是，应先卸载再停止。

```
[root@RHEL7-2 ~]# umount /dev/md0  /media/md0
umount: /media/md0: not mounted
[root@RHEL7-2 ~]# mdadm  -S  /dev/md0
mdadm: stopped /dev/md0
```

5.5　任务 5　配置软 RAID 的企业案例

5.5.1　环境需求

● 利用 4 个分区组成 RAID 5。
● 每个分区约为 1GB 大小，需要注意的是，RAID 5 的每个分区容量大小最好一致。
● 1 个分区设定为 spare disk，这个 spare disk 的大小与其他 RAID 所需分区一样大。
● 将此 RAID 5 装置挂载到/mnt/raid 目录下。
我们使用一个 20GB 的单独磁盘，该磁盘的分区代号使用 5~9。

5.5.2　解决方案

1. 利用 fdisk 创建所需的磁盘设备（使用扩展分区划分逻辑分区）

```
[root@RHEL7-1 ~]# fdisk /dev/sdb
Command (m for help): n
Partition type:
p   primary (1 primary, 0 extended, 3 free)
e   extended
Select (default p): e                      //选择扩展分区
Partition number (2-4, default 2): 4
First sector (1026048-41943039, default 1026048):
Using default value 1026048
Last sector, +sectors or +size{K,M,G} (1026048-41943039, default 41943039):
+10G                          //扩展分区总共 10GB
Partition 4 of type Extended and of size 10 GiB is set
Command (m for help): n                   //新建分区命令
Partition type:
   p   primary (1 primary, 1 extended, 2 free)
   l   logical (numbered from 5)
Select (default p): l              //在扩展分区中新建逻辑分区
Adding logical partition 5
First sector (1028096-21997567, default 1028096): 5 //新建逻辑分区/dev/sdb5
Using default value 1028096
Last sector, +sectors or +size{K,M,G} (1028096-21997567, default 21997567):
+1G                              //逻辑分区/dev/sdb5 大小为 1GB
Partition 5 of type Linux and of size 1 GiB is set
Command (m for help): t                   //设置文件系统命令
Partition number (1,4,5, default 5): 5
Hex code (type L to list all codes): fd   //设置/dev/sdb5 文件系统为 fd
```

```
Changed type of partition 'Linux' to 'Linux raid autodetect'
......
```

用同样方法设置/dev/sdb6、/dev/sdb7、/dev/sdb8、/dev/sdb9，记得最后按"w"存盘。分区结果如下。

```
[root@RHEL7-1 ~]# fdisk -l /dev/sdb
......
Device Boot      Start        End       Blocks   Id  System
/dev/sdb1        2048     1026047      512000   fd  Linux raid autodetect
/dev/sdb4     1026048    21997567    10485760    5  Extended
/dev/sdb5     1028096     3125247     1048576   fd  Linux raid autodetect
/dev/sdb6     3127296     5224447     1048576   fd  Linux raid autodetect
/dev/sdb7     5226496     7323647     1048576   fd  Linux raid autodetect
/dev/sdb8     7325696     9422847     1048576   fd  Linux raid autodetect
/dev/sdb9     9424896    11522047     1048576   fd  Linux raid autodetect
#上面的 5~9 号就是我们需要的 partition
```

2. 使用 mdadm 创建 RAID（先卸载，再停止**/dev/md0**，因为 md0 用到了/dev/sdb）

```
[root@RHEL7-1 ~]# umount /dev/md0

[root@RHEL7-1 ~]# mdadm -S  /dev/md0

[root@RHEL7-1 ~]# mdadm --create --auto=yes  /dev/md0 --level=5  --raid-
devices=4 --spare-devices=1   /dev/sdb{5,6,7,8,9}
#这里通过{}将重复的项目简化
```

3. 查看建立的 RAID5 的具体情况

```
[root@RHEL7-1 ~]# mdadm  --detail  /dev/md0
/dev/md0:
    ......
Number  Major  Minor  RaidDevice State
    0      8     21        0      active sync  /dev/sdb5
    1      8     22        1      active sync  /dev/sdb6
    2      8     23        2      active sync  /dev/sdb7
    5      8     24        3      active sync  /dev/sdb8

    4      8     25        -      spare  /dev/sdb9
```

4. 格式化与挂载（使用 RAID）

```
[root@RHEL7-1 ~]# mkfs -t ext4   /dev/md0        #格式化/dev/md0
[root@RHEL7-1 ~]# mkdir   /mnt/raid
[root@RHEL7-1 ~]# mount   /dev/md0    /mnt/raid
[root@RHEL7-1 ~]# df
Filesystem    1K-blocks    Used Available Use% Mounted on
......
tmpfs          186704       20   186684   1%  /run/user/0
/dev/md0      3027728     9216  2844996   1%  /mnt/raid
```

5. 测试 RAID5 的自动冗灾功能（/dev/sdb9 自动替换了/dev/sdb6）

```
[root@RHEL7-2 ~]# mdadm /dev/md0 --fail /dev/sdb6
mdadm: set /dev/sdb6 faulty in /dev/md0
[root@RHEL7-2 ~]# mdadm --detail /dev/md0
/dev/md0:
    ......
    Number   Major   Minor   Raid    Device      State
       0        8      21      0      active sync  /dev/sdb5
       4        8      25      1      active sync  /dev/sdb9
       2        8      23      2      active sync  /dev/sdb7
       5        8      24      3      active sync  /dev/sdb8

       1        8      22      -      faulty  /dev/sdb6
```

5.6　任务 6　LVM 逻辑卷管理器

前面学习的硬盘设备管理技术虽然能够有效地提高硬盘设备的读写速度以及数据的安全性，但是在硬盘分好区或者部署为 RAID 磁盘阵列之后，再想修改硬盘分区大小就不容易了。换句话说，当用户想要随着实际需求的变化调整硬盘分区的大小时，会受到硬盘"灵活性"的限制。这时就需要用到另外一项非常普及的硬盘设备资源管理技术——LVM（Logical Volume Manager，逻辑卷管理器）。LVM 允许用户对硬盘资源进行动态调整。

逻辑卷管理器是 Linux 系统对硬盘分区进行管理的一种机制，理论性较强，其创建初衷是解决硬盘设备在创建分区后不易修改分区大小的缺陷。尽管对传统的硬盘分区进行强制扩容或缩容从理论上来讲是可行的，但是却可能造成数据的丢失。LVM 技术是在硬盘分区和文件系统之间添加了一个逻辑层，它提供了一个抽象的卷组，可以把多块硬盘进行卷组合并。这样一来，用户无须关心物理硬盘设备的底层架构和布局，就可以实现对硬盘分区的动态调整。LVM 的技术架构如图 5-4 所示。

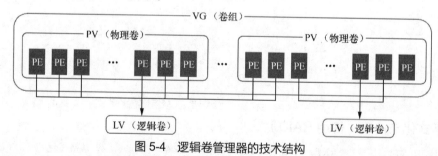

图 5-4　逻辑卷管理器的技术结构

物理卷处于 LVM 中的最底层，可以将其理解为物理硬盘、硬盘分区或者 RAID 磁盘阵列。卷组建立在物理卷之上，一个卷组可以包含多个物理卷，而且在卷组创建之后也可以继续向其中添加新的物理卷。逻辑卷是用卷组中空闲的资源建立的，并且逻辑卷在建立后可以动态地扩展或缩小空间。这就是 LVM 的核心理念。

5.6.1　部署逻辑卷

一般而言，在生产环境中无法精确地预估每个硬盘分区在日后的使用情况，因此会导致原先分配的硬盘分区不够用。比如，伴随着业务量的增加，用于存放交易记录的数据库目录的体积也随之增加；分析并记录用户的行为导致日志目录的体积不断变大，这些都会导致原有的硬盘分区在使用上捉襟见肘。另外，还存在对较大的硬盘分区进行精简缩容的情况。

可以通过部署 LVM 来解决上述问题。部署 LVM 时，需要逐个配置物理卷、卷组和逻辑卷。常用的部署命令如表 5-2 所示。

表 5-2　常用的 LVM 部署命令

功能/命令	物理卷管理	卷组管理	逻辑卷管理
扫描	pvscan	vgscan	lvscan
建立	pvcreate	vgcreate	lvcreate
显示	pvdisplay	vgdisplay	lvdisplay
删除	pvremove	vgremove	lvremove
扩展	—	vgextend	lvextend
缩小	—	vgreduce	lvreduce

为了避免多个实验之间的冲突，请大家自行将**虚拟机还原到初始状态**，并在虚拟机中添加两块新硬盘设备，然后开机，如图 5-5 所示。

图 5-5　在虚拟机中添加两块新的硬盘设备

在虚拟机中添加多块新硬盘设备的目的，是更好地演示 LVM 理念中用户无需关心底层物理硬盘设备的特性。我们先对添加的两块新硬盘进行创建物理卷的操作，可以将该操作简单理解成让硬盘设备支持 LVM 技术，或者理解成把硬盘设备加入到 LVM 技术可用的硬件资源池中，然后对这两块硬盘进行卷组合并，卷组的名称可以由用户自定义。接下来，根据需求把合并后的卷组切割出一个约为 150MB 的逻辑卷设备，最后把这个逻辑卷设备格式化成 EXT4 文件系统后挂载使用。在下文中，将对每一个步骤再作一些简单的描述。

（1）让新添加的两块硬盘设备支持 LVM 技术。

```
[root@RHEL7-1 ~]# pvcreate /dev/sdb /dev/sdc
 Physical volume "/dev/sdb" successfully created.
 Physical volume "/dev/sdc" successfully created.
```

（2）把两块硬盘设备加入到 storage 卷组中，然后查看卷组的状态。

```
[root@RHEL7-1 ~]# vgcreate storage /dev/sdb /dev/sdc
 Volume group "storage" successfully created
[root@RHEL7-1 ~]# vgdisplay
 --- Volume group ---
 VG Name                storage
 ......
 VG Size                39.99 GiB
 PE Size                4.00 MiB
 Total PE               10238
```

（3）切割出一个约为 150MB 的逻辑卷设备。

这里需要注意切割单位的问题。在对逻辑卷进行切割时有两种计量单位。第一种是以容量为单位，所使用的参数为-L。例如，使用"-L 150M"生成一个大小为 150MB 的逻辑卷。另外一种是以基本单元的个数为单位，所使用的参数为-l。每个基本单元的大小默认为 4MB。例如，使用"-l 37"可以生成一个大小为 37×4=148MB 的逻辑卷。

```
[root@RHEL7-1 ~]# lvcreate -n vo -l 37 storage
 Logical volume "vo" created
[root@RHEL7-1 ~]# lvdisplay
 --- Logical volume ---
 ......
 # open 0
 LV Size 148.00 MiB
 Current LE 37
 Segments 1
 ......
```

（4）把生成好的逻辑卷进行格式化，然后挂载使用。

Linux 系统会把 LVM 中的逻辑卷设备存放在/dev 设备目录中（实际上是做了一个符号链接），同时会以卷组的名称来建立一个目录，其中保存了逻辑卷的设备映射文件（即/dev/卷组名称/逻辑卷名称）。

```
[root@RHEL7-1 ~]# mkfs.ext4 /dev/storage/vo
mke2fs 1.42.9 (28-Dec-2013)
Filesystem label=
OS type: Linux
Block size=1024 (log=0)
Fragment size=1024 (log=0)
Stride=0 blocks, Stripe width=0 blocks
38000 inodes, 151552 blocks
```

```
7577 blocks (5.00%) reserved for the super user
First data block=1
Maximum filesystem blocks=33816576
19 block groups
8192 blocks per group, 8192 fragments per group
2000 inodes per group
Superblock backups stored on blocks:
    8193, 24577, 40961, 57345, 73729


Allocating group tables: done
Writing inode tables: done
Creating journal (4096 blocks): done
Writing superblocks and filesystem accounting information: done
[root@RHEL7-1 ~]# mkdir /bobby
[root@RHEL7-1 ~]# mount /dev/storage/vo /bobby
```

（5）查看挂载状态，并写入配置文件，使其永久生效（做下个实验时一定要恢复到初始
状态）。

```
[root@RHEL7-1 ~]# df -h
ilesystem                   Size     Used     Avail    Use%    Mounted on
......
tmpfs                       183M     20K      183M     1%      /run/user/0
/dev/mapper/storage-vo      140M     1.6M     128M     2%      /bobby
[root@RHEL7-1 ~]# echo   "/dev/storage/vo   /bobby   ext4   defaults   0
0">>/etc/fstab
```

5.6.2　扩容逻辑卷

在前面的实验中，卷组是由两块硬盘设备共同组成的。用户在使用存储设备时感觉不到
设备底层的架构和布局，更不用关心底层是由多少块硬盘组成的，只要卷组中有足够的资源，
就可以一直为逻辑卷扩容。扩容前请一定要记得卸载设备和挂载点的关联。

```
[root@RHEL7-1 ~]# umount /bobby
```

（1）增加新的物理卷到卷组。

当卷组中没有足够的空间分配给逻辑卷时，可以用给卷组增加物理卷的方法来增加
卷组的空间。下面先增加/dev/sdd 磁盘支持 LVM 技术，再将/dev/sdd 物理卷加到 storage
卷组。

```
[root@RHEL7-1 ~]# pvcreate /dev/sdd
[root@RHEL7-1 ~]# vgextend storage /dev/sdd
Volume group "storage" successfully extended
[root@RHEL7-1 ~]# vgdisplay
```

（2）把上一个实验中的逻辑卷 vo 扩展至 290MB。

```
[root@RHEL7-1 ~]# lvextend -L 290M /dev/storage/vo
 Rounding size to boundary between physical extents: 292.00 MiB
```

```
Extending logical volume vo to 292.00 MiB
Logical volume vo successfully resized
```

（3）检查硬盘完整性，并重置硬盘容量。

```
[root@RHEL7-1 ~]# e2fsck -f /dev/storage/vo
e2fsck 1.42.9 (28-Dec-2013)
Pass 1: Checking inodes, blocks, and sizes
Pass 2: Checking directory structure
Pass 3: Checking directory connectivity
Pass 4: Checking reference counts
Pass 5: Checking group summary information
/dev/storage/vo: 11/38000 files(0.0% non-contiguous),10453/151552 blocks
[root@RHEL7-1 ~]# resize2fs /dev/storage/vo
resize2fs 1.42.9 (28-Dec-2013)
Resizing the filesystem on /dev/storage/vo to 299008 (1k) blocks.
The filesystem on /dev/storage/vo is now 299008 blocks long.
```

（4）重新挂载硬盘设备并查看挂载状态。

```
[root@RHEL7-1 ~]# mount -a
[root@RHEL7-1 ~]# df -h
Filesystem              Size  Used  Avail Use% Mounted on
......
tmpfs                   183M  20K   183M  1%   /run/user/0
/dev/mapper/storage-vo  279M  2.1M  259M  1%   /bobby
```

5.6.3 缩小逻辑卷

相较于扩容逻辑卷，在对逻辑卷进行缩容操作时，其丢失数据的风险更大。所以在生产环境中执行相应操作时，一定要提前备份好数据。另外 Linux 系统规定，在对 LVM 逻辑卷进行缩容操作之前，要先检查文件系统的完整性（当然这也是为了保证我们的数据安全）。在执行缩容操作前记得先把文件系统卸载掉。

```
[root@RHEL7-1 ~]# umount /bobby
```

（1）检查文件系统的完整性。

```
[root@RHEL7-1 ~]# e2fsck -f /dev/storage/vo
```

（2）把逻辑卷 vo 的容量减小到 120MB。

```
[root@RHEL7-1 ~]# resize2fs /dev/storage/vo 120M
resize2fs 1.42.9 (28-Dec-2013)
Resizing the filesystem on /dev/storage/vo to 122880 (1k) blocks.
The filesystem on /dev/storage/vo is now 122880 blocks long.
[root@RHEL7-1 ~]# lvreduce -L 120M /dev/storage/vo
WARNING: Reducing active logical volume to 120.00 MiB
THIS MAY DESTROY YOUR DATA (filesystem etc.)
Do you really want to reduce vo? [y/n]: y
Reducing logical volume vo to 120.00 MiB
Logical volume vo successfully resized
```

（3）重新挂载文件系统并查看系统状态。

```
[root@RHEL7-1 ~]# mount -a
[root@RHEL7-1 ~]# df -h
Filesystem               Size  Used  Avail  Use%  Mounted on
......
/dev/mapper/storage-vo   113M  1.6M  103M   2%    /bobby
```

5.6.4　删除逻辑卷

当生产环境中想要重新部署 LVM 或者不再需要使用 LVM 时，则需要执行 LVM 的删除操作。为此，需要提前备份好重要的数据信息，然后依次删除逻辑卷、卷组、物理卷设备，这个顺序不可颠倒。

（1）取消逻辑卷与目录的挂载关联，删除配置文件中永久生效的设备参数。

```
[root@RHEL7-1 ~]# umount /bobby
[root@RHEL7-1 ~]# vim /etc/fstab
......
/dev/cdrom              /media/cdrom iso9660   defaults  0 0
#dev/storage/vo /bobby ext4 defaults 0 0        //删除，或在前面加上#
```

（2）删除逻辑卷设备，需要输入 y 来确认操作。

```
[root@RHEL7-1 ~]# lvremove /dev/storage/vo
Do you really want to remove active logical volume vo? [y/n]: y
  Logical volume "vo" successfully removed
```

（3）删除卷组，此处只写卷组名称即可，不需要设备的绝对路径。

```
[root@RHEL7-1 ~]# vgremove storage
  Volume group "storage" successfully removed
```

（4）删除物理卷设备。

```
[root@RHEL7-1 ~]# pvremove /dev/sdb /dev/sdc
  Labels on physical volume "/dev/sdb" successfully wiped
  Labels on physical volume "/dev/sdc" successfully wiped
```

在上述操作执行完毕之后，再执行 lvdisplay、vgdisplay、pvdisplay 命令来查看 LVM 的信息时就不会再看到信息了（前提是上述步骤的操作是正确的）。

5.7　项目实录

项目实录 1：文件系统管理

1. 视频位置

实训前请扫二维码观看"实训项目　管理文件系统"慕课。

2. 项目实训目的

- 掌握 Linux 下文件系统的创建、挂载与卸载的方法。
- 掌握文件系统的自动挂载的方法。

慕课

实训项目　管理文件系统

3. 项目背景

某企业的 Linux 服务器中新增了一块硬盘/dev/sdb，请使用 fdisk 命令新建/dev/sdb1 主分区和/dev/sdb2 扩展分区，并在扩展分区中新建逻辑分区/dev/sdb5，使用 mkfs 命令分别创建 vfat 和 ext3 文件系统。然后用 fsck 命令检查这两个文件系统。最后，把这两个文件系统挂载到系统上。

4. 项目实训内容

练习 Linux 系统下文件系统的创建、挂载与卸载及自动挂载的实现。

5. 做一做

根据项目实录视频进行项目的实训，检查学习效果。

项目实录 2：LVM 逻辑卷管理器

慕课

实训项目　管理 lvm 逻辑卷

1. 视频位置

实训前请扫二维码观看"实训项目　管理 lvm 逻辑卷"慕课。

2. 项目实训目的

- 掌握创建 LVM 分区类型的方法。
- 掌握 LVM 逻辑卷管理的基本方法。

3. 项目背景

某企业在 Linux 服务器中新增了一块硬盘/dev/sdb，要求 Linux 系统的分区能自动调整磁盘容量。请使用 fdisk 命令新建 LVM 类型的分区，分别是/dev/sdb1、/dev/sdb2、/dev/sdb3 和/dev/sdb4，并在这 4 个分区上创建物理卷、卷组和逻辑卷。最后将逻辑卷挂载。

4. 项目实训内容

物理卷、卷组、逻辑卷的创建，卷组、逻辑卷的管理。

5. 做一做

根据项目实录视频进行项目的实训，检查学习效果。

项目实录 3：动态磁盘管理

慕课

实训项目　管理动态磁盘

1. 视频位置

实训前请扫二维码观看"实训项目　管理动态磁盘"慕课。

2. 项目实训目的

掌握在 Linux 系统中利用 RAID 技术实现磁盘阵列的管理方法。

3. 项目背景

某企业为了保护重要数据，购买了 4 块同一厂家的 SCSI 硬盘。要求在这 4 块硬盘上创建 RAID5 卷，以实现磁盘容错。

4. 项目实训内容

利用 mdadm 命令创建并管理 RAID 卷。

5. 做一做

根据项目实录视频进行项目的实训，检查学习效果。

5.8 练习题

一、填空题

1. _____是光盘所使用的标准文件系统。

2. RAID（Redundant Array of Inexpensive Disks）的中文全称是_____，用于将多个廉价的小型磁盘驱动器合并成一个_____，以提高存储性能和_____功能。RAID 可分为_____和_____，软 RAID 通过软件实现多块硬盘_____。

3. LVM（Logical Volume Manager）的中文全称是_____，最早应用在 IBM AIX 系统上。它的主要作用是_____及调整磁盘分区大小，并且可以让多个分区或者物理硬盘作为_____来使用。

4. 可以通过_____和_____来限制用户和组群对磁盘空间的使用。

二、选择题

1. 假定 kernel 支持 vfat 分区，则（   ）可将/dev/hda1 这一个 Windows 分区加载到/win 目录。

  A. mount -t windows /win /dev/hda1 B. mount -fs=msdos /dev/hda1   /win
  C. mount -s win   /dev/hda1 /win   D. mount -t vfat /dev/hda1 /win

2. （   ）是关于/etc/fstab 的正确描述。

  A. 启动系统后，由系统自动产生
  B. 用于管理文件系统信息
  C. 用于设置命名规则，是否使用可以用"Tab"键来命名一个文件
  D. 保存硬件信息

3. 若想在一个新分区上建立文件系统，则应该使用命令（   ）。

  A. fdisk   B. makefs   C. mkfs   D. format

4. Linux 文件系统的目录结构是一棵倒挂的树，文件都按其作用分门别类地放在相关的目录中。现有一个外部设备文件，我们应该将其放在（   ）目录中。

  A. /bin   B. /etc   C. /dev   D. lib

三、简答题

1. RAID 技术主要是为了解决什么问题呢？
2. RAID 0 和 RAID 5 哪个更安全？
3. 位于 LVM 最底层的是物理卷还是卷组？
4. LVM 对逻辑卷的扩容和缩容操作有何异同点呢？
5. LVM 的快照卷能使用几次？
6. LVM 的删除顺序是怎么样的？

项目 ⑥ 配置网络和使用 ssh 服务

项目导入

作为 Linux 系统的网络管理员，学习 Linux 服务器的网络配置是至关重要的，同时管理远程主机也是管理员必须熟练掌握的。这些是后续网络服务配置的基础，必须要学好。

本项目讲解了如何使用 nmtui 命令配置网络参数，以及通过 nmcli 命令查看网络信息并管理网络会话服务，从而让您能够在不同工作场景中快速地切换网络运行参数的方法；还讲解了如何手工绑定 mode6 模式双网卡，实现网络的负载均衡的方法。本项目还深入介绍了 SSH 协议与 sshd 服务程序的理论知识、Linux 系统的远程管理方法以及在系统中配置服务程序的方法。

职业能力目标和要求

- 掌握常见网络服务的配置方法。
- 掌握远程控制服务。
- 掌握不间断会话服务。

6.1 任务 1 配置网络服务

Linux 主机要与网络中其他主机进行通信，首先要进行正确的网络配置。网络配置通常包括主机名、IP 地址、子网掩码、默认网关、DNS 服务器等。

6.1.1 检查并设置有线网络处于连接状态

单击桌面右上角的"启动"按钮 ⏻，单击"Connect"按钮，设置有线网络处于连接状态，如图 6-1 所示。

图 6-1 设置有线网络处于连接状

设置完成后，右上角将出现有线网络连接的小图标，如图 6-2 所示。

图 6-2 有线处于连接状态

特别提示：必须首先使有线网络处于连接状态，这是一切配置的基础，切记。

6.1.2 设置主机名

RHEL 7 有以下 3 种形式的主机名。

- 静态的（static）:"静态"主机名也称为内核主机名,是系统在启动时从/etc/hostname 自动初始化的主机名。
- 瞬态的（transient）:"瞬态"主机名是在系统运行时临时分配的主机名,由内核管理。例如,通过 DHCP 或 DNS 服务器分配的 localhost 就是这种形式的主机名。
- 灵活的（pretty）:"灵活"主机名是 UTF8 格式的自由主机名,以展示给终端用户。

与之前版本不同,RHEL 7 中的主机名配置文件为/etc/hostname,可以在配置文件中直接更改主机名。

1. 使用 nmtui 修改主机名

```
[root@RHEL7-1 ~]# nmtui
```

在图 6-3、图 6-4 所示的界面中进行配置。

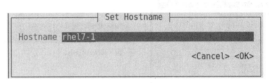

图 6-3 配置 hostname   图 6-4 修改主机名为 RHEL 7-1

使用 NetworkManager 的 nmtui 接口修改了静态主机名后（/etc/hostname 文件）,不会通知 hostnamectl。要想强制让 hostnamectl 知道静态主机名已经被修改,需要重启 hostnamed 服务。

```
[root@RHEL7-1 ~]# systemctl restart systemd-hostnamed
```

2. 使用 hostnamectl 修改主机名

（1）查看主机名

```
[root@RHEL7-1 ~]# hostnamectl status
    Static hostname: RHEL7-1
    Pretty hostname: RHEL7-1
       ......
```

（2）设置新的主机名

```
[root@RHEL7-1 ~]# hostnamectl set-hostname my.smile.com
```

（3）查看主机名

```
[root@RHEL7-1 ~]# hostnamectl status
    Static hostname: my.smile.com
       ......
```

3. 使用 NetworkManager 的命令行接口 nmcli 修改主机名

nmcli 可以修改/etc/hostname 中的静态主机名。

```
//查看主机名
[root@RHEL7-1 ~]# nmcli general hostname
my.smile.com
//设置新主机名
```

```
[root@RHEL7-1 ~]# nmcli general hostname RHEL7-1
[root@RHEL7-1 ~]# nmcli general hostname
RHEL7-1
//重启 hostnamed 服务让 hostnamectl 知道静态主机名已经被修改
[root@RHEL7-1 ~]# systemctl restart systemd-hostnamed
```

微课

TCP/IP 网络
接口配置

6.1.3 使用系统菜单配置网络

我们接下来学习如何在 Linux 系统上配置服务。在此之前，必须先保证主机之间能够顺畅地通信。如果网络不通，即便服务部署得再正确，用户也无法顺利访问，所以，配置网络并确保网络的连通性是学习部署 Linux 服务之前的最后一个重要知识点。

可以单击桌面右上角的网络连接图标 ，打开网络配置界面，一步完成网络信息查询和网络配置。具体过程如图 6-5 ～ 图 6-8 所示。

图 6-5　单击有线连接设置
（Wired Settings）

图 6-6　网络配置：ON 激活连接、
单击齿轮进行配置

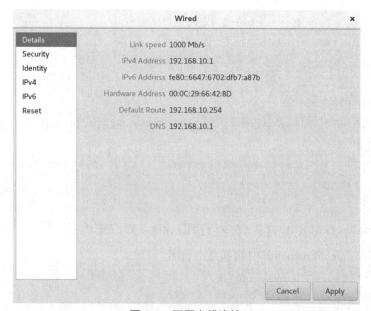

图 6-7　配置有线连接

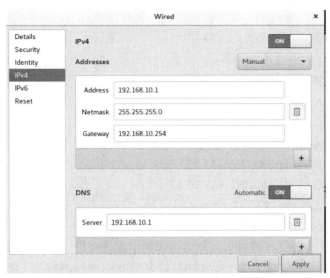

图 6-8　配置 IPv4 等信息

设置完成后，单击"Apply"按钮应用配置回到图 6-9 所示的界面。注意网络连接应该设置在"ON"状态，如果在"OFF"状态，请进行修改。注意，有时需要重启系统配置才能生效。

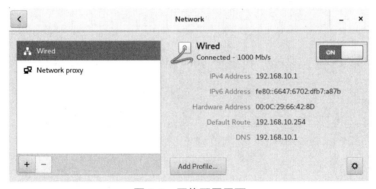

图 6-9　网络配置界面

建议：首选使用系统菜单配置网络。因为从 RHEL 7 开始，图形界面已经非常完善，所以在 Linux 系统桌面，依次单击"Applications"→"System Tools"→"Settings"→"Network"同样可以打开网络配置界面。

6.1.4　通过网卡配置文件配置网络

网卡 IP 地址配置的是否正确是两台服务器是否可以相互通信的前提。在 Linux 系统中，一切都是文件，因此配置网络服务的工作其实就是在编辑网卡配置文件。

在 RHEL 5、RHEL 6 中，网卡配置文件的前缀为 eth，第 1 块网卡为 eth0，第 2 块网卡为 eth1，以此类推。而在 RHEL 7 中，网卡配置文件的前缀则以 ifcfg 开始，加上网卡名称共同组成了网卡配置文件的名字，如 ifcfg-ens33。

现在有一个名称为 ifcfg-ens33 的网卡设备，我们将其配置为开机自启动，并且 IP 地址、子网、网关等信息由人工指定，其步骤如下。

（1）切换到/etc/sysconfig/network-scripts 目录中（存放着网卡的配置文件）。

（2）使用 vim 编辑器修改网卡文件 ifcfg-ens33，逐项写入下面的配置参数并保存退出。

由于每台设备的硬件及架构是不一样的，所以请读者使用 ifconfig 命令自行确认各自网卡的默认名称。

- 设备类型：TYPE=Ethernet。
- 地址分配模式：BOOTPROTO=static。
- 网卡名称：NAME=ens33。
- 是否启动：ONBOOT=yes。
- IP 地址：IPADDR=192.168.10.1。
- 子网掩码：NETMASK=255.255.255.0。
- 网关地址：GATEWAY=192.168.10.1。
- DNS 地址：DNS1=192.168.10.1。

（3）重启网络服务并测试网络是否联通。

进入到网卡配置文件所在的目录，然后编辑网卡配置文件，在其中填入下面的信息：

```
[root@RHEL7-1 ~]# cd /etc/sysconfig/network-scripts/
[root@RHEL7-1 network-scripts]# vim ifcfg-ens33
TYPE=Ethernet
PROXY_METHOD=none
BROWSER_ONLY=no
BOOTPROTO=static
NAME=ens33
UUID=9d5c53ac-93b5-41bb-af37-4908cce6dc31
DEVICE=ens33
ONBOOT=yes
IPADDR=192.168.10.1
NETMASK=255.255.255.0
GATEWAY=192.168.10.1
DNS1=192.168.10.1
```

执行重启网卡设备的命令（在正常情况下不会有提示信息），然后通过 ping 命令测试网络能否联通。由于在 Linux 系统中 ping 命令不会自动终止，所以需要手动按下"Ctrl+C"组合键来强行结束进程。

```
[root@RHEL7-1 network-scripts]# systemctl restart network
[root@RHEL7-1 network-scripts]# ping 192.168.10.1
PING 192.168.10.1 (192.168.10.1) 56(84) bytes of data.
64 bytes from 192.168.10.1: icmp_seq=1 ttl=64 time=0.095 ms
64 bytes from 192.168.10.1: icmp_seq=2 ttl=64 time=0.048 ms
……
```

注意：使用配置文件进行网络配置，需要启动 network 服务，而从 RHEL 7 以后，network 服务已被 NetworkManager 服务替代，所以不建议使用配置文件配置网络参数。

6.1.5 使用图形界面配置网络

使用图形界面配置网络是比较方便、简单的一种网络配置方式。

（1）上节我们使用网络配置文件配置网络服务，本节我们使用 nmtui 命令来配置网络。

```
[root@RHEL7-1 network-scripts]# nmtui
```

（2）显示图 6-10 所示的图形配置界面。

（3）配置过程如图 6-11、图 6-12 所示。

图 6-10 选中"Edit a connection"
并按下"Enter"键

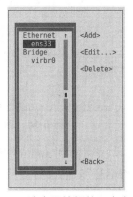

图 6-11 选中要编辑的网卡名称，
然后按下"<Edit...>"（编辑）按钮

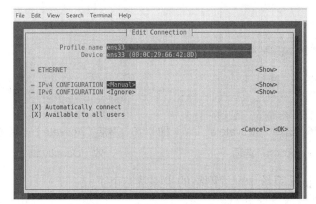

图 6-12 把网络 IPv4 的配置方式改成 Manual（手动）

注意：本书中所有的服务器主机 IP 地址均为 192.168.10.1，而客户端主机一般设为 192.168.10.20 及 192.168.10.30。之所以这样做，就是为了后面服务器配置的方便。

（4）按下"<Show>"（显示）按钮，显示信息配置框，如图 6-13 所示。在服务器主机的网络配置信息中填写 IP 地址 192.168.10.1/24 等信息，单击"<OK>"按钮，如图 6-14 所示。

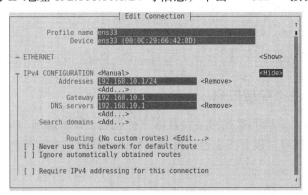

图 6-13 填写 IP 地址

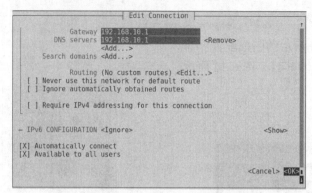

图 6-14　单击 "<OK>" 按钮保存配置

（5）按 "<back>" 按钮回到 nmtui 图形界面初始状态，选中 "Activate a connection" 选项，激活刚才的连接 "*ens33"。前面有 "*" 表示激活，如图 6-15、图 6-16 所示。

图 6-15　选择 "Activate a connection" 选项

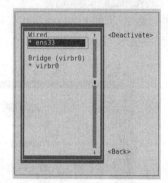

图 6-16　激活（Activate）连接或使连接失效（Deactivate）

（6）至此，在 Linux 系统中配置网络的步骤就结束了。

```
[root@RHEL7-1 ~]# ifconfig
ens33: flags=4163<UP,BROADCAST,RUNNING,MULTICAST>  mtu 1500
        inet 192.168.10.1  netmask 255.255.255.0  broadcast 192.168.10.255
        inet6 fe80::c0ae:d7f4:8f5:e135  prefixlen 64  scopeid 0x20<link>
        ether 00:0c:29:66:42:8d  txqueuelen 1000  (Ethernet)
        RX packets 151  bytes 16024 (15.6 KiB)
        RX errors 0  dropped 0  overruns 0  frame 0
        TX packets 186  bytes 18291 (17.8 KiB)
        TX errors 0  dropped 0 overruns 0  carrier 0  collisions 0
......
```

6.1.6　使用 nmcli 命令配置网络

NetworkManager 是管理和监控网络设置的守护进程，设备即网络接口，连接是对网络接口的配置。一个网络接口可以有多个连接配置，但同时只有一个连接配置生效。

1. 常用命令

● nmcli connection show：显示所有连接。

- nmcli connection show --active：显示所有活动的连接状态。
- nmcli connection show "ens33"：显示网络连接配置。
- nmcli device status：显示设备状态。
- nmcli device show ens33：显示网络接口属性。
- nmcli connection add help：查看帮助。
- nmcli connection reload：重新加载配置。
- nmcli connection down test2：禁用 test2 的配置，注意一个网卡可以有多个配置。
- nmcli connection up test2：启用 test2 的配置。
- nmcli device disconnect ens33：禁用 ens33 网卡，物理网卡。
- nmcli device connect ens33：启用 ens33 网卡。

2. 创建新连接配置

（1）创建新连接配置 default，IP 通过 DHCP 自动获取

```
[root@RHEL7-1 ~]# nmcli connection show
NAME      UUID                                  TYPE            DEVICE
ens33     9d5c53ac-93b5-41bb-af37-4908cce6dc31  802-3-ethernet  ens33
virbr0    f30a1db5-d30b-47e6-a8b1-b57c614385aa  bridge          virbr0
[root@RHEL7-1 ~]# nmcli connection add con-name default type Ethernet ifname
ens33
    Connection 'default' (ffe127b6-ece7-40ed-b649-7082e86c0775) successfully
added.
```

（2）删除连接

```
[root@RHEL7-1 ~]# nmcli connection delete default
    Connection 'default' (ffe127b6-ece7-40ed-b649-7082e86c0775) successfully
deleted.
```

（3）创建新的连接配置 test2，指定静态 IP，不自动连接

```
[root@RHEL7-1 ~]# nmcli connection add con-name test2 ipv4.method manual
ifname ens33 autoconnect no type Ethernet ipv4.addresses 192.168.10.100/24 gw4
192.168.10.1
    Connection 'test2' (7b0ae802-1bb7-41a3-92ad-5a1587eb367f) successfully
added.
```

（4）参数说明

- con-name：指定连接名字，没有特殊要求。
- ipv4.methmod：指定获取 IP 地址的方式。
- ifname：指定网卡设备名，也就是次配置所生效的网卡。
- autoconnect：指定是否自动启动。
- ipv4.addresses：指定 IPv4 地址。
- gw4：指定网关。

3. 查看/etc/sysconfig/network-scripts/目录

```
[root@RHEL7-1 ~]# ls /etc/sysconfig/network-scripts/ifcfg-*
/etc/sysconfig/network-scripts/ifcfg-ens33
```

```
/etc/sysconfig/network-scripts/ifcfg-test2
/etc/sysconfig/network-scripts/ifcfg-lo
```

多出一个文件/etc/sysconfig/network-scripts/ifcfg-test2，说明添加确实生效了。

4. 启用 test2 连接配置

```
[root@RHEL7-1 ~]# nmcli connection up test2
Connection successfully activated (D-Bus active path: /org/freedesktop/
NetworkManager/ActiveConnection/6)
[root@RHEL7-1 ~]# nmcli  connection show
NAME     UUID                                  TYPE          DEVICE
test2    7b0ae802-1bb7-41a3-92ad-5a1587eb367f  802-3-ethernet ens33
virbr0   f30a1db5-d30b-47e6-a8b1-b57c614385aa  bridge         virbr0
ens33    9d5c53ac-93b5-41bb-af37-4908cce6dc31  802-3-ethernet --
```

5. 查看是否生效

```
[root@RHEL7-1 ~]# nmcli device show ens33
GENERAL.DEVICE:                           ens33
……
```

基本的 IP 地址配置成功。

6. 修改连接设置

（1）修改 test2 为自动启动

```
[root@RHEL7-1 ~]# nmcli connection modify test2 connection.autoconnect yes
```

（2）修改 DNS 为 192.168.10.1

```
[root@RHEL7-1 ~]# nmcli connection modify test2 ipv4.dns 192.168.10.1
```

（3）添加 DNS 114.114.114.114

```
[root@RHEL7-1 ~]# nmcli connection modify test2 +ipv4.dns 114.114.114.114
```

（4）看下是否成功

```
[root@RHEL7-1 ~]# cat /etc/sysconfig/network-scripts/ifcfg-test2
TYPE=Ethernet
PROXY_METHOD=none
BROWSER_ONLY=no
BOOTPROTO=none
IPADDR=192.168.10.100
PREFIX=24
GATEWAY=192.168.10.1
DEFROUTE=yes
IPV4_FAILURE_FATAL=no
IPV6INIT=yes
IPV6_AUTOCONF=yes
IPV6_DEFROUTE=yes
IPV6_FAILURE_FATAL=no
IPV6_ADDR_GEN_MODE=stable-privacy
```

```
NAME=test2
UUID=7b0ae802-1bb7-41a3-92ad-5a1587eb367f
DEVICE=ens33
ONBOOT=yes
DNS1=192.168.10.1
DNS2=114.114.114.114
```

可以看到均已生效。

（5）删除 DNS

```
[root@RHEL7-1 ~]# nmcli connection modify test2 -ipv4.dns 114.114.114.114
```

（6）修改 IP 地址和默认网关

```
[root@RHEL7-1 ~]# nmcli connection modify test2 ipv4.addresses
192.168.10.200/24 gw4 192.168.10.254
```

（7）还可以添加多个 IP

```
[root@RHEL7-1 ~]# nmcli connection modify test2 +ipv4.addresses
192.168.10.250/24
[root@RHEL7-1 ~]# nmcli  connection  show  "test2"
```

7. nmcli 命令和/etc/sysconfig/network-scripts/ifcfg-*文件的对应关系

nmcli 命令	/etc/sysconfig/network-scripts/ifcfg-*文件
ipv4.method manual	BOOTPROTO=none
ipv4.method auto	BOOTPROTO=dhcp
ipv4.addresses 192.0.2.1/24	IPADDR=192.0.2.1 PREFIX=24
gw4 192.0.2.254	GATEWAY=192.0.2.254
ipv4.dns 8.8.8.8	DNS0=8.8.8.8
ipv4.dns-search example.com	DOMAIN=example.com
ipv4.ignore-auto-dns true	PEERDNS=no
connection.autoconnect yes	ONBOOT=yes
connection.id eth0	NAME=eth0
connection.interface-name eth0	DEVICE=eth0
802-3-ethernet.mac-address . . .	HWADDR= . . .

6.2 任务 2 创建网络会话实例

RHEL 和 CentOS 系统默认使用 NetworkManager 来提供网络服务，这是一种动态管理网络配置的守护进程，能够让网络设备保持连接状态。前面讲过，可以使用 nmcli 命令来管理 Network Manager 服务。nmcli 是一款基于命令行的网络配置工具，功能丰富，参数众多。它可以轻松地查看网络信息或网络状态：

```
[root@RHEL7-1 ~]# nmcli connection show
```

```
NAME      UUID                                      TYPE              DEVICE
ens33     9d5c53ac-93b5-41bb-af37-4908cce6dc31     802-3-ethernet    --
```

另外，RHEL 7 系统支持网络会话功能，允许用户在多个配置文件中快速切换（非常类似于 firewalld 防火墙服务中的区域技术）。如果我们在公司网络中使用笔记本电脑时需要手动指定网络的 IP 地址，而回到家中则是使用 DHCP 自动分配 IP 地址。这就需要频繁地修改 IP 地址，但是使用了网络会话功能后，一切就简单多了——只需在不同的使用环境中激活相应的网络会话，就可以实现网络配置信息的自动切换了。

可以使用 nmcli 命令并按照 "connection add con-name type ifname" 的格式来创建网络会话。假设将公司网络中的网络会话称之为 company，将家庭网络中的网络会话称之为 home，现在依次创建各自的网络会话。

（1）使用 con-name 参数指定公司所使用的网络会话名称 **company**，然后依次用 ifname 参数指定本机的网卡名称（千万要以实际环境为准，不要照抄书上的 ens33）。用 autoconnect no 参数设置该网络会话默认不被自动激活，以及用 ipv4 及 gw4 参数手动指定网络的 IP 地址：

```
[root@RHEL7-1 ~]# nmcli connection add con-name company ifname ens33
autoconnect no type ethernet ipv4.address 192.168.10.1/24 gw4 192.168.10.1
    Connection 'company' (69bf7a9e-1295-456d-873b-505f0e89eba2) successfully
added.
```

（2）使用 con-name 参数指定家庭所使用的网络会话名称 **home**。我们想从外部 DHCP 服务器自动获得 IP 地址，因此这里不需要进行手动指定。

```
[root@RHEL7-1 ~]# nmcli connection add con-name home type ethernet ifname
ens33
    Connection 'home'(7a9f15fe-2f9c-47c6-a236-fc310e1af2c9) successfully added.
```

（3）在成功创建网络会话后，可以使用 nmcli 命令查看创建的所有网络会话：

```
[root@RHEL7-1 ~]# nmcli connection show
NAME      UUID                                      TYPE              DEVICE
ens33     9d5c53ac-93b5-41bb-af37-4908cce6dc31     802-3-ethernet    ens33
virbr0    a3d2d523-5352-4ea9-974d-049fb7fd1c6e     bridge            virbr0
company   70823d95-a119-471b-a495-9f7364e3b452     802-3-ethernet    --
home      cc749b8d-31c6-492f-8e7a-81e95eacc733     802-3-ethernet    --
```

（4）使用 nmcli 命令配置过的网络会话是永久生效的，这样当我们下班回家后，顺手启用 home 网络会话，网卡就能自动通过 DHCP 获取到 IP 地址了。

```
[root@RHEL7-1 ~]# nmcli connection up home
Connection successfully activated (D-Bus active path:
/org/freedesktop/NetworkManager/ActiveConnection/6)
[root@RHEL7-1 ~]# ifconfig
ens33: flags=4163<UP,BROADCAST,RUNNING,MULTICAST>  mtu 1500
        inet 10.0.167.34  netmask 255.255.255.0  broadcast 10.0.167.255
        inet6 fe80::c70:8b8f:3261:6f18  prefixlen 64  scopeid 0x20<link>
        ether 00:0c:29:66:42:8d  txqueuelen 1000  (Ethernet)
        RX packets 457  bytes 41358 (40.3 KiB)
        RX errors 0  dropped 0  overruns 0  frame 0
```

```
TX packets 131  bytes 17349 (16.9 KiB)
TX errors 0  dropped 0 overruns 0  carrier 0  collisions 0
……
```

（5）如果大家使用的是虚拟机，请把虚拟机系统的网卡（网络适配器）切换成桥接模式，如图 6-17 所示，然后重启虚拟机系统即可。

图 6-17　设置虚拟机网卡的模式

（6）如果回到公司，可以停止 home 会话，启动 company 会话（连接）。

```
[root@RHEL7-1 ~]# nmcli connection down home
Connection  'home'  successfully  deactivated  (D-Bus  active  path:
/org/freedesktop/NetworkManager/ActiveConnection/4)
[root@RHEL7-1 ~]# nmcli connection up company
Connection  successfully  activated  (D-Bus  active  path:
/org/freedesktop/NetworkManager/ActiveConnection/6)
[root@RHEL7-1 ~]# ifconfig
ens33: flags=4163<UP,BROADCAST,RUNNING,MULTICAST>  mtu 1500
    inet 192.168.10.1  netmask 255.255.255.0  broadcast 192.168.10.255
    inet6 fe80::7ce7:c434:4c95:7ddb  prefixlen 64  scopeid 0x20<link>
    ether 00:0c:29:66:42:8d  txqueuelen 1000  (Ethernet)
    RX packets 304  bytes 41920 (40.9 KiB)
    RX errors 0  dropped 0  overruns 0  frame 0
    TX packets 429  bytes 47058 (45.9 KiB)
    TX errors 0  dropped 0 overruns 0  carrier 0  collisions 0
……
```

（7）如果要删除会话连接，请执行 nmtui 命令，执行"Edit a connection"命令，然后选中要删除的会话，按"<Delete>"按钮即可，如图 6-18 所示。

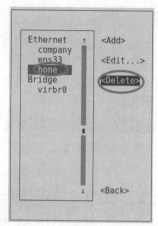

图 6-18　删除网络会话连接

6.3　任务 3　绑定两块网卡

拓展阅读

14. 绑定两块网卡

一般来讲，生产环境必须提供 7×24 小时的网络传输服务。借助于网卡绑定技术，不仅可以提高网络传输速度，更重要的是，还可以确保在其中一块网卡出现故障时，依然可以正常提供网络服务。假设我们对两块网卡实施了绑定，这样在正常工作中它们会共同传输数据，使得网络传输的速度变得更快；而且即使有一块网卡突然出现了故障，另外一块网卡便会立即自动顶替上去，保证数据传输不会中断。

6.4　任务 4　配置远程控制服务

6.4.1　配置 sshd 服务

SSH（Secure shell）是一种能够以安全的方式提供远程登录的协议，也是目前远程管理 Linux 系统的首选方式。在此之前，一般使用 FTP 或 Telnet 来进行远程登录。但是因为它们以明文的形式在网络中传输账户密码和数据信息，所以很不安全，很容易受到黑客发起的中间人攻击。轻则篡改传输的数据信息，重则直接抓取服务器的账户密码。

想要使用 SSH 协议来远程管理 Linux 系统，则需要部署配置 sshd 服务程序。sshd 是基于 SSH 协议开发的一款远程管理服务程序，不仅使用起来方便快捷，而且提供了以下两种安全验证的方法。

- 基于口令的验证——用账户和密码来验证登录。
- 基于密钥的验证——需要在本地生成密钥对，然后把密钥对中的公钥上传至服务器，并与服务器中的公钥进行比较；该方式相较来说更安全。

前文曾多次强调"Linux 系统中的一切都是文件"，因此在 Linux 系统中修改服务程序的运行参数，实际上就是在修改程序配置文件。sshd 服务的配置信息保存在/etc/ssh/sshd_config 文件中。运维人员一般会把保存着最主要配置信息的文件称为主配置文件，而配置文件中有许多以井号（#）开头的注释行，要想让这些配置参数生效，需要在修改参数后再去掉前面的井号（#）。sshd 服务配置文件中包含的重要参数如表 6-1 所示。

表 6-1 sshd 服务配置文件中包含的参数及其作用

参　数	作　用
Port 22	默认的 sshd 服务端口
ListenAddress 0.0.0.0	设定 sshd 服务监听的 IP 地址
Protocol 2	SSH 协议的版本号
HostKey /etc/ssh/ssh_host_key	SSH 协议版本为 1 时，DES 私钥存放的位置
HostKey /etc/ssh/ssh_host_rsa_key	SSH 协议版本为 2 时，RSA 私钥存放的位置
HostKey /etc/ssh/ssh_host_dsa_key	SSH 协议版本为 2 时，DSA 私钥存放的位置
PermitRootLogin yes	设定是否允许 root 管理员直接登录
StrictModes yes	当远程用户的私钥改变时直接拒绝连接
MaxAuthTries 6	最大密码尝试次数
MaxSessions 10	最大终端数
PasswordAuthentication yes	是否允许密码验证
PermitEmptyPasswords no	是否允许空密码登录（很不安全）

现有计算机的情况如下。

● 计算机名为 RHEL 7-1，角色为 RHEL 7 服务器，IP 为 192.168.10.1/24。

● 计算机名为 RHEL 7-2，角色为 RHEL 7 客户机，IP 为 192.168.10.20/24。

● 需特别注意两台虚拟机的网络配置方式一定要一致，本例中都改为：桥接模式。

在 RHEL 7 系统中，已经默认安装并启用了 sshd 服务程序。接下来使用 ssh 命令在 RHEL 7-2 上远程连接 RHEL 7-1，其格式为 "ssh [参数] 主机 IP 地址"。要退出登录则执行 exit 命令。在 RHEL 7-2 上操作。

```
[root@RHEL7-2 ~]# ssh 192.168.10.1
The authenticity of host '192.168.10.1 (192.168.10.1)' can't be established.
ECDSA key fingerprint is SHA256:f7b2rHzLTyuvW4WHLjl3SRMIwkiUN+cN9y1yDb9wUbM.
ECDSA key fingerprint is MD5:d1:69:a4:4f:a3:68:7c:f1:bd:4c:a8:b3:84:5c:50:19.
Are you sure you want to continue connecting (yes/no)? yes
Warning: Permanently added '192.168.10.1' (ECDSA) to the list of known hosts.
root@192.168.10.1's password: 此处输入远程主机 root 管理员的密码
Last login: Wed May 30 05:36:53 2018 from 192.168.10.
[root@RHEL7-1 ~]#
[root@RHEL7-1 ~]# exit
logout
Connection to 192.168.10.1 closed.
```

如果禁止以 root 管理员的身份远程登录到服务器，则可以大大降低被黑客暴力破解密码的概率。下面进行相应配置。

（1）在 RHEL 7-1 SSH 服务器上。首先使用 vim 文本编辑器打开 sshd 服务的主配置文件，然后把第 38 行#PermitRootLogin yes 参数前的井号（#）去掉，并把参数值 yes 改成 no，这样就不再允许 root 管理员远程登录了。记得最后保存文件并退出。

```
[root@RHEL7-1 ~]# vim /etc/ssh/sshd_config
......
36
37 #LoginGraceTime 2m
38 PermitRootLogin no
39 #StrictModes yes

......
```

（2）一般的服务程序并不会在配置文件修改之后立即获得最新的参数。如果想让新配置文件生效，则需要手动重启相应的服务程序。最好也将这个服务程序加入到开机启动项中，这样系统在下一次启动时，该服务程序便会自动运行，继续为用户提供服务。

```
[root@RHEL7-1 ~]# systemctl restart sshd
[root@RHEL7-1 ~]# systemctl enable sshd
```

（3）当 root 管理员再尝试访问 sshd 服务程序时，系统会提示不可访问的错误信息。仍然在 RHEL 7-2 上测试。

```
[root@RHEL7-2 ~]# ssh 192.168.10.1
root@192.168.10.10's password:此处输入远程主机 root 管理员的密码
Permission denied, please try again.
```

注意：为了不影响下面的实训，请将/etc/ssh/sshd_config 配置文件恢复到初始状态。

6.4.2 安全密钥验证

加密是对信息进行编码和解码的技术，在传输数据时，如果担心被他人监听或截获，就可以在传输前先使用公钥对数据加密处理，然后再行传送。这样，只有掌握私钥的用户才能解密这段数据，除此之外的其他人即便截获了数据，一般也很难将其破译为明文信息。

在生产环境中使用密码进行口令验证存在着被暴力破解或嗅探截获的风险。如果正确配置了密钥验证方式，那么 sshd 服务程序将更加安全。

下面使用密钥验证方式，以用户 student 身份登录 SSH 服务器，具体配置如下。

（1）在服务器 RHEL 7-1 上建立用户 student，并设置密码。

```
[root@RHEL7-1 ~]# useradd student
[root@RHEL7-1 ~]# passwd student
```

（2）在客户端主机 RHEL 7-2 中生成"密钥对"。查看公钥 id_rsa.pub 和私钥 id_rsa。

```
[root@RHEL7-2 ~]# ssh-keygen
Generating public/private rsa key pair.
Enter file in which to save the key (/root/.ssh/id_rsa): //按"Enter"键或设
置密钥的存储路径
Enter passphrase (empty for no passphrase): //直接按"Enter"键或设置密钥的密码
Enter same passphrase again: //再次按"Enter"键或设置密钥的密码
Your identification has been saved in /root/.ssh/id_rsa.
Your public key has been saved in /root/.ssh/id_rsa.pub.
```

```
The key fingerprint is:
SHA256:jSb1Z223Gp2j9HlDNMvXKwptRXR5A8vMnjCtCYPCTHs root@RHEL7-1
The key's randomart image is:
+---[RSA 2048]----+
|   .      o...|
|   + . .  * oo.|
|    = E.o o B o|
|    o. +o B..o |
|    . S ooo+= =|
|      o .o...==|
|       . o o.=o|
|        o ..=o+|
|         ..o.oo|
+----[SHA256]-----+
[root@RHEL7-2 ~]# cat /root/.ssh/id_rsa.pub
ssh-rsa AAAAB3NzaC1yc2EAAAADAQABAAABAQCurhcVb9GHKP4taKQMuJRdLLKTAVnC4f9Y9
H2Or4rLx3YCqsBVYUUn4gSzi8LAcKPcPdBZ817Y4a2OuOVmNW+hpTR9vfwwuGOiU1Fu4Sf5/14qgk
d5EreUjE/KIPlZVNX904blbIJ90yu6J3CVz6opAdzdrxckstWrMS1p68SIhi517OVqQxzA+2G7uCk
plh3pbtLCKlz6ck6x0zXd7MBgR9S7nwm1DjHl5NWQ+542Z++MA8QJ9CpXyHDA54oEVrQoLitdWEYI
tcJIEqowIHM99L86vSCtKzhfD4VWvfLnMiO1UtostQfpLazjXoU/XVp1fkfYtc7FF1+uSAxIO1nJ
root@RHEL7-2
[root@RHEL7-2 ~]# cat /root/.ssh/id_rsa
```

（3）把客户端主机 RHEL 7-2 中生成的公钥文件传送至远程主机：

```
[root@RHEL7-2 ~]# ssh-copy-id student@192.168.10.1
/usr/bin/ssh-copy-id: INFO: attempting to log in with the new key(s), to filter
out any that are already installed
/usr/bin/ssh-copy-id: INFO: 1 key(s) remain to be installed -- if you are
prompted now it is to install the new keys
student@192.168.10.1's password: //此处输入远程服务器密码

Number of key(s) added: 1

Now try logging into the machine, with:  "ssh 'student@192.168.10.1'"
and check to make sure that only the key(s) you wanted were added.
```

（4）对服务器 RHEL 7-1 进行设置（65 行左右），使其只允许密钥验证，拒绝传统的口令验证方式。将 "PasswordAuthentication yes" 改为 "PasswordAuthentication no"。记得在修改配置文件后保存并重启 sshd 服务程序。

```
[root@RHEL7-1 ~]# vim /etc/ssh/sshd_config
......
74
```

```
 62 # To disable tunneled clear text passwords, change to no here!
 63 #PasswordAuthentication yes
 64 #PermitEmptyPasswords no
 65 PasswordAuthentication no
 66
 ......
[root@RHEL7-1 ~]# systemctl restart sshd
```

（5）在客户端 RHEL 7-2 上尝试使用 student 用户远程登录到服务器，此时无须输入密码也可成功登录。同时利用 ifconfig 命令可查看到 ens33 的 IP 地址是 192.168.10.1，也即 RHEL 7-1 的网卡和 IP 地址，说明已成功登录到了远程服务器 RHEL 7-1 上。

```
[root@RHEL7-2 ~]# ssh student@192.168.10.1
Last failed login: Sat Jul 14 20:14:22 CST 2018 from 192.168.10.20 on ssh:notty
There were 6 failed login attempts since the last successful login.
[student@RHEL7-1 ~]$ ifconfig
ens33: flags=4163<UP,BROADCAST,RUNNING,MULTICAST>  mtu 1500
        inet 192.168.10.1  netmask 255.255.255.0  broadcast 192.168.10.255
        inet6 fe80::4552:1294:af20:24c6  prefixlen 64  scopeid 0x20<link>
        ether 00:0c:29:2b:88:d8  txqueuelen 1000  (Ethernet)
        ......
```

（6）在 RHEL 7-1 上查看 RHEL 7-2 客户机的公钥是否传送成功。本例成功传送。

```
[root@RHEL7-1 ~]# cat /home/student/.ssh/authorized_keys
ssh-rsa AAAAB3NzaC1yc2EAAAADAQABAAABAQCurhcVb9GHKP4taKQMuJRdLLKTAVnC4f9Y9
H2Or4rLx3YCqsBVYUUn4gSzi8LAcKPcPdBZ817Y4a2OuOVmNW+hpTR9vfwwuGOiU1Fu4Sf5/14qgk
d5EreUjE/KIPlZVNX904blbIJ90yu6J3CVz6opAdzdrxckstWrMSlp68SIhi517OVqQxzA+2G7uCk
plh3pbtLCKlz6ck6x0zXd7MBgR9S7nwm1DjHl5NWQ+542Z++MA8QJ9CpXyHDA54oEVrQoLitdWEYI
tcJIEqowIHM99L86vSCtKzhfD4VWvfLnMiO1UtostQfpLazjXoU/XVp1fkfYtc7FFl+uSAxIO1nJ
root@RHEL7-2
```

拓展阅读

15. 远程传输命令

6.4.3 远程传输命令

scp（secure copy）是一个基于 SSH 协议在网络之间进行安全传输的命令，其格式为"scp [参数] 本地文件 远程账户@远程 IP 地址:远程目录"。

6.5 项目实录：配置 Linux 下的 TCP/IP 和远程管理

慕课

实训项目 配置
TCP/IP 网络接口

1. 视频位置

实训前请扫描二维码观看"实训项目 配置 TCP/IP 网络接口"和"实训项目 配置远程管理"慕课。

2. 项目实训目的

- 掌握 Linux 下 TCP/IP 网络的设置方法。
- 学会使用命令检测网络配置。
- 学会启用和禁用系统服务。

● 掌握 SSH 服务及应用。

慕课

实训项目　配置远
程管理

3. 项目背景

① 某企业新增了 Linux 服务器，但还没有配置 TCP/IP 网络参数，请设置好各项 TCP/IP 参数，并连通网络（使用不同的方法）。

② 要求用户在多个配置文件中快速切换。在公司网络中使用笔记本电脑时需要手动指定网络的 IP 地址，而回到家中则是使用 DHCP 自动分配 IP 地址。

③ 通过 SSH 服务访问远程主机，可以使用证书登录远程主机，不需要输入远程主机的用户名和密码。

④ 使用 VNC 服务访问远程主机，使用图形界面访问，桌面端口号为 1。

4. 项目实训内容

在 Linux 系统下练习 TCP/IP 网络设置、网络检测方法、创建实用的网络会话、SSH 服务和 VNC 服务。

5. 做一做

根据项目实录视频进行项目的实训，检查学习效果。

6.6 练习题

一、填空题

1. _____文件主要用于设置基本的网络配置，包括主机名称、网关等。

2. 一块网卡对应一个配置文件，配置文件位于目录_____中，文件名以_____开始。

3. 客户端的 DNS 服务器的 IP 地址由_____文件指定。

4. 查看系统的守护进程可以使用_____命令。

5. 处于_____模式的网卡设备才可以进行网卡绑定，否则网卡间无法互相传送数据。

6. _____是一种能够以安全的方式提供远程登录的协议，也是目前_____Linux 系统的首选方式。

7. _____是基于 SSH 协议开发的一款远程管理服务程序，不仅使用起来方便快捷，而且能够提供两种安全验证的方法：_____和_____，其中_____方式相较来说更安全。

8. scp（secure copy）是一个基于_____协议在网络之间进行安全传输的命令，其格式为：_____。

二、选择题

1. （　　）命令能用来显示 server 当前正在监听的端口。

　　A. ifconfig　　　　B. netlst　　　　　C. iptables　　　　D. netstat

2. 文件（　　）存放机器名到 IP 地址的映射。

　　A. /etc/hosts　　B. /etc/host　　　C. /etc/host.equiv　　D. /etc/hdinit

3. Linux 系统提供了一些网络测试命令，当与某远程网络连接不上时，就需要跟踪路由查看，以便了解在网络的什么位置出现了问题，请从下面的命令中选出满足该目的的命令（　　）。

　　A. ping　　　　　B. ifconfig　　　　C. traceroute　　　D. netstat

4. 拨号上网使用的协议通常是（   ）。

A. PPP B. UUCP C. SLIP D. Ethernet

三、补充表格

请将 nmcli 命令的含义列表在表 6-2 中补充完整。

表 6-2　nmcli 命令的含义

	显示所有连接
	显示所有活动的连接状态
nmcli connection show "ens33"	
nmcli device status	
nmcli device show ens33	
	查看帮助
	重新加载配置
nmcli connection down test2	
nmcli connection up test2	
	禁用 ens33 网卡，物理网卡
nmcli device connect ens33	

四、简答题

1. 在 Linux 系统中有多种方法可以配置网络参数，请列举几种。

2. 请简述网卡绑定技术 mode6 模式的特点。

3. 在 Linux 系统中，当通过修改其配置文件中的参数来配置服务程序时，若想要让新配置的参数生效，还需要执行什么操作？

4. sshd 服务的口令验证与密钥验证方式，哪个更安全？

5. 想要把本地文件/root/myout.txt 传送到地址为 192.168.10.20 的远程主机的/home 目录下，且本地主机与远程主机均为 Linux 系统，最为简便的传送方式是什么？

学习情境三

vim 编程与调试

项目 ⑦ 熟练使用 vim 程序编辑器与 shell

项目导入

系统管理员的一项重要工作就是要修改与设定某些重要软件的配置文件，因此系统管理员至少要学会使用一种以上的文字接口的文本编辑器。所有的 Linux 发行版本都内置有 vi 文本编辑器，很多软件也默认使用 vi 作为编辑的接口，vim 是进阶版的 vi，因此读者一定要学会使用 vi 文本编辑器。vim 不但可以用不同颜色显示文本内容，还能够进行诸如 shell script、C program 等程序的编辑，因此，可以将 vim 视为一种程序编辑器。

职业能力目标和要求

- 学会使用 vim 编辑器。
- 了解 shell 的强大功能和 shell 的命令解释过程。
- 学会使用重定向和管道的方法。
- 掌握正则表达式的使用方法。

微课

vi 编辑器的使用

7.1 任务 1 熟练使用 vim 编辑器

vim 是 vimsual interface 的简称，它可以执行输出、删除、查找、替换、块操作等众多文本操作，而且用户可以根据自己的需要对其进行定制。这是其他编辑程序所没有的。vim 不是一个排版程序，它不像 Word 或 WPS 那样可以对字体、格式、段落等其他属性进行编排，它只是一个文本编辑程序。vim 是全屏幕文本编辑器，没有菜单，只有命令。

7.1.1 子任务 1 启动与退出 vim

在系统提示符后输入 vim 和想要编辑（或建立）的文件名，便可进入 vim，如：

```
[root@RHEL7-1 ~]# vim myfile
```

如果只输入 vim，而不带文件名，也可以进入 vim，如图 7-1 所示。

在编辑模式下（**初次进入 vim 不做任何操作就是编辑模式**）键入:q，:q!，:wq 或:x（注意 ":"），就会退出 vim。其中:wq 和:x 是存盘退出，而:q 是直接退出。如果文件已有新的变化，vim 会提示你保存文件，而:q 命令也会失效。这时可以用:w 命令保存文件后再用:q 退出，或用:wq 或:x 命令退出。如果你不想保存改变后的文件，就需要用:q!命令。这个命令将不保存文件而直接退出 vim，例如：

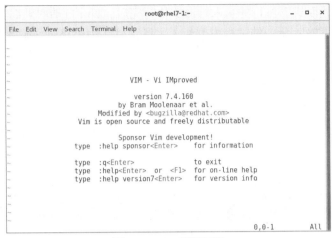

图 7-1　vim 编辑环境

:w	保存
:w　filename	另存为 filename
:wq!	保存退出
:wq!　filename	注：以 filename 为文件名保存后退出
:q!	不保存退出
:x	应该是保存并退出，功能和 :wq! 相同

7.1.2　子任务 2　熟练掌握 vim 的工作模式

vim 有 3 种基本工作模式：编辑模式、插入模式和命令模式。考虑到各种用户的需要，采用状态切换的方法实现工作模式的转换，切换只是习惯性的问题，一旦熟练地使用上了 vim 你就会觉得它其实也很好用。

1．编辑模式

进入 vim 之后，首先进入的就是编辑模式。进入编辑模式后，vim 等待编辑命令输入而不是文本输入。也就是说，这时输入的字母都将作为编辑命令来解释。

进入编辑模式后光标停在屏幕第一行首位，用"_"表示，其余各行的行首均有一个"~"符号，表示该行为空行。最后一行是状态行，显示出当前正在编辑的文件名及其状态。如果是[New File]，则表示该文件是一个新建的文件；如果输入 vim 带文件名后，文件已在系统中存在，则在屏幕上显示出该文件的内容，并且光标停在第一行的首位，在状态行显示出该文件的文件名、行数和字符数。

2．插入模式

在编辑模式下按下相应的键可以进入插入模式：插入命令 i、附加命令 a、打开命令 o、修改命令 c、取代命令 r 或替换命令 s 都可以进入插入模式。在插入模式下，用户输入的任何字符都被 vim 当作文件内容保存起来，并将其显示在屏幕上。在文本输入过程中（插入模式下），若想回到编辑模式下，按"Esc"键即可。

3．命令模式

在编辑模式下，用户按":"键即可进入命令模式。此时 vim 会在显示窗口的最后一行（通常也是屏幕的最后一行）显示一个":"作为命令模式的提示符，等待用户输入命令。多数文件管理命令都是在此模式下执行的。末行命令执行完后，vim 自动回到编辑模式。

若在命令模式下输入命令的过程中改变了主意，可在用退格键将输入的命令全部删除之后，再按一下退格键，即可使 vim 回到编辑模式。

7.1.3 子任务 3 使用 vim 命令

1. 在编辑模式下的命令说明

在编辑模式下，光标移动、查找与替换、复制粘贴等的说明分别如表 7-1、表 7-2 和表 7-3 所示。

表 7-1 编辑模式下的光标移动的说明

移动光标的方法	
h 或向左箭头键（←）	光标向左移动一个字符
j 或向下箭头键（↓）	光标向下移动一个字符
k 或向上箭头键（↑）	光标向上移动一个字符
l 或向右箭头键（→）	光标向右移动一个字符
Ctrl + f	屏幕向下移动一页，相当于 "Page Down" 键（常用）
Ctrl + b	屏幕向上移动一页，相当于 "Page Up" 键（常用）
Ctrl + d	屏幕向下移动半页
Ctrl + u	屏幕向上移动半页
+	光标移动到非空格符的下一列
-	光标移动到非空格符的上一列
n<space>	n 表示数字，例如 20。按下数字后再按空格键，光标会向右移动这一行的 n 个字符。例如输入 20<space> 则光标会向后面移动 20 个字符距离
0 或功能键 "Home"	这是数字 0：移动到这一行的最前面字符处（常用）
$ 或功能键 "End"	移动到这一行的最后面字符处（常用）
H	光标移动到这个屏幕的最上方那一行的第一个字符
M	光标移动到这个屏幕的中央那一行的第一个字符
L	光标移动到这个屏幕的最下方那一行的第一个字符
G	移动到这个文件的最后一行（常用）
nG	n 为数字。移动到这个文件的第 n 行。例如输入 20G 则会移动到这个文件的第 20 行（可配合:set nu）
gg	移动到这个文件的第一行，相当于 1G（常用）
n<Enter>	n 为数字。光标向下移动 n 行（常用）

说明：如果将右手放在键盘上，你会发现 h、j、k、l 是排列在一起的，因此可以使用这 4 个按钮来移动光标。如果想要进行多次移动，例如向下移动 30 行，可以使用 "30×j" 或 "30×↓" 的组合按键，即加上想要进行的次数（数字）后，按下动作即可。

表 7-2 编辑模式下的查找与替换的说明

查找与替换	
/word	向光标之下寻找一个名称为 word 的字符串。例如要在文件内查找 myweb 这个字符串，就输入/myweb 即可（常用）
?word	向光标之上寻找一个名称为 word 的字符串
n	这个 n 是英文按键。代表重复前一个查找的动作。举例来说，如果刚刚我们执行/myweb 去向下查找 myweb 这个字符串，则按下 n 后，会向下继续查找下一个名称为 myweb 的字符串。如果是执行?myweb，那么按下 n 则会向上继续查找名称为 myweb 的字符串
N	这个 N 是英文按键。与 n 刚好相反，为反向进行前一个查找动作。例如执行/myweb 后，按下 N 则表示向上查找 myweb
使用/word 配合 n 及 N 是非常有帮助的！可以让你重复地找到一些查找的关键词	
:n1,n2 s/word1/word2/g	n1 与 n2 为数字。在第 n1～n2 行寻找 word1 这个字符串，并将该字符串取代为 word2！举例来说，在 100～200 行查找 myweb 并取代为 MYWEB 则输入":100,200s/myweb/MYWEB/g"（常用）
:1,$ s/word1/word2/g	从第一行到最后一行寻找 word 1 字符串，并将该字符串取代为 word2（常用）
:1,$ s/word1/word2/gc	从第一行到最后一行寻找 word1 字符串，并将该字符串取代为 word2！且在取代前显示提示字符给用户确认（confirm）是否需要取代（常用）

表 7-3 编辑模式下删除、复制与粘贴的说明

删除、复制与粘贴	
x, X	在一行字当中，x 为向后删除一个字符（相当于"Del"键），X 为向前删除一个字符（相当于 Backspace，退格键）（常用）
*n*x	n 为数字，连续向后删除 n 个字符。举例来说，要连续删除 10 个字符，输入 10x
dd	删除光标所在的那一整列（常用）
ndd	n 为数字。删除光标所在的向下 n 行，例如，20dd 是删除 20 行（常用）
d1G	删除光标所在到第一行的所有数据
dG	删除光标所在到最后一行的所有数据
d$	删除光标所在处，到该行的最后一个字符
d0	那个是数字 0，删除光标所在行的前一字符到该行的首个字符之间的所有字符
yy	复制光标所在的那一行（常用）
nyy	n 为数字。复制光标处向下 n 行，例如 20yy 是复制 20 行（常用）
y1G	复制光标所在行到第一行的所有数据
yG	复制光标所在行到最后一行的所有数据
y0	复制光标所在的前一个字符到该行行首的所有数据

129

续表

	删除、复制与粘贴
y$	复制光标所在的那个字符到该行行尾的所有数据
p, P	p 为将已复制的数据在光标下一行粘贴上，P 则为粘贴在光标上一行！ 举例来说，目前光标在第 20 行，且已经复制了 10 行数据，则按下 p 后，那 10 行数据会粘贴在原来的 20 行之后，即由 21 行开始粘贴。但如果是按下 P 呢？将会在光标之前粘贴，即原本的第 20 行会变成第 30 行（常用）
J	将光标所在行与下一行的数据结合成同一行
c	重复删除多个数据，例如向下删除 10 行，输入 10cj
u	复原前一个动作（常用）
Ctrl+r	重做上一个动作（常用）
.	不要怀疑！这就是小数点！意思是重复前一个动作的意思。如果你想要重复删除、重复粘贴等动作，按下小数点就可以（常用）

说明：这个"u"与"Ctrl+r"是很常用的指令！一个是复原，另一个则是重做一次。利用这两个功能按键，将会为编辑提供很多方便。

这些命令看似复杂，其实使用时非常简单。例如，在编辑模式下使用 5yy 复制后，再使用以下命令进行粘贴。

```
P        在光标之后粘贴
Shift+p  在光标之前粘贴
```

当进行查找和替换时，要按"Esc"键，进入命令模式；输入/或?就可以进行查找了。例如，在一个文件中查找 swap 单词，首先按"Esc"键，进入命令模式，然后输入：

```
/swap
```

或

```
?swap
```

若把光标所在行中的所有单词 the，替换成 THE，则需输入：

```
:s /the/THE/g
```

仅把第 1 行到第 10 行中的 the，替换成 THE：

```
:1,10  s /the/THE/g
```

这些编辑指令非常有弹性，基本上可以说是由指令与范围所构成的。需要注意的是，我们采用计算机的键盘来说明 vim 的操作，但在具体的环境中还要参考相应的资料。

2. 进入插入模式的命令说明

编辑模式切换到插入模式的可用的按键的相关说明如表 7-4 所示。

表 7-4　进入插入模式的说明

类　　型	命　　令	说　　明
进入插入模式	i	从光标所在位置前开始插入文本
	I	该命令是将光标移到当前行的行首，然后插入文本

续表

类　型	命　令	说　明
进入插入模式	a	用于在光标当前所在位置之后追加新文本
	A	将光标移到所在行的行尾，从那里开始插入新文本
	o	在光标所在行的下面新开一行，并将光标置于该行行首，等待输入
	O	在光标所在行的上面插入一行，并将光标置于该行行首，等待输入
	Esc	退出编辑模式或回到编辑模式中（常用）

说明：上面这些按键中，在 vim 画面的左下角处会出现 "--INSERT--" 或 "--REPLACE--" 的字样。由名称就知道该动作了。需要特别注意的是，我们上面也提过了，想要在文件里面输入字符，一定要在左下角处看到 INSERT 或 REPLACE 才能输入。

3. 命令模式的按键说明

如果是插入模式，先按 "Esc" 键进入编辑模式。在编辑模式下按 ":" 进入命令模式。保存文件、退出编辑等的命令按键如表 7-5 所示。

表 7-5　命令模式的按键说明

:w	将编辑的数据写入硬盘文件中（常用）
:w!	若文件属性为只读时，强制写入该档案。不过，到底能不能写入，还与你对该文件拥有的权限有关
:q	退出 vim（常用）
:q!	若曾修改过文件，又不想储存，则使用 "!" 强制退出而不储存文件。注意一下，惊叹号（!）在 vim 当中，常常具有强制的意思
:wq	储存后离开，若为 ":wq!"，则为强制储存后离开（常用）
ZZ	这是大写的 Z。若文件没有更改，则不储存离开；若文件已经被更动过，则储存后离开
:w [filename]	将编辑的数据储存成另一个文件（类似另存为新文件）
:r [filename]	在编辑的数据中，读入另一个文件的数据，即将 filename 这个文件内容加到光标所在行的后面
:n1,n2 w [filename]	将 n1 到 n2 的内容储存成 filename 这个文件
:! command	暂时退出 vim 到命令列模式下执行 command 的显示结果。例如，":! ls /home" 即可在 vim 当中察看/home 底下以 ls 输出的文件信息
:set nu	显示行号，设定之后，会在每一行的前缀显示该行的行号
:set nonu	与:set nu 相反，为取消行号

7.1.4　子任务 4　完成案例练习

1. 本次案例练习的要求（RHEL 7-2 上实现）

（1）在/tmp 目录下建立一个名为 mytest 的目录，进入 mytest 目录当中。

（2）将/etc/man_db.conf 复制到上述目录下面，使用 vim 打开目录下的 man_db.conf 文件。

（3）在 vim 中设定行号，移动到第 58 行，向右移动 15 个字符，请问你看到的该行前面 15 个字母组合是什么？

（4）移动到第一行，并且向下查找 "gzip" 字符串，请问它在第几行？

（5）将 50 ~ 100 行的 man 字符串改为大写 MAN 字符串，并且逐个询问是否需要修改，如何操作？如果在筛选过程中一直按 "y" 键，结果会在最后一行出现改变了多少个 man 的说明，请回答一共替换了多少个 man。

（6）修改完之后，突然反悔了，要全部复原，有哪些方法？

（7）需要复制 65 ~ 73 这 9 行的内容，并且粘贴到最后一行之后。

（8）删除 23 ~ 28 行的开头为#符号的批注数据，如何操作？

（9）将这个文件另存成一个 man.test.config 的文件。

（10）到第 27 行，并且删除 8 个字符，结果出现的第一个单词是什么？在第一行新增一行，该行内容输入 "I am a student..."；然后存盘后离开。

2. 参考步骤

（1）输入 "mkdir　/tmp/mytest; cd　/tmp/mytest"。

（2）输入 "cp　/etc/man_db.conf　.; vim man_db.conf"。

（3）输入 ":set nu"，然后你会在画面中看到左侧出现数字即为行号。先按下 "5+8+G" 组合键再按下 "1+5+→" 组合键，会看到 "# on privileges."。

（4）先执行 1G 或 gg 后，直接输入/gzip，应该是第 93 行。

（5）直接下达 ":50,100 s/man/MAN/gc" 即可！若一直按 "y" 键最终会出现 "在 15 行内置换 26 个字符串" 的说明。

（6）简单的方法可以一直按 "u" 键回复到原始状态；使用:q!命令强制不保存文件而直接退出编辑状态，再新载入该文件也可以。

（7）执行 65G 然后再执行 9yy 之后最后一行会出现 "复制 9 行" 之类的说明字样。按下 "G" 键到最后一行，再按下 p，则会在最后一行之后粘贴上述 9 行内容。

（8）执行 23G→6dd 就能删除 6 行，此时你会发现光标所在 23 行的地方变成 MANPATH_MAP 开头了，批注的 # 符号那几行都被删除了。

（9）执行 ":w man.test.config"，你会发现最后一行出现 "man.test.config" [New].." 的字样。

（10）输入 "27G" 之后，再输入 "8x" 即可删除 8 个字符，出现 MAP 的字样；执行 1G 移到第一行，然后按下大写的 "O" 键，便新增一行且位于插入模式；开始输入 "I am a student..." 后，按下 "Esc" 键回到一般模式等待后续工作；最后输入 ":wq"。

如果您能顺利完成，那么 vim 的使用应该没有太大的问题了。请一定熟练应用，多练习几遍。

微课

shell 程序的变量
和特殊字符

7.2　任务 2　熟练掌握 shell 环境变量

shell 就是用户与操作系统内核之间的接口，起着协调用户与系统的一致性和在用户与系统之间进行交互的作用。

shell 支持具有字符串值的变量。shell 变量不需要专门的说明语句，通过赋值语句完成变量说明并予以赋值。在命令行或 shell 脚本文件中使用

$name 的形式引用变量 name 的值。

1. 变量的定义和引用

拓展阅读

16. 了解 shell 的
基本概念

在 shell 中，变量的赋值格式如下：

```
name=string
```

其中，name 是变量名，它的值就是 string，"="是赋值符号。变量名是以字母或下画线开头的字母、数字和下画线字符序列组成的。

通过在变量名（name）前加 $ 字符（如$name）引用变量的值，引用的结果就是用字符串 string 代替 $name，此过程也称为变量替换。

在定义变量时，若 string 中包含空格、制表符和换行符，则 string 必须用 'string' 或者 "string" 的形式，即用单（双）引号将其括起来。双引号内允许变量替换，而单引号内则不可以。

下面给出一个定义和使用 shell 变量的例子。

```
//显示字符常量
[root@RHEL7-1 ~]# echo who are you
who are you
[root@RHEL7-1 ~]# echo 'who are you'
who are you
[root@RHEL7-1 ~]# echo "who are you"
who are you
[root@RHEL7-1 ~]#
//由于要输出的字符串中没有特殊字符，所以' '和" "的效果是一样的，不用""但相当于使用了""
[root@RHEL7-1 ~]# echo Je t'aime
>
//由于要使用特殊字符（'），
//'不匹配，shell 认为命令行没有结束，回车后会出现系统第二提示符，
//让用户继续输入命令行，按"Ctrl+C"组合键结束
[root@RHEL7-1 ~]#
//为了解决这个问题，可以使用下面的两种方法
[root@RHEL7-1 ~]# echo "Je t'aime"
Je t'aime
[root@RHEL7-1 ~]# echo Je t\'aime
```

2. shell 变量的作用域

与程序设计语言中的变量一样，shell 变量有其规定的作用范围。shell 变量分为局部变量和全局变量。

- 局部变量的作用范围仅限制在其命令行所在的 shell 或 shell 脚本文件中。
- 全局变量的作用范围则包括本 shell 进程及其所有子进程。
- 可以使用 export 内置命令将局部变量设置为全局变量。

下面给出一个 shell 变量作用域的例子。

```
//在当前 shell 中定义变量 var1
[root@RHEL7-1 ~]# var1=Linux
//在当前 shell 中定义变量 var2 并将其输出
```

```
[root@RHEL7-1 ~]# var2=unix
[root@RHEL7-1 ~]# export var2
//引用变量的值
[root@RHEL7-1 ~]# echo $var1
Linux
[root@RHEL7-1 ~]# echo $var2
unix
//显示当前 shell 的 PID
[root@RHEL7-1 ~]# echo $$
2670
[root@RHEL7-1 ~]#
//调用子 shell
[root@RHEL7-1 ~]# bash

//显示当前 shell 的 PID
[root@RHEL7-1 ~]# echo $$
2709
//由于 var1 没有被输出，所以在子 shell 中已无值
[root@RHEL7-1 ~]# echo $var1
//由于 var2 被输出，所以在子 shell 中仍有值
[root@RHEL7-1 ~]# echo $var2
unix
//返回主 shell，并显示变量的值
[root@RHEL7-1 ~]# exit
[root@RHEL7-1 ~]# echo $$
2670
[root@RHEL7-1 ~]# echo $var1
Linux
[root@RHEL7-1 ~]# echo $var2
unix
[root@RHEL7-1 ~]#
```

3. 环境变量

环境变量是指由 shell 定义和赋初值的 shell 变量。shell 用环境变量来确定查找路径、注册目录、终端类型、终端名称、用户名等。所有环境变量都是全局变量，并可以由用户重新设置。表 7-6 列出了一些系统中常用的环境变量。

不同类型的 shell 的环境变量有不同的设置方法。在 bash 中，设置环境变量用 set 命令，命令的格式是：

```
set 环境变量=变量的值
```

例如，设置用户的主目录为/home/john，可以用以下命令：

```
[root@RHEL7-1 ~]# set HOME=/home/john
```

表 7-6 shell 中的环境变量

环境变量名	说　明	环境变量名	说　明
EDITOR、FCEDIT	Bash fc 命令的默认编辑器	PATH	Bash 寻找可执行文件的搜索路径
HISTFILE	用于存储历史命令的文件	PS1	命令行的一级提示符
HISTSIZE	历史命令列表的大小	PS2	命令行的二级提示符
HOME	当前用户的用户目录	PWD	当前工作目录
OLDPWD	前一个工作目录	SECONDS	当前 shell 开始后所流逝的秒数

不加任何参数直接使用 set 命令可以显示出用户当前所有环境变量的设置，如下所示：

```
[root@RHEL7-1 ~]# set
BASH=/bin/Bash
BASH_ENV=/root/.bashrc
（略）
PATH=/usr/local/sbin:/usr/local/bin:/usr/sbin:/usr/bin:/sbin:/bin:/usr/bin/X11
PS1='[\u@\h \W]\$ '
PS2='>'
SHELL=/bin/Bash
```

可以看到其中路径 PATH 的设置为：

```
PATH=/usr/local/sbin:/usr/local/bin:/usr/sbin:/usr/bin:/sbin:/bin:/usr/bin/X11
```

总共有 7 个目录，Bash 会在这些目录中依次搜索用户输入的命令的可执行文件。

在环境变量前面加上 $ 符号，表示引用环境变量的值，例如：

```
[root@RHEL7-1 ~]# cd  $HOME
```

上述命令将把目录切换到用户的主目录。

当修改 PATH 变量时，例如，将一个路径/tmp 加到 PATH 变量前，应设置为：

```
[root@RHEL7-1 ~]# PATH=/tmp:$PATH
```

此时，在保存原有 PATH 路径的基础上进行了添加。shell 在执行命令前，会先查找这个目录。

要将环境变量重新设置为系统默认值，可以使用 unset 命令。例如，下面的命令用于将当前的语言环境重新设置为默认的英文状态。

```
[root@RHEL7-1 ~]# unset  LANG
```

4．命令运行的判断依据：;、&&、‖

在某些情况下，若想使多条命令一次输入而顺序执行，该如何办呢？有两个选择，一个是通过项目 9 要介绍的 shell script 撰写脚本去执行，一个则是通过下面的介绍来一次输入多重命令。

（1）cmd ; cmd（不考虑命令相关性的连续命令执行）。

在某些时候，我们希望可以一次运行多个命令，例如在关机的时候希望可以先运行两次 sync 同步化写入磁盘后才关机，那么怎么操作呢？

```
[root@RHEL7-1 ~]# sync; sync; shutdown -h now
```

在命令与命令中间利用分号（;）来隔开，这样一来，分号前的命令运行完后就会立刻接着运行后面的命令。

我们看下面的例子：要求在某个目录下面创建一个文件。如果该目录存在的话，直接创建这个文件；如果不存在，就不进行创建操作。也就是说这两个命令彼此之间是相关的，前一个命令是否成功地运行与后一个命令是否要运行有关。这就要用到"&&"或"||"。

（2）$?（命令回传值）与"&&"或"||"。

如同上面谈到的，两个命令之间有相依性，而这个相依性主要判断的地方就在于前一个命令运行的结果是否正确。在 Linux 中若前一个命令运行的结果正确，则在 Linux 中会回传一个 $?＝0 的值。那么我们怎么通过这个回传值来判断后续的命令是否要运行呢？这就要用到"&&"及"||"，如表 7-7 所示。

表 7-7　"&&"及"||"命令的执行情况说明

命令执行情况	说　　明
cmd1 && cmd2	若 cmd1 运行完毕且正确运行（$?=0），则开始运行 cmd2；若 cmd1 运行完毕且为错误（$?≠0），则 cmd2 不运行
cmd1 || cmd2	若 cmd1 运行完毕且正确运行（$?=0），则 cmd2 不运行；若 cmd1 运行完毕且为错误（$?≠0），则开始运行 cmd2

注意：两个&之间是没有空格的，"|"则是按"Shift+\"组合键的结果。

上述的 cmd1 及 cmd2 都是命令。现在回到我们刚刚假想的如下情况。
- 先判断一个目录是否存在。
- 若存在，则在该目录下面创建一个文件。

由于我们尚未介绍"条件判断式（test）"的使用，在这里我们使用 ls 以及回传值来判断目录是否存在。让我们进行下面的练习。

【例 7-1】使用 ls 查阅目录/tmp/abc 是否存在，若存在，则用 touch 创建/tmp/abc/hehe。

```
[root@RHEL7-1 ~]# ls /tmp/abc && touch /tmp/abc/hehe
ls: cannot access /tmp/abc: No such file or directory
# 说明找不到该目录，但并没有 touch 的错误，表示 touch 并没有运行
[root@RHEL7-1 ~]# mkdir /tmp/abc
[root@RHEL7-1 ~]# ls /tmp/abc && touch /tmp/abc/hehe
[root@RHEL7-1 ~]# ll /tmp/abc
total 0
-rw-r--r--. 1 root root 0 Jul 14 22:34 hehe
```

若/tmp/abc 不存在，touch 就不会被运行；若/tmp/abc 存在，那么 touch 就会开始运行。在上面的例子中，我们还必须手动自行创建目录，很麻烦。能不能自动判断：没有该目录就创建呢？看下面的例子。

【例 7-2】测试/tmp/abc 是否存在，若不存在，则予以创建；若存在，就不做任何事情。

```
[root@RHEL7-1 ~]# rm -r /tmp/abc        <==先删除此目录以方便测试
[root@RHEL7-1 ~]# ls /tmp/abc || mkdir /tmp/abc
```

```
ls: /tmp/abc: No such file or directory <==真的不存在
[root@RHEL7-1 ~]# ll /tmp/abc
Total    0                              <==结果出现了，说明运行了 mkdir 命令
```

如果你一再重复执行 "**ls /tmp/abc || mkdir /tmp/abc**"，也不会重复出现 mkdir 的错误。这是因为/tmp/abc 已经存在，所以后续的 mkdir 就不会执行。

再次讨论：如果想要创建/tmp/abc/hehe 这个文件，但是并不知道 /tmp/abc 是否存在，那该如何办呢？

【例 7-3】如果不管/tmp/abc 存在与否，都要创建/tmp/abc/hehe 文件，怎么办呢？

```
[root@RHEL7-1 ~]#ls /tmp/abc || mkdir /tmp/abc && touch /tmp/abc/hehe
```

上面的例 7-3 总是会创建/tmp/abc/hehe，不论/tmp/abc 是否存在。那么例 7-3 应该如何解释呢？由于 Linux 下面的命令都是由左往右执行的，所以例 7-3 有下面两种结果。

- 若/tmp/abc 不存在。回传$?≠0；因为||遇到不为 0 的$?，故开始执行 mkdir /tmp/abc，由于 mkdir /tmp/abc 会成功执行，所以回传 $?=0；因为&&遇到 $?=0，故会执行 touch /tmp/abc/hehe，最终 hehe 就被创建了。
- 若/tmp/abc 存在。回传 $?=0；因为||遇到 $?=0 不会执行，此时 $?=0 继续向后传；而&&遇到 $?=0 就开始创建/tmp/abc/hehe，所以最终/tmp/abc/hehe 被创建。

整个流程如图 7-2 所示。

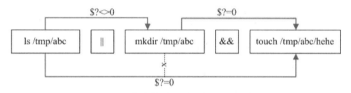

图 7-2　命令依序运行的关系示意图

上面这张图显示的两股数据中，上方的线段为不存在 /tmp/abc 时所进行的命令行为，下方的线段则是存在/tmp/abc 时所进行的命令行为。如上所述，下方线段由于存在 /tmp/abc 所以导致$?=0，中间的 mkdir 就不运行了，并将 $?=0 继续往后传给后续的 touch 去利用。

我们再来看看下面这个例题。

【例 7-4】以 ls 测试/tmp/bobbying 是否存在：若存在，则显示 "exist"；若不存在，则显示 "not exist"。

这又牵涉到逻辑判断的问题，如果存在就显示某个数据，如果不存在就显示其他数据，那么我们可以这样做：

```
ls /tmp/bobbying && echo "exist" || echo "not exist"
```

意思是说，在 ls /tmp/bobbying 运行后，若正确，就运行 echo "exist"，若有问题，就运行 echo "not exist"。那如果写成如下的方式又会如何呢？

```
ls /tmp/bobbying || echo "not exist" && echo "exist"
```

这其实是有问题的，为什么呢？由图 7-2 的流程介绍，我们知道命令一个一个往后执行，因此在上面的例子中，如果/tmp/bobbying 不存在，会进行如下动作。

① 若 ls /tmp/bobbying 不存在，则回传一个非 0 的数值。

② 接下来经过||的判断，发现前一个命令回传非 0 的数值，因此，程序开始运行 echo "not exist"，而 echo "not exist" 程序肯定可以运行成功，因此会回传一个 0 值给后面的命令。

③ 经过&&的判断，所以就开始运行 echo "exist"。

这样，在这个例子里面竟然会同时出现 not exist 与 exist，是不是很有意思啊！请读者仔细思考。

特别提示：经过这个例题的练习，你应该了解，由于命令是一个接着一个运行的，因此，如果真要使用判断，那么 && 与 || 的顺序就不能搞错。一般来说，假设判断式有 3 个，也就是 command1 && command2 || command3，而且顺序通常不会变。因为一般来说，command2 与 command3 会放置肯定可以运行成功的命令，因此，依据上面例题的逻辑分析，必须按此顺序放置各命令，请读者一定注意。

5．工作环境设置文件

shell 环境依赖于多个文件的设置。用户并不需要每次登录后都对各种环境变量进行手工设置，通过环境设置文件，用户工作环境的设置可以在登录的时候自动由系统来完成。环境设置文件有两种，一种是系统环境设置文件，另一种是个人环境设置文件。

（1）系统中的用户环境设置文件。

- 登录环境设置文件：/etc/profile。
- 非登录环境设置文件：/etc/bashrc。

（2）用户设置的环境设置文件。

- 登录环境设置文件：$HOME/.Bash_profile。
- 非登录环境设置文件：$HOME/.bashrc。

注意：只有在特定的情况下才读取 profile 文件，确切地说是在用户登录的时候读取。当运行 shell 脚本以后，就无须再读 profile 文件。

系统中的用户环境设置文件对所有用户均生效，而用户设置的环境设置文件仅对用户自身生效。用户可以修改自己的用户环境设置文件来覆盖系统环境设置文件中的全局设置。例如，用户可以将自定义的环境变量存放在$HOME/.Bash_profile 中；将自定义的别名存放在$HOME/.bashrc 中，以便在每次登录和调用子 shell 时生效。

拓展阅读

17．了解正则表示法

拓展阅读

18．了解语系对正则表达式的影响

7.3　任务 3　熟练掌握正则表示法

简单地说，正则表示法就是处理字符串的方法，它以"行"为单位来进行字符串的处理。正则表示法透过一些特殊符号的辅助，可以让使用者轻易完成查找/删除/替换某些特定字符串的工作。

举例来说，如果只想找到 MYweb（前面两个为大写字母）或 Myweb（仅有一个大写字母）字符串（MYWEB、myweb 等都不符合要求），该如何处理？如果在没有正则表示法的环境中（例如 MS Word），你或许要使用忽略大小写的办法，或者分别以 MYweb 及 Myweb 搜寻两遍。但是，忽略大小写可能会搜寻到 MYWEB/myweb/MyWeB 等不需要的字符串而造成困扰。

7.3.1　子任务 1　掌握 grep 的高级使用

格式：**grep　[-A] [-B]　[--color=auto]　'查找字符串'　filename**

选项与参数的含义如下。

-A：后面可加数字，为 after 的意思，除了列出该行外，后续的 *n* 行也列出来。

-B：后面可加数字，为 befor 的意思，除了列出该行外，前面的 *n* 行也列出来。

--color=auto：可将搜寻出的正确数据用特殊颜色标记。

【例 7-5】用 dmesg 列出核心信息，再以 grep 找出内含 IPv6 的那行。

```
[root@RHEL7-1 ~]# dmesg | grep 'IPv6'
[   20.944553] IPv6: ADDRCONF(NETDEV_UP): ens38: link is not ready
[   26.822775] IPv6: ADDRCONF(NETDEV_UP): virbr0: link is not ready
[  553.276846] IPv6: ADDRCONF(NETDEV_UP): ens38: link is not ready
[  553.282437] IPv6: ADDRCONF(NETDEV_UP): ens38: link is not ready
[  553.284846] IPv6: ADDRCONF(NETDEV_UP): ens38: link is not ready
[  553.286861] IPv6: ADDRCONF(NETDEV_CHANGE): ens38: link becomes ready
# dmesg 可列出核心信息，通过 grep 获取 IPv6 的相关信息。 不过没有行号与特殊颜色显示。
```

【例 7-6】承上题，要将获取到的关键字显色，且加上行号（-n）来表示。

```
[root@RHEL7-1 ~]# dmesg | grep -n --color=auto 'IPv6'
1903:[   20.944553] IPv6: ADDRCONF(NETDEV_UP): ens38: link is not ready
1912:[   26.822775] IPv6: ADDRCONF(NETDEV_UP): virbr0: link is not ready
1918:[  553.276846] IPv6: ADDRCONF(NETDEV_UP): ens38: link is not ready
1919:[  553.282437] IPv6: ADDRCONF(NETDEV_UP): ens38: link is not ready
1920:[  553.284846] IPv6: ADDRCONF(NETDEV_UP): ens38: link is not ready
1922:[  553.286861] IPv6: ADDRCONF(NETDEV_CHANGE): ens38: link becomes ready
# 除了会有特殊颜色外，最前面还有行号
```

【例 7-7】承上题，在关键字所在行的前一行与后一行也一起找出来显示。

```
[root@RHEL7-1 ~]# dmesg | grep -n -A1 -B1 --color=auto 'IPv6'
1902-[   20.666378] ip_set: protocol 6
1903:[   20.944553] IPv6: ADDRCONF(NETDEV_UP): ens38: link is not ready
......
1922:[  553.286861] IPv6: ADDRCONF(NETDEV_CHANGE): ens38: link becomes ready
1923-[  555.495760] TCP: lp registered
# 如上所示，你会发现关键字 1903 所在的前一行及 1922 后一行也都被显示出来
# 这样可以让你将关键字前后数据找出来进行分析
```

7.3.2　子任务 2　练习基础正则表达式

练习文件 sample.txt 的内容如下。文件共有 22 行，最底下一行为空白行。该文本文件已上传到人民邮电出版社人邮教育社区上供下载，也可加作者 QQ（号码为 68433059）索要。现将该文件复制到 root 的家目录/root 下面。

```
 [root@RHEL7-1 ~]# pwd
/root
[root@RHEL7-1 ~]# cat /root/sample.txt
"Open Source" is a good mechanism to develop programs.
apple is my favorite food.
```

```
Football game is not use feet only.
this dress doesn't fit me.
However, this dress is about $ 3183 dollars.^M
GNU is free air not free beer.^M
Her hair is very beauty.^M
I can't finish the test.^M
Oh! The soup taste good.^M
motorcycle is cheap than car.
This window is clear.
the symbol '*' is represented as start.
Oh!     My god!
The gd software is a library for drafting programs.^M
You are the best is mean you are the no. 1.
The world <Happy> is the same with "glad".
I like dog.
google is the best tools for search keyword.
goooooogle yes!
go! go! Let's go.
# I am Bobby
```

（1）查找特定字符串。

假设我们要从文件 sample.txt 当中取得"the"这个特定字符串，最简单的方式是：

```
[root@RHEL7-1 ~]# grep -n 'the' /root/sample.txt
8:I can't finish the test.
12:the symbol '*' is represented as start.
15:You are the best is mean you are the no. 1.
16:The world <Happy> is the same with "glad".
18:google is the best tools for search keyword.
```

如果想要反向选择呢？也就是说，当该行没有"the"这个字符串时才显示在屏幕上：

```
[root@RHEL7-1 ~]# grep -vn 'the' /root/sample.txt
```

你会发现，屏幕上出现的行列为除了 8，12，15，16，18 五行之外的其他行！接下来，如果你想要获得不论大小写的"the"这个字符串，则执行

```
[root@RHEL7-1 ~]# grep -in 'the' /root/sample.txt
8:I can't finish the test.
9:Oh! The soup taste good.
12:the symbol '*' is represented as start.
14:The gd software is a library for drafting programs.
15:You are the best is mean you are the no. 1.
16:The world <Happy> is the same with "glad".
18:google is the best tools for search keyword.
```

除了多两行（9、14 行）之外，第 16 行也多了一个"The"关键字被标出了颜色。

（2）利用中括号 [] 来搜寻集合字符。

对比"test"或"taste"这两个单词可以发现，它们有共同点"t?st"存在。这个时候，可以这样来查寻：

```
[root@RHEL7-1 ~]# grep -n 't[ae]st' /root/sample.txt
8:I can't finish the test.
9:Oh! The soup taste good.
```

其实 [] 里面不论有几个字符，都只代表某一个字符，所以，上面的例子说明需要的字符串是 tast 或 test。而如果想要搜寻到有"oo"的字符时，则使用：

```
[root@RHEL7-1 ~]# grep -n 'oo' /root/sample.txt
1:"Open Source" is a good mechanism to develop programs.
2:apple is my favorite food.
3:Football game is not use feet only.
9:Oh! The soup taste good.
18:google is the best tools for search keyword.
19:goooooogle yes!
```

但是，如果不想要"oo"前面有"g"的行显示出来。此时，可以利用在集合字节的反向选择[^]来完成：

```
[root@RHEL7-1 ~]# grep -n '[^g]oo' /root/sample.txt
2:apple is my favorite food.
3:Football game is not use feet only.
18:google is the best tools for search keyword.
19:goooooogle yes!
```

第 1、9 行不见了，因为这两行的 oo 前面出现了 g。第 2、3 行没有疑问，因为 foo 与 Foo 均可被接受。但是第 18 行虽然有 google 的 goo，因为该行后面出现了 tool 的 too，所以该行也被列出来。也就是说，18 行里面虽然出现了我们所不要的项目（goo），但是由于有需要的项目（too），因此其是符合字符串搜寻要求的。

至于第 19 行，同样，因为 goooooogle 里面的 oo 前面可能是 o。例如：go(ooo)oogle，所以，这一行也是符合需求的。

再者，假设 oo 前面不想有小写字母，可以这样写：[^abcd....z]oo。但是这样似乎不怎么方便，由于小写字母的 ASCII 上编码的顺序是连续的，因此，我们可以将之简化：

```
[root@RHEL7-1 ~]# grep -n '[^a-z]oo' sample.txt
3:Football game is not use feet only.
```

也就是说，一组集合字节中如果是连续的，例如大写英文/小写英文/数字等，就可以使用 [a-z], [A-Z], [0-9] 等方式来书写。那么如果要求字符串是数字与英文呢？那就将其全部写在一起，变成：[a-zA-Z0-9]。例如，我们要获取有数字的那一行：

```
[root@RHEL7-1 ~]# grep -n '[0-9]' /root/sample.txt
5:However, this dress is about $ 3183 dollars.
15:You are the best is mean you are the no. 1.
```

但由于考虑到语系对于编码顺序的影响，所以除了连续编码使用减号"-"之外，你也可以使用如下的方法来取得前面两个测试的结果：

```
[root@RHEL7-1 ~]# grep -n '[^[:lower:]]oo' /root/sample.txt
```

```
#   [:lower:]代表的就是 a-z 的意思
[root@RHEL7-1 ~]# grep  -n '[[:digit:]]'  /root/sample.txt
```

至此，对于[]、[^] 以及 [] 当中的 "-"，是不是已经很熟悉了？

（3）行首与行尾字节^ $。

在前面，可以查询到一行字串里面有 "the"，那如果想要让 "the" 只在行首才列出呢？

```
[root@RHEL7-1 ~]# grep  -n '^the'  /root/sample.txt
12:the symbol '*' is represented as start.
```

此时，就只剩下第 12 行，因为只有第 12 行的行首是 the。此外，如果想要开头是小写字母的那些行列出呢？可以这样写：

```
[root@RHEL7-1 ~]# grep  -n '^[a-z]'  /root/sample.txt
2:apple is my favorite food.
4:this dress doesn't fit me.
10:motorcycle is cheap than car.
12:the symbol '*' is represented as start.
18:google is the best tools for search keyword.
19:goooooogle yes!
20:go! go! Let's go.
```

那如果不想要开头是英文字母，则可以这样：

```
[root@RHEL7-1 ~]# grep  -n '^[^a-zA-Z]'  /root/sample.txt
1:"Open Source" is a good mechanism to develop programs.
21:# I am Bobby
```

特别提示："^" 符号在字符集合符号（括号[]）之内与之外的意义是不同的。在 [] 内代表 "反向选择"，在 [] 之外则代表定位在行首。反过来思考，如果想要找出行尾结束为小数点 (.) 的那些行，该如何处理？

```
[root@RHEL7-1 ~]# grep  -n '\.$'  /root/sample.txt
1:"Open Source" is a good mechanism to develop programs.
2:apple is my favorite food.
3:Football game is not use feet only.
4:this dress doesn't fit me.
10:motorcycle is cheap than car.
11:This window is clear.
12:the symbol '*' is represented as start.
15:You are the best is mean you are the no. 1.
16:The world <Happy> is the same with "glad".
17:I like dog.
18:google is the best tools for search keyword.
20:go! go! Let's go.
```

特别注意：因为小数点具有其他意义（下面会介绍），所以必须要使用跳转字节（\）来解除其特殊意义。不过，你或许会觉得奇怪，第 5~9 行最后面也是 "."，怎么无法打印出来？这里就牵涉到 Windows 平台的软件对于断行字符的判断问题了！我们使用 cat -A 将第 5 行显示出来，你会发现（命令 cat 中的-A 参数含义：显示不可打印字符，行尾显示 "$"）：

```
[root@RHEL7-1 ~]# cat -An /root/sample.txt | head -n 10 | tail -n 6
     5 However, this dress is about $ 3183 dollars.^M$
     6 GNU is free air not free beer.^M$
     7 Her hair is very beauty.^M$
     8 I can't finish the test.^M$
     9 Oh! The soup taste good.^M$
    10 motorcycle is cheap than car.$
```

由此，我们可以发现第 5~9 行为 Windows 的断行字节（^M$），而正常的 Linux 应该仅有第 10 行显示的那样（$）。所以，也就找不到 5~9 行了。这样就可以了解 "^" 与 "$" 的意义了。

思考：如果想要找出哪一行是空白行，即该行没有输入任何数据，该如何搜寻？

```
[root@RHEL7-1 ~]# grep -n '^$' /root/sample.txt
22:
```

因为只有行首跟行尾有（^$），所以这样就可以找出空白行了。

技巧：假设已经知道在一个程序脚本（shell script）或者是配置文件中，空白行与开头为 # 的那些行是注解，因此如果你要将数据打印出参考时，可以将这些数据省略掉以节省纸张，那么怎么操作呢？我们以/etc/rsyslog.conf 这个文件来作范例，可以自行参考以下输出的结果（-v 选项表示输出除之外的所有行）：

```
[root@RHEL7-1 ~]# cat -n /etc/rsyslog.conf
#结果可以发现有 91 行的输出，其中包含很多空白行与 # 开头的注释行


[root@RHEL7-1 ~]# grep -v '^$' /etc/rsyslog.conf | grep -v '^#'
# 结果仅有 10 行，其中第一个 "-v '^$'" 代表不要空白行
# 第二个 "-v '^#'" 代表不要开头是 # 的那行
```

（4）任意一个字符 "." 与重复字节 "*"。

我们知道万用字符 "*" 可以用来代表任意（0 或多个）字符，但是正则表示法并不是万用字符，两者之间是不相同的。至于正则表示法当中的 "." 则代表 "绝对有一个任意字符" 的意思。这两个符号在正则表示法的意义如下。

- . （小数点）：代表一个任意字符。
- * （星号）：代表重复前一个字符 0 次到无穷多次的意思，为组合形态。

下面直接做练习。假设需要找出 "g??d" 的字符串，即共有 4 个字符，开头是 "g" 而结束是 "d"，可以这样做：

```
[root@RHEL7-1 ~]# grep -n 'g..d' /root/sample.txt
1:"Open Source" is a good mechanism to develop programs.
9:Oh! The soup taste good.
16:The world <Happy> is the same with "glad".
```

因为强调 g 与 d 之间一定要存在两个字符，因此，第 13 行的 god 与第 14 行的 gd 就不会被列出来。如果想要列出 oo、ooo、oooo 等数据，也就是说，至少要有两个（含）o 以上，

该如何操作呢？是 o* 还是 oo* 还是 ooo* 呢？

因为 * 代表的是"重复 0 个或多个前面的 RE 字符"，因此，"o*"代表的是"拥有空字符或一个 o 以上的字符"。

特别注意：因为允许空字符（即有没有字符都可以），所以"**grep -n 'o*' sample.txt**"将会把所有的数据都列出来。

那如果是"oo*"呢？则第一个 o 肯定必须要存在，第二个 o 则是可有可无的多个 o，所以，凡是含有 o、oo、ooo、oooo 等，都可以被列出来。

同理，当需要"至少两个 o 以上的字符串"时，就需要 ooo*，即

```
[root@RHEL7-1 ~]# grep -n 'ooo*' /root/sample.txt
1:"Open Source" is a good mechanism to develop programs.
2:apple is my favorite food.
3:Football game is not use feet only.
9:Oh! The soup taste good.
18:google is the best tools for search keyword.
19:goooooogle yes!
```

继续做练习，如果想要字符串开头与结尾都是 g，但是两个 g 之间仅能存在至少一个 o，即 gog、goog、gooog 等，那该如何操作呢？

```
[root@RHEL7-1 ~]# grep -n 'goo*g' sample.txt
18:google is the best tools for search keyword.
19:goooooogle yes!
```

如果想要找出以 g 开头且以 g 结尾的字符串，当中的字节可有可无，那该如何操作呢？是"g*g"吗？

```
[root@RHEL7-1 ~]# grep -n 'g*g' /root/sample.txt
1:"Open Source" is a good mechanism to develop programs.
3:Football game is not use feet only.
9:Oh! The soup taste good.
13:Oh! My god!
14:The gd software is a library for drafting programs.
16:The world <Happy> is the same with "glad".
17:I like dog.
18:google is the best tools for search keyword.
19:goooooogle yes!
20:go! go! Let's go.
```

但测试的结果竟然出现这么多行？因为 g*g 里面的 g* 代表"空字符或一个以上的 g"再加上后面的 g，因此，整个正则表达式的内容就是 g、gg、ggg、gggg 等，所以，只要该行当中拥有一个以上的 g 就符合所需了。

那该如何满足 g....g 的需求呢？利用任意一个字符"."，即"g.*g"。因为"*"可以是 0 个或多个重复前面的字符，而"."是任意字节，所以".*"就代表零个或多个任意字符。

```
[root@RHEL7-1 ~]# grep -n 'g.*g' /root/sample.txt
1:"Open Source" is a good mechanism to develop programs.
```

```
14:The gd software is a library for drafting programs.
18:google is the best tools for search keyword.
19:goooooogle yes!
20:go! go! Let's go.
```

因为代表以 g 开头并且以 g 结尾，中间任意字符均可接受，所以，第 1、14、20 行是可接受的。

注意："*.*"的 RE（正则表达式）表示任意字符很常见，希望大家能够理解并且熟悉。

再来完成一个练习，如果想要找出"任意数字"的行列呢？因为仅有数字，所以这样做：

```
[root@RHEL7-1 ~]# grep -n '[0-9][0-9]*' /root/sample.txt
5:However, this dress is about $ 3183 dollars.
15:You are the best is mean you are the no. 1.
```

虽然使用 **grep -n '[0-9]' sample.txt** 也可以得到相同的结果，但希望大家能够理解上面命令当中 RE 表示法的意义。

（5）限定连续 RE 字符范围{}。

在上例中，可以利用"."与 RE 字符及"*"来设置 0 个到无限多个重复字符，那如果想要限制一个范围区间内的重复字符数该怎么办呢？举例来说，想要找出 2 个~5 个 o 的连续字符串，该如何操作？这时候就要使用限定范围的字符"{}"了。但因为"{"与"}"的符号在 shell 里是有特殊意义的，所以必须使用转义字符"\"来让其失去特殊意义才行。

先来做一个练习，假设要找到含两个 o 的字符串的行，可以这样做：

```
[root@RHEL7-1 ~]# grep -n 'o\{2\}' /root/sample.txt
1:"Open Source" is a good mechanism to develop programs.
2:apple is my favorite food.
3:Football game is not use feet only.
9:Oh! The soup taste good.
18:google is the best tools for search keyword.
19:goooooogle yes!
```

似乎与 ooo* 的字符没有什么差异，因为第 19 行有多个 o 依旧也出现了！那么换个搜寻的字符串试试。假设要找出 g 后面接 2~5 个 o，然后再接一个 g 的字符串，应该这样操作：

```
[root@RHEL7-1 ~]# grep -n 'go\{2,5\}g' /root/sample.txt
18:google is the best tools for search keyword.
```

第 19 行没有被选中（因为 19 行有 6 个 o）。那么，如果想要的是 2 个 o 以上的 goooo....g 呢？除了可以使用 gooo*g 外，也可以这样：

```
[root@RHEL7-1 ~]# grep -n 'go\{2,\}g' /root/sample.txt
18:google is the best tools for search keyword.
19:goooooogle yes!
```

7.3.3 子任务 3 基础正则表达式的特殊字符汇总

经过了上面的几个简单的范例，可以将基础正则表示的特殊字符汇总成表 7-8。

表 7-8　基础正则表达式的特殊字符汇总

RE 字符	意义与范例
^word	意义：待搜寻的字串(word)在行首 范例：搜寻行首为 # 开始的那一行，并列出行号 **grep　-n　'^#'　sample.txt**
word$	意义：待搜寻的字串 "word" 在行尾 范例：将行尾为 ! 的那一行列出来，并列出行号 **grep　-n　'!$'　sample.txt**
.	意义：代表一定有一个任意字节的字符 范例：搜寻的字串可以是 "eve" "eae" "eee" "e e"，但不能仅有 "ee"，即 e 与 e 中间 "一定" 仅有一个字符，而空白字符也是字符 **grep　-n　'e.e'　sample.txt**
\	意义：转义字符，将特殊符号的特殊意义去除 范例：搜寻含有单引号（'）的那一行! **grep　–n　\'　sample.txt**
*	意义：重复零个到无穷多个的前一个 RE 字符 范例：找出含有 "es" "ess" "esss" 等的字串，注意，因为*可以是 0 个，所以 es 也是符合要求的搜寻字符串。另外，因为*为重复 "前一个 RE 字符" 的符号，因此，在*之前必须要紧接着一个 RE 字符! 例如任意字符则为 ".*" **grep　-n　'ess*'　sample.txt**
[list]	意义：字节集合的 RE 字符，里面列出想要选取的字节 范例：搜寻含有（gl）或（gd）的那一行，需要特别留意的是，在 [] 当中 "仅代表一个待搜寻的字符"，例如 "a[afl]y" 代表搜寻的字符串可以是 aay、afy、aly 即 [afl] 代表 a 或 f 或 l 的意思 **grep　-n　'g[ld]'　　sample.txt**
[n1-n2]	意义：字符集合的 RE 字符，里面列出想要选取的字符范围 范例：搜寻含有任意数字的那一行! 需特别留意，在字符集合 [] 中的减号 - 是有特殊意义的，代表两个字符之间的所有连续字符! 但这个连续与否与 ASCII 编码有关，因此，你的编码需要设置正确（在 bash 当中，需要确定 LANG 与 LANGUAGE 的变量是否正确! ），例如所有大写字符则为[A-Z] **grep　　-n　　'[A-Z]'　　sample.txt**
[^list]	意义：字符集合的 RE 字符，里面列出不需要的字符串或范围 范例：搜寻的字符串可以是 "oog" "ood"，但不能是 "oot"，那个^在 [] 内时，代表的意义是 "反向选择" 的意思。例如，不选取大写字符，则为[^A-Z]。但是，需要特别注意的是，如果以 **grep -n [^A-Z] sample.txt** 来搜寻，则发现该文件内的所有行都被列出，为什么? 因为这个 [^A-Z] 是 "非大写字符" 的意思，因为每一行均有非大写字符 **grep　-n　'oo[^t]'　sample.txt**
\{n,m\}	意义：连续 n~m 个的 "前一个 RE 字符" 意义：若为\{n\} 则是连续 n 个的前一个 RE 字符 意义：若是\{n,\} 则是连续 n 个以上的前一个 RE 字符 范例：在 g 与 g 之间有 2~3 个的 o 存在的字符串，即 "goog"、"gooog" **grep　-n　'go\{2,3\}g'　sample.txt**

7.4 任务 4 掌握输入输出重定向与管道命令的应用

7.4.1 子任务 1 使用重定向

重定向就是不使用系统的标准输入端口、标准输出端口或标准错误端口，而进行重新的指定，所以重定向分为输入重定向、输出重定向和错误重定向。通常情况下，重定向到一个文件。在 shell 中，要实现重定向主要依靠重定向符，即 shell 是检查命令行中有无重定向符来决定是否需要实施重定向。表 7-9 列出了常用的重定向符。

表 7-9 重定向符

重定向符	说 明
<	实现输入重定向。输入重定向并不经常使用，因为大多数命令都以参数的形式在命令行上指定输入文件的文件名。尽管如此，当使用一个不接受文件名为输入参数的命令，而需要的输入又是在一个已存在的文件中时，就能用输入重定向解决问题
>或>>	实现输出重定向。输出重定向比输入重定向更常用。输出重定向使用户能把一个命令的输出重定向到一个文件中，而不是显示在屏幕上。很多情况下都可以使用这种功能。例如，如果某个命令的输出很多，在屏幕上不能完全显示，即可把它重定向到一个文件中，稍后再用文本编辑器来打开这个文件
2>或 2>>	实现错误重定向
&>	同时实现输出重定向和错误重定向

要注意的是，在实际执行命令之前，命令解释程序会自动打开（如果文件不存在，则自动创建）且清空该文件（文中已存在的数据将被删除）。当命令完成时，命令解释程序会正确地关闭该文件，而命令在执行时并不知道它的输出流已被重定向。

下面举几个使用重定向的例子。

（1）将 ls 命令生成的/tmp 目录的一个清单存到当前目录中的 dir 文件中。

```
[root@RHEL7-1 ~]# ls -l /tmp >dir
```

（2）将 ls 命令生成的/etc 目录的一个清单以追加的方式存到当前目录中的 dir 文件中。

```
[root@RHEL7-1 ~]# ls -l /etc >>dir
```

（3）passwd 文件的内容作为 wc 命令的输入（wc 命令用来计算数字，可以计算文件的 Byte 数、字数或是列数，若不指定文件名称，或是所给予的文件名为"-"，则 wc 指令会从标准输入设备读取数据）。

```
[root@RHEL7-1 ~]# wc</etc/passwd
```

（4）将命令 myprogram 的错误信息保存在当前目录下的 err_file 文件中。

```
[root@RHEL7-1 ~]# myprogram 2>err_file
```

（5）将命令 myprogram 的输出信息和错误信息保存在当前目录下的 output_file 文件中。

```
[root@RHEL7-1 ~]# myprogram &>output_file
```

（6）将命令 ls 的错误信息保存在当前目录下的 err_file 文件中。

```
[root@RHEL7-1 ~]# ls -l 2>err_file
```

注意：该命令并没有产生错误信息，但 err_file 文件中的原文件内容会被清空。

当我们输入重定向符时，命令解释程序会检查目标文件是否存在。如果不存在，命令解释程序将会根据给定的文件名创建一个空文件；如果文件已经存在，命令解释程序则会清除其内容并准备写入命令的输出到结果。这种操作方式表明：当重定向到一个已存在的文件时需要十分小心，数据很容易在用户还没有意识到之前就丢失了。

Bash 输入输出重定向可以通过使用下面选项设置为不覆盖已存在文件：

```
[root@RHEL7-1 ~]# set -o noclobber
```

这个选项仅用于对当前命令解释程序输入输出进行重定向，而其他程序仍可能覆盖已存在的文件。

（7）/dev/null。

空设备的一个典型用法是丢弃从 find 或 grep 等命令送来的错误信息：

```
[root@RHEL7-1 ~]# grep delegate /etc/* 2>/dev/null
```

上面的 grep 命令的含义是从/etc 目录下的所有文件中搜索包含字符串 "delegate" 的所有行。由于我们是在普通用户的权限下执行该命令，grep 命令是无法打开某些文件的，系统会显示一大堆 "未得到允许" 的错误提示。通过将错误重定向到空设备，我们可以在屏幕上只得到有用的输出。

7.4.2　子任务 2　使用管道

许多 Linux 命令具有过滤特性，即一条命令通过标准输入端口接收一个文件中的数据，命令执行后产生的结果数据又通过标准输出端口送给后一条命令，作为该命令的输入数据。后一条命令也是通过标准输入端口接收输入数据。

shell 提供管道命令 "|" 将这些命令前后衔接在一起，形成一个管道线。格式为

```
命令 1|命令 2|...|命令 n
```

管道线中的每一条命令都作为一个单独的进程运行，每一条命令的输出作为下一条命令的输入。由于管道线中的命令总是从左到右顺序执行的，所以管道线是单向的。

管道线的实现创建了 Linux 系统管道文件并进行重定向，但是管道不同于 I/O 重定向，输入重定向导致一个程序的标准输入来自某个文件，输出重定向是将一个程序的标准输出写到一个文件中，而管道是直接将一个程序的标准输出与另一个程序的标准输入相连接，不需要经过任何中间文件。

例如：

```
[root@RHEL7-1 ~]# who >tmpfile
```

我们运行命令 who 来找出谁已经登录进入系统。该命令的输出结果是每个用户对应一行数据，其中包含了一些有用的信息，我们将这些信息保存在临时文件中。

现在我们运行下面的命令：

```
[root@RHEL7-1 ~]# wc -l <tmpfile
```

该命令会统计临时文件的行数，最后的结果是登录进入系统中的用户的人数。

我们可以将以上两个命令组合起来。

```
[root@RHEL7-1 ~]# who|wc -l
```

管道符号告诉命令解释程序将左边的命令（在本例中为 who）的标准输出流连接到右边的命令（在本例中为 wc -l）的标准输入流。现在命令 who 的输出不经过临时文件就可以直接送到命令 wc 中了。

下面再举几个使用管道的例子。

（1）以长格式递归的方式分屏显示/etc 目录下的文件和目录列表。

```
[root@RHEL7-1 ~]# ls -Rl /etc | more
```

（2）分屏显示文本文件/etc/passwd 的内容。

```
[root@RHEL7-1 ~]# cat /etc/passwd | more
```

（3）统计文本文件/etc/passwd 的行数、字数和字符数。

```
[root@RHEL7-1 ~]# cat /etc/passwd | wc
```

（4）查看是否存在 john 用户账号。

```
[root@RHEL7-1 ~]# cat /etc/passwd | grep john
```

（5）查看系统是否安装了 ssh 软件包。

```
[root@RHEL7-1 ~]# rpm -qa | grep ssh
```

（6）显示文本文件中的若干行。

```
[root@RHEL7-1 ~]# tail -15 myfile | head -3
```

管道仅能操纵命令的标准输出流。如果标准错误输出未重定向，那么任何写入其中的信息都会在终端显示屏幕上显示。管道可用来连接两个以上的命令。由于使用了一种被称为过滤器的服务程序，所以多级管道在 Linux 中是很普遍的。过滤器只是一段程序，它从自己的标准输入流读入数据，然后写到自己的标准输出流中，这样就能沿着管道过滤数据。在下例中：

```
[root@RHEL7-1 ~]# who|grep root| wc -l
```

who 命令的输出结果由 grep 命令来处理，而 grep 命令则过滤掉（丢弃掉）所有不包含字符串 "root" 的行。这个输出结果经过管道送到命令 wc，而该命令的功能是统计剩余的行数，这些行数与网络用户的人数相对应。

Linux 系统的一个最大的优势就是按照这种方式将一些简单的命令连接起来，形成更复杂的、功能更强的命令。那些标准的服务程序仅仅是一些管道应用的单元模块，在管道中它们的作用更加明显。

7.5 项目实录：使用 vim 编辑器

慕课

实训项目 使用
vim 编辑器

1. 视频位置

实训前请扫二维码，观看"实训项目 使用 vim 编辑器"慕课。

2. 项目实训目的

● 掌握 vim 编辑器的启动与退出的方法。
● 掌握 vim 编辑器的 3 种模式及使用方法。
● 熟悉 C/C++编译器 gcc 的使用方法。

3. 项目背景

在 Linux 操作系统中设计一个 C 语言程序，当程序运行时显示图 7-3 所示的运行效果。

4. 项目实训内容

练习 vim 编辑器的启动与退出，练习 vim 编辑器的使用方法，练习 C/C++编译器 gcc 的使用方法。

图 7-3 C 语言程序

5. 做一做

根据项目实录视频进行项目的实训，检查学习效果。

7.6 练习题

一、填空题

1. 由于核心在内存中是受保护的区块，所以我们必须通过_____将我们输入的命令与 Kernel 沟通，以便让 Kernel 可以控制硬件正确无误地工作。

2. 系统合法的 shell 均写在_____文件中。

3. 用户默认登录取得的 shell 记录于_____的最后一个字段。

4. bash 的功能主要有_____；_____；_____；_____；_____等。

5. shell 变量有其规定的作用范围，可以分为_____与_____。

6. _____可以观察目前 bash 环境下的所有变量。

7. 通配符主要有_____、_____、_____等。

8. 正则表示法就是处理字符串的方法，是以_____为单位来进行字符串的处理的。

9. 正则表示法通过一些特殊符号的辅助，可以让使用者轻易地_____、_____、_____某个或某些特定的字符串。

10. 正则表示法与通配符是完全不一样的。_____代表的是 bash 操作接口的一个功能，但_____则是一种字符串处理的表示方式。

二、简述题

1. vim 的 3 种运行模式是什么？如何切换？

2. 什么是重定向？什么是管道？什么是命令替换？

3. shell 变量有哪两种？分别如何定义？

4. 如何设置用户自己的工作环境？

5. 关于正则表达式的练习，首先我们要设置好环境，输入以下命令：

```
[root@RHEL7-1 ~]# cd
[root@RHEL7-1 ~]# cd /etc
[root@RHEL7-1 ~]# ls -a >~/data
[root@RHEL7-1 ~]# cd
```

这样，/etc 目录下的所有文件的列表就会保存在你的主目录下的 data 文件中。

写出可以在 data 文件中查找满足以下条件的所有行的正则表达式。

（1）以 "P" 开头。

（2）以 "y" 结尾。

（3）以 "m" 开头以 "d" 结尾。

（4）以 "e" "g" 或 "l" 开头。

（5）包含 "o"，它后面跟着 "u"。

（6）包含 "o"，隔一个字母之后是 "u"。

（7）以小写字母开头。

（8）包含一个数字。

（9）以 "s" 开头，包含一个 "n"。

（10）只含有 4 个字母。

（11）只含有 4 个字母，但不包含 "f"。

项目 ⑧ 学习 shell script

项目导入

如果想要管理好主机，一定要好好学习 shell script。shell script 有点像是早期的批处理，即将一些命令汇总起来一次运行。但是 shell script 拥有更强大的功能，那就是它可以进行类似程序（program）的撰写，并且不需要经过编译（compile）就能够运行，非常方便。同时，我们还可以通过 shell script 来简化日常的工作管理。在整个 Linux 的环境中，一些服务（service）的启动都是通过 shell script 来运行的，如果对于 script 不了解，一旦发生问题，可真是会求助无门啊！

职业能力目标和要求

- 理解 shell script。
- 掌握判断式的用法。
- 掌握条件判断式的用法。
- 掌握循环的用法。

8.1　任务1　初识 shell script

8.1.1　子任务 1　了解 shell script

什么是 shell script（程序化脚本）呢？就字面上的意义，我们将其分为两部分。在"shell"部分，我们在项目 7 中已经提过了，那是在命令行界面下让我们与系统沟通的一个工具接口。那么"script"是什么？字面上的意义，script 是"脚本、剧本"的意思。整句话是说，shell script 是针对 shell 所写的"脚本"。

其实，shell script 是利用 shell 的功能所写的一个"程序（program）"。这个程序使用纯文本文件，将一些 shell 的语法与命令（含外部命令）写在里面，搭配正则表达式、管道命令与数据流重定向等功能，以达到所想要的处理目的。

所以，简单地说，shell script 就像是早期 DOS 年代的批处理（.bat），最简单的功能就是将许多命令写在一起，让使用者很轻易地就能够处理复杂的操作（运行一个文件"shell script"，就能够一次运行多个命令）。shell script 能提供数组、循环、条件与逻辑判断等重要功能，让用户也可以直接以 shell 来撰写程序，而不必使用类似 C 程序语言等传统程序撰写的语法。

shell script 可以被简单地看成是批处理文件，也可以被说成是一个程序语言，并且这个程序语言都是利用 shell 与相关工具命令组成的，所以不需要编译即可运行。另外，shell script 还具有不错的排错（debug）工具，所以，它可以帮助系统管理员快速地管理好主机。

8.1.2 子任务 2 编写与执行一个 shell script

1. 在 shell script 撰写中的注意事项

- 命令的执行是从上而下、从左而右进行的。
- 命令、选项与参数间的多个空格都会被忽略掉。
- 空白行也将被忽略掉，并且按 "Tab" 键所生成的空白同样被视为空格键。
- 如果读取到一个 Enter 符号（CR），就尝试开始运行该行（或该串）命令。
- 如果一行的内容太多，则可以使用 "\[Enter]" 来延伸至下一行。
- "#" 可作为注解。任何加在 # 后面的数据将全部被视为注解文字而被忽略。

2. 运行 shell script 程序

现在假设程序文件名是 /home/dmtsai/shell.sh，那如何运行这个文件呢？很简单，可以有下面几个方法。

（1）直接命令下达：shell.sh 文件必须要具备可读与可运行（rx）的权限。

- 绝对路径：使用/home/dmtsai/shell.sh 来下达命令。
- 相对路径：假设工作目录在/home/dmtsai/，则使用./shell.sh 来运行。
- 变量 "PATH" 功能：将 shell.sh 放在 PATH 指定的目录内，如~/bin/。

（2）以 bash 程序来运行：通过 "bash shell.sh" 或 "sh shell.sh" 来运行。

由于 linux 默认使用者家目录下的~/bin 目录会被设置到$PATH 内，所以也可以将 shell.sh 创建在/home/dmtsai/bin/下面（~/bin 目录需要自行设置）。此时，若 shell.sh 在 ~/bin 内且具有 rx 的权限，直接输入 shell.sh 即可运行该脚本程序。

为何 "sh shell.sh" 也可以运行呢？这是因为/bin/sh 其实就是/bin/bash（连结档），使用 sh shell.sh 即告诉系统，我想要直接以 bash 的功能来运行 shell.sh 这个文件内的相关命令，所以此时 shell.sh 只要有 r 的权限即可被运行。也可以利用 sh 的参数，如利用-n 及-x 来检查与追踪 shell.sh 的语法是否正确。

3. 编写第一个 shell script 程序

```
[root@RHEL7-1 ~]# cd; mkdir  scripts;  cd scripts
[root@RHEL7-1 scripts]# vim  sh01.sh
#!/bin/bash
# Program:
# This program shows "Hello World!" in your screen.
# History:
# 2018/08/23   Bobby   First release
PATH=/bin:/sbin:/usr/bin:/usr/sbin:/usr/local/bin:/usr/local/sbin:~/bin
export PATH
echo -e "Hello World! \a \n"
exit 0
```

在本项目中，请将所有撰写的 script 放置到家目录的~/scripts 这个目录内，以利于管理。

下面分析上面的程序。

（1）第一行#!/bin/bash 在宣告这个 script 使用的 shell 名称。

因为我们使用的是 bash，所以必须要以"#!/bin/bash"来宣告这个文件内的语法使用 bash 的语法。那么当这个程序被运行时，就能够加载 bash 的相关环境配置文件（一般来说就是 non-login shell 的 ~/.bashrc），并且运行 bash 来使我们下面的命令能够运行，这很重要。在很多情况下，如果没有设置好这一行，那么该程序很可能会无法运行，因为系统可能无法判断该程序需要使用什么 shell 来运行。

（2）程序内容的说明。

整个 script 当中，除了第一行的"#!"是用来声明 shell 的之外，其他的 # 都是"注释"用途。所以上面的程序当中，第二行以下就是用来说明整个程序的基本数据。

建议：一定要养成说明该 script 的内容与功能、版本信息、作者与联络方式、建立日期、历史记录等习惯。这将有助于未来程序的改写与调试。

（3）主要环境变量的声明。

务必将一些重要的环境变量设置好，其中 PATH 与 LANG（如果使用与输出相关的信息时）是最重要的。如此一来，可让这个程序在运行时直接执行一些外部命令，而不必写绝对路径。

（4）主要程序部分。

在这个例子中，主要程序部分就是 echo 那一行。

（5）运行成果告知（定义回传值）。

一个命令的运行成功与否，可以使用 $? 这个变量来查看。也可以利用 exit 这个命令来让程序中断，并且回传一个数值给系统。在这个例子中，使用 exit 0，这代表离开 script 并且回传一个 0 给系统，所以当运行完这个 script 后，若接着执行 echo $?，则可得到 0 的值。聪明的读者应该也知道了，利用这个 exit n（n 是数字）的功能，还可以自定义错误信息，让这个程序变得更加智能。

该程序的运行结果如下：

```
[root@RHEL7-1 scripts]# sh sh01.sh
Hello World !
```

同时，运行上述程序应该还会听到"咚"的一声，为什么呢？这是因为 echo 加上了 -e 选项。当你完成这个小 script 之后，是不是感觉写脚本程序很简单？

另外，你也可以利用"chmod a+x sh01.sh; ./sh01.sh"来运行这个 script。

8.1.3 子任务 3 养成撰写 shell script 的良好习惯

养成良好习惯是很重要的，但大家在刚开始撰写程序的时候，最容易忽略这部分，认为程序写出来就好了，其他的不重要。其实，如果程序的说明能够更清楚，对自己是有很大帮助的。

建议一定要养成良好的 script 撰写习惯，在每个 script 的文件头处包含如下内容。

● script 的功能。

● script 的版本信息。

● script 的作者与联络方式。

● script 的版权声明方式。

- script 的 History（历史记录）。
- script 内较特殊的命令，使用"绝对路径"的方式来执行。
- script 运行时需要的环境变量预先声明与设置。

除了记录这些信息之外，在较为特殊的程序部分，建议务必加上注解说明。此外，程序的撰写建议使用嵌套方式，最好能以"Tab"键的空格缩排。这样程序会显得非常漂亮、有条理，可以很轻松地阅读与调试程序。另外，撰写 script 的工具最好使用 vim 而不是 vi，因为 vim 有额外的语法检验机制，能够在第一阶段撰写时就发现语法方面的问题。

8.2 任务 2 练习简单的 shell script

8.2.1 子任务 1 完成简单范例

1. 对话式脚本：变量内容由使用者决定

很多时候我们需要使用者输入一些内容，好让程序可以顺利运行。

要求：使用 read 命令撰写一个 script。让用户输入 first name 与 last name 后，在屏幕上显示"Your full name is:"的内容：

```
[root@RHEL7-1 scripts]# vim  sh02.sh
#!/bin/bash
# Program:
#User inputs his first name and last name. Program shows his full name.
# History:
# 2012/08/23   Bobby   First release
PATH=/bin:/sbin:/usr/bin:/usr/sbin:/usr/local/bin:/usr/local/sbin:~/bin
export PATH


read -p "Please input your first name: " firstname      # 提示使用者输入
read -p "Please input your last name: " lastname        # 提示使用者输入
echo -e "\nYour full name is: $firstname $lastname"      # 结果由屏幕输出
[root@RHEL7-1 scripts]# sh  sh02.sh
```

2. 随日期变化：利用 date 进行文件的创建

假设服务器内有数据库，数据库每天的数据都不一样，当备份数据库时，希望将每天的数据都备份成不同的文件名，这样才能让旧的数据也保存下来而不被覆盖。怎么办？

考虑到每天的"日期"并不相同，可以将文件名取成类似：backup.2018-09-14.data，不就可以每天一个不同文件名了吗？确实如此。那么 2018-09-14 是怎么来的呢？

看下面的例子：假设想要创建 3 个空的文件（通过 touch），文件名开头由用户输入决定，假设用户输入"filename"，而今天的日期是：2018/07/15，若想要以前天、昨天、今天的日期来创建这些文件，即 filename_20180713，filename_20180714，filename_20180715，该如何编写程序？

```
[root@RHEL7-1 scripts]# vim  sh03.sh
#!/bin/bash
# Program:
```

```
#Program creates three files, which named by user's input and date command.
# History:
# 2018/07/13   Bobby   First release
PATH=/bin:/sbin:/usr/bin:/usr/sbin:/usr/local/bin:/usr/local/sbin:~/bin
export PATH
```
让使用者输入文件名称，并取得 fileuser 这个变量
```
echo -e "I will use 'touch' command to create 3 files."  # 纯粹显示信息
read -p "Please input your filename: "  fileuser         # 提示用户输入文件名称
```
为了避免用户随意按 "Enter" 键，利用变量功能分析文件名是否设置？
```
filename=${fileuser:-"filename"}
```
开始判断是否设置了文件名。如果在上面输入文件名时直接按下了 Enter 键，那么 fileuser 值
　 为空，这时系统会将 "filename" 赋给变量 filename，否则将 fileuser 的值赋给变量 filename。
开始利用 date 命令来取得所需要的文件名
```
date1=$(date --date='2 days ago'  +%Y%m%d) # 前两天的日期，注意+号前面有个空格
date2=$(date --date='1 days ago'  +%Y%m%d) # 前一天的日期，注意+号前面有个空格
date3=$(date +%Y%m%d)                      # 今天的日期
file1=${filename}${date1}                  # 这三行设置文件名
file2=${filename}${date2}
file3=${filename}${date3}
```
创建文件
```
touch "$file1"
touch "$file2"
touch "$file3"
[root@RHEL7-1 scripts]# sh  sh03.sh
[root@RHEL7-1 scripts]# ll
```
　　分两种情况运行 sh03.sh：一次直接按 "Enter" 键来查阅文件名是什么，另一次可以输入一些字符，这样可以判断脚本是否设计正确。

3. 数值运算：简单的加减乘除

　　可以使用 declare 来定义变量的类型，利用 "$((计算式))" 来进行数值运算。不过可惜的是，bash shell 系统默认仅支持到整数。下面的例子要求用户输入两个变量，然后将两个变量的内容相乘，最后输出相乘的结果。

```
[root@RHEL7-1 scripts]# vim  sh04.sh
#!/bin/bash
# Program:
#User inputs 2 integer numbers; program will cross these two numbers.
# History:
# 2018/08/23   Bobby   First release
PATH=/bin:/sbin:/usr/bin:/usr/sbin:/usr/local/bin:/usr/local/sbin:~/bin
```

```
export PATH
echo -e "You SHOULD input 2 numbers, I will cross them! \n"
read -p "first number: " firstnu
read -p "second number: " secnu
total=$(($firstnu*$secnu))
echo -e "\nThe result of $firstnu  $secnu is ==> $total"
[root@RHEL7-1 scripts]# sh  sh04.sh
```

在数值的运算上，可以使用 "declare -i total=$firstnu*$secnu"，也可以使用上面的方式来表示。建议使用下面的方式进行运算：

```
var=$((运算内容))
```

不但容易记忆，而且也比较方便。因为两个小括号内可以加上空白字符。至于数值运算上的处理，则有+、-、*、/、%等，其中%是取余数。

```
[root@RHEL7-1 scripts]# echo $((13 %3))
1
```

8.2.2 子任务 2 了解脚本的运行方式的差异

不同的脚本运行方式会造成不一样的结果，尤其对 bash 的环境影响很大。脚本的运行方式除了前面小节谈到的方式之外，还可以利用 source 或小数点（.）来运行。那么这些运行方式有何不同呢？

1. 利用直接运行的方式来运行脚本

当使用前一小节提到的直接命令（不论是绝对路径/相对路径还是 $PATH 内的路径），或者是利用 bash（或 sh）来执行脚本时，该脚本都会使用一个新的 bash 环境来运行脚本内的命令。也就是说，使用这种执行方式时，其实脚本是在子程序的 bash 内运行的，并且当子程序完成后，在子程序内的各项变量或动作将会结束而不会传回到父程序中。这是什么意思呢？

我们以刚刚提到过的 sh02.sh 这个脚本来说明。这个脚本可以让使用者自行配置两个变量，分别是 firstname 与 lastname。想一想，如果直接运行该命令时，该命令配置的 firstname 会不会生效？看一下下面的运行结果：

```
[root@RHEL7-1 scripts]# echo $firstname  $lastname <==首先确认变量并不存在
[root@RHEL7-1 scripts]# sh  sh02.sh
Please input your first name: Bobby                <==这个名字是读者自己输入的
Please input your last name: Yang

Your full name is: Bobby Yang     <==看吧！在脚本运行中，这两个变量会生效
[root@RHEL7-1 scripts]# echo  $firstname $lastname
        <==事实上，这两个变量在父程序的 bash 中还是不存在
```

从上面的结果可以看出，sh02.sh 配置好的变量竟然在 bash 环境下面无效。怎么回事呢？这里用图 8-1 来说明。当你使用直接运行的方法来处理时，系统会开辟一个新的 bash 来运行 sh02.sh 里面的命令。因此 firstname、lastname 等变量其实是在图 8-1 中的子程序 bash 内运行的。当

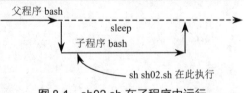

图 8-1　sh02.sh 在子程序中运行

sh02.sh 运行完毕，子程序 bash 内的所有数据便被移除，因此上面的练习中，在父程序下面执行 **echo $firstname** 时，就看不到任何东西了。

2. 利用 source 运行脚本：在父程序中运行

如果使用 source 来运行命令，那会出现什么情况呢？请看下面的运行结果：

```
[root@RHEL7-1 scripts]# source sh02.sh
Please input your first name: Bobby <==这个名字是读者自己输入的
Please input your last name: Yang

Your full name is: Bobby Yang      <==在 script 运行中，这两个变量会生效
 [root@RHEL7-1 scripts]# echo $firstname $lastname
Bobby Yang                         <==有数据产生
```

变量竟然生效了，为什么呢？因为 source 对 script 的运行方式可以使用下面的图 8-2 来说明。sh02.sh 会在父程序中运行，因此各项操作都会在原来的 bash 内生效。这也是为什么当你不注销系统而要让某些写入~/.bashrc 的设置生效时，需要使用 "source ~/.bashrc" 而不能使用 "bash ~/.bashrc" 的原因。

父程序 bash

source sh02.sh 在此执行

8.3 任务 3 用好判断式

图 8-2 sh02.sh 在父程序中运行

在项目 7 中，我们提到过 $? 这个变量所代表的意义。在项目 7 的讨论中，如果想要判断一个目录是否存在，当时使用的是 ls 这个命令搭配数据流重导向，最后配合 $? 来决定后续的命令进行与否。但是否有更简单的方式可以来进行 "条件判断" 呢？有，那就是 "test" 这个命令。

8.3.1 子任务 1 利用 test 命令的测试功能

当需要检测系统上面某些文件或者是相关的属性时，利用 test 命令是最好不过的选择。举例来说，要检查/dmtsai 是否存在时，使用：

```
[root@RHEL7-1 ~]# test -e /dmtsai
```

运行结果并不会显示任何信息，但最后可以通过 $? 或 && 及|| 来显示整个结果。例如，我们将上面的例子改写成这样（也可以试试/etc 目录是否存在）：

```
[root@RHEL7-1 ~]# test -e /dmtsai && echo "exist" || echo "Not exist"
Not exist  <==结果显示不存在
```

最终的结果告诉我们是 "exist" 还是 "Not exist"。我们知道 -e 是用来测试一个 "文件或目录" 存在与否的，如果还想要测试一下该文件名是什么，还有哪些选项可以用来判断呢？我们看表 8-1。

表 8-1 test 命令各选项的作用

测试的标志	代 表 意 义
关于某个文件名的 "文件类型" 判断，如 test -e filename 表示文件名存在与否	
-e	该 "文件名" 是否存在（常用）
-f	该 "文件名" 是否存在且为文件（file）（常用）

测试的标志	代 表 意 义
-d	该"文件名"是否存在且为目录（directory）（常用）
-b	该"文件名"是否存在且为一个 block device 设备
-c	该"文件名"是否存在且为一个 character device 设备
-S	该"文件名"是否存在且为一个 Socket 文件
-p	该"文件名"是否存在且为一个 FIFO (pipe)文件
-L	该"文件名"是否存在且为一个连结文档
关于文件的权限检测，如 test -r filename 表示可读否（但 root 权限常有例外）	
-r	检测该文件名是否存在且具有"可读"的权限
-w	检测该文件名是否存在且具有"可写"的权限
-x	检测该文件名是否存在且具有"可运行"的权限
-u	检测该文件名是否存在且具有"SUID"的属性
-g	检测该文件名是否存在且具有"SGID"的属性
-k	检测该文件名是否存在且具有"Sticky bit"的属性
-s	检测该文件名是否存在且为非空白文件
两个文件之间的比较，如：test file1 -nt file2	
-nt	(newer than)判断 file1 是否比 file2 新
-ot	(older than)判断 file1 是否比 file2 旧
-ef	判断 file1 与 file2 是否为同一文件，可用在 hard link 的判定上。主要意义在判定两个文件是否均指向同一个 inode
关于两个整数之间的判定，例如 test n1 -eq n2	
-eq	两数值相等 (equal)
-ne	两数值不等 (not equal)
-gt	n1 大于 n2 (greater than)
-lt	n1 小于 n2 (less than)
-ge	n1 大于等于 n2 (greater than or equal)
-le	n1 小于等于 n2 (less than or equal)
判定字符串数据	
test -z string	判定字符串是否为 0? 若 string 为空字符串，则为 true
test -n string	判定字串是否非 0? 若 string 为空字符串，则为 false 注：-n 也可省略
test str1 = str2	判定 str1 是否等于 str2，若相等，则回传 true

续表

测试的标志	代 表 意 义
test str1 != str2	判定 str1 是否不等于 str2，若相等，则回传 false

多重条件判定，例如：test -r filename -a -x filename

-a	（and）两状况同时成立。例如 test -r file -a -x file，则 file 同时具有 r 与 x 权限时，才回传 true
-o	（or）两状况任何一个成立。例如 test -r file -o -x file，则 file 具有 r 或 x 权限时，就可回传 true
!	反相状态，如 test ! -x file，当 file 不具有 x 时，回传 true

现在我们就利用 test 来写几个简单的例子。首先，让读者输入一个文件名，然后做如下判断。

● 这个文件是否存在，若不存在，则给出 "Filename does not exist" 的信息，并中断程序。

● 若这个文件存在，则判断其是文件还是目录，结果输出 "Filename is regular file" 或 "Filename is directory"。

● 判断一下，执行者的身份对这个文件或目录所拥有的权限，并输出权限数据。

注意： 可以先自行创建，再跟下面的结果比较。注意利用 test 与 && 还有 || 等标志。

```
[root@RHEL7-1 scripts]# vim  sh05.sh
#!/bin/bash
# Program:
#    User input a filename, program will check the flowing:
#    1.) exist? 2.) file/directory? 3.) file permissions
# History:
# 2018/08/25  Bobby  First release
PATH=/bin:/sbin:/usr/bin:/usr/sbin:/usr/local/bin:/usr/local/sbin:~/bin
export PATH

# 让使用者输入文件名，并且判断使用者是否输入了字符串
echo -e "Please input a filename, I will check the filename's type and \
permission. \n\n"
read -p "Input a filename : " filename
test -z $filename && echo "You MUST input a filename." && exit 0
# 判断文件是否存在，若不存在则显示信息并结束脚本
test ! -e $filename && echo "The filename '$filename' DO NOT exist" && exit 0
# 开始判断文件类型与属性
test -f $filename && filetype="regulare file"
test -d $filename && filetype="directory"
test -r $filename && perm="readable"
```

```
test -w $filename && perm="$perm writable"
test -x $filename && perm="$perm executable"
# 开始输出信息
echo "The filename: $filename is a $filetype"
echo "And the permissions are : $perm"
```

运行结果：

```
[root@RHEL7-1 scripts]# sh sh05.sh
```

运行这个脚本后，会依据输入的文件名来进行检查。先看是否存在，再看是文件还是目录类型，最后判断权限。但是必须要注意的是，由于 root 在很多权限的限制上面都是无效的，所以使用 root 运行这个脚本时，常常会发现与 ls -l 观察到的结果并不相同。所以，建议使用一般用户来运行这个脚本。不过必须使用 root 的身份先将这个脚本转移给用户，否则一般用户无法进入/root 目录。

8.3.2　子任务 2　利用判断符号[]

除了使用 test 之外，还可以利用判断符号"[]"（就是中括号）来进行数据的判断。举例来说，如果想要知道 $HOME 这个变量是否为空，可以这样做：

```
[root@RHEL7-1 ~]# [ -z "$HOME" ] ; echo $?
```

-z string 的含义是，若 string 长度为零，则为真。使用中括号必须要特别注意，因为中括号用在很多地方，包括通配符与正则表达式等，所以如果要在 bash 的语法当中使用中括号作为 shell 的判断式，必须要注意中括号的两端需要有空格字符来分隔。假设空格键使用"□"符号来表示，那么，在下面这些地方都需要有空格键：

```
[□"$HOME"□==□"$MAIL"□]
  ↑      ↑  ↑      ↑
```

注意：上面的判断式当中使用了两个等号"=="。其实在 bash 当中使用一个等号与两个等号的结果是一样的。不过在一般惯用程序的写法中，一个等号代表"变量的设置"，两个等号则是代表"逻辑判断（是否之意）"。由于在中括号内重点在于"判断"而非"设置变量"，因此建议使用两个等号。

上面的例子说明，两个字符串$HOME 与$MAIL 是否有相同的意思，相当于 test $HOME = $MAIL 的意思。而如果没有空格分隔，例如写成 [$HOME==$MAIL] 时，bash 就会显示错误信息。因此，一定要注意以下几点。

- 在中括号 [] 内的每个组件都需要有空格键来分隔。
- 在中括号内的变量，最好都以双引号括起来。
- 在中括号内的常数，最好都以单或双引号括起来。

为什么要这么麻烦呢？举例来说，假如设置了 name="Bobby Yang"，然后这样判定：

```
[root@RHEL7-1 ~]# name="Bobby Yang"
[root@RHEL7-1 ~]# [ $name == "Bobby" ]
bash: [: too many arguments
```

怎么会发生错误呢？bash 显示的错误信息是"太多参数（arguments）"。为什么呢？因为$name 如果没有使用双引号括起来，那么上面的判断式会变成：

```
[ Bobby Yang == "Bobby" ]
```

上面的表达式肯定不对。因为一个判断式仅能有两个数据的比对，上面 Bobby 与 Yang 还有"Bobby" 就有 3 个数据。正确的应该是下面这个样子：

```
[ "Bobby Yang" == "Bobby" ]
```

另外，中括号的使用方法与 test 几乎一模一样。只是中括号经常用在条件判断式 if...then... fi 的情况中。

现在，我们使用中括号的判断来做一个小案例，案例要求如下。

- 当运行一个程序的时候，这个程序会让用户选择 Y 或 N。
- 如果用户输入 Y 或 y，就显示"OK, continue"。
- 如果用户输入 n 或 N，就显示"Oh, interrupt!"。
- 如果不是 Y/y/N/n 之内的其他字符，就显示"I don't know what your choice is"。

分析：需要利用中括号、&& 与 ‖。

```
[root@RHEL7-1 scripts]# vim sh06.sh
#!/bin/bash
# Program:
#     This program shows the user's choice
# History:
# 2018/08/25    Bobby    First release
PATH=/bin:/sbin:/usr/bin:/usr/sbin:/usr/local/bin:/usr/local/sbin:~/bin
export PATH

read -p "Please input (Y/N): " yn
[ "$yn" == "Y" -o "$yn" == "y" ] && echo "OK, continue" && exit 0
[ "$yn" == "N" -o "$yn" == "n" ] && echo "Oh, interrupt!" && exit 0
echo "I don't know what your choice is" && exit 0
```

运行结果：

```
[root@RHEL7-1 scripts]# sh sh06.sh
```

提示：由于输入正确（Yes）的方法有大小写之分，不论输入大写 Y 或小写 y 都是可以的，此时判断式内要有两个判断才行。由于是任何一个输入（大写或小写的 Y/y）成立即可，这里使用-o（或）连结两个判断。

8.3.3　子任务 3　使用 shell script 的默认变量（$0, $1⋯）

拓展阅读

我们知道命令可以带有选项与参数，例如 ls -la 可以查看包含隐藏文件的所有属性与权限。那么 shell script 能不能在脚本文件名后面带有参数呢？

下面开始使用条件判断式来进行一些个别功能的设置。有了上面的基础，后面的内容简单而有趣。

19. 使用 shell script 的默认变量

8.4　任务 4　使用条件判断式

只要讲到"程序"，那么条件判断式，即"if...then"这种判断式是肯定要学习的。因为很多时候，我们都必须依据某些数据来判断程序该如何进行。举例来说，在前面的 sh06.sh 范例

中不是练习当使用者输入"Y/N"时，输出不同的信息吗？简单的方式可以利用&&与||，但如果还想要运行许多命令呢？那就得用到 if...then 了。

微课

shell 程序控制
结构语句

8.4.1　子任务 1　利用 if...then

if...then 是最常见的条件判断式。简单地说，就是当符合某个条件判断的时候，就进行某项工作。if...then 的判断还有多层次的情况，我们将分别介绍。

1. 单层、简单条件判断式

如果只有一个判断式要进行，那么可以简单地这样做：

```
if  [条件判断式]; then
    当条件判断式成立时，可以进行的命令工作内容;
fi  <==将 if 反过来写，就成为 fi 了，结束 if 之意
```

至于条件判断式的判断方法，与前一小节的介绍相同。比较特别的是，如果有多个条件要判断，除了 sh06.sh 那个案例所写的，也就是"将多个条件写入一个中括号内的情况"之外，还可以有多个中括号来隔开。而括号与括号之间，则以&&或||来隔开，其意义如下。

- &&代表 AND。
- ||代表 or。

所以，在使用中括号的判断式中，&&及||就与命令执行的状态不同了。举例来说，sh06.sh 里面的判断式可以这样修改：

```
[ "$yn" == "Y" -o "$yn" == "y" ]
```

上式可替换为

```
[ "$yn" == "Y" ] || [ "$yn" == "y" ]
```

之所以这样改，有的人是由于习惯问题，还有的人则是因为喜欢一个中括号仅有一个判断式的原因。下面将 sh06.sh 这个脚本修改为 if...then 的样式：

```
[root@RHEL7-1 scripts]# cp sh06.sh sh06-2.sh  <==这样改得比较快
[root@RHEL7-1 scripts]# vim sh06-2.sh
#!/bin/bash
# Program:
#      This program shows the user's choice
# History:
# 2018/08/25   Bobby   First release
PATH=/bin:/sbin:/usr/bin:/usr/sbin:/usr/local/bin:/usr/local/sbin:~/bin
export PATH

read -p "Please input (Y/N): " yn

if [ "$yn" == "Y" ] || [ "$yn" == "y" ]; then
    echo "OK, continue"
    exit 0
fi
if [ "$yn" == "N" ] || [ "$yn" == "n" ]; then
    echo "Oh, interrupt!"
```

```
        exit 0
fi
echo "I don't know what your choice is" && exit 0
```
运行结果：
```
[root@RHEL7-1 scripts]# sh sh06-2.sh
```

sh06.sh 还算比较简单。但是如果以逻辑概念来看，在上面的范例中，我们使用了两个条件判断。明明仅有一个$yn 的变量，为何需要进行两次比较呢？此时，最好使用多重条件判断。

2. 多重、复杂条件判断式

在同一个数据的判断中，如果该数据需要进行多种不同的判断，那么应该怎么做呢？举例来说，上面的 sh06.sh 脚本中，我们只要进行一次$yn 的判断（仅进行一次 if），不想做多次 if 的判断。此时必须用到下面的语法：

```
# 一个条件判断，分成功进行与失败进行 (else)
if [条件判断式]; then
        当条件判断式成立时，可以进行的命令工作内容；
else
        当条件判断式不成立时，可以进行的命令工作内容；
fi
```

如果考虑更复杂的情况，则可以使用：

```
# 多个条件判断 (if...elif...elif... else) 分多种不同情况运行
if [条件判断式一]; then
        当条件判断式一成立时，可以进行的命令工作内容；
elif [条件判断式二]; then
        当条件判断式二成立时，可以进行的命令工作内容；
else
        当条件判断式一与二均不成立时，可以进行的命令工作内容；
fi
```

注意：elif 也是个判断式，因此出现 elif 后面都要接 then 来处理。但是 else 已经是最后的没有成立的结果了，所以 else 后面并没有 then。

我们将 sh06-2.sh 改写成这样：
```
[root@RHEL7-1 scripts]# cp sh06-2.sh  sh06-3.sh
[root@RHEL7-1 scripts]# vim  sh06-3.sh
#!/bin/bash
# Program:
#      This program shows the user's choice
# History:
# 2018/08/25   Bobby   First release
PATH=/bin:/sbin:/usr/bin:/usr/sbin:/usr/local/bin:/usr/local/sbin:~/bin
export PATH
```

163

```
read -p "Please input (Y/N): " yn
if [ "$yn" == "Y" ] || [ "$yn" == "y" ]; then
    echo "OK, continue"
elif [ "$yn" == "N" ] || [ "$yn" == "n" ]; then
    echo "Oh, interrupt!"
else
    echo "I don't know what your choice is"
fi
```

运行结果：

```
[root@RHEL7-1 scripts]# sh sh06-3.sh
```

程序变得很简单，而且依序判断，可以避免掉重复判断的状况。这样很容易设计程序。

下面再来进行另外一个案例的设计。一般来说，如果你不希望用户由键盘输入额外的数据，那么就可以使用上一节提到的参数功能（$1），让用户在执行命令时就将参数带进去。现在我们想让用户输入"hello"这个关键字时，利用参数的方法可以按照以下内容依序设计。

● 判断 $1 是否为 hello，如果是，就显示"Hello, how are you ?"。

● 如果没有加任何参数，就提示用户必须要使用的参数。

● 而如果加入的参数不是 hello，就提醒用户仅能使用 hello 为参数。

整个程序是这样的：

```
[root@RHEL7-1 scripts]# vim sh09.sh
#!/bin/bash
# Program:
#   Check $1 is equal to "hello"
# History:
# 2018/08/28    Bobby   First release
PATH=/bin:/sbin:/usr/bin:/usr/sbin:/usr/local/bin:/usr/local/sbin:~/bin
export PATH

if [ "$1" == "hello" ]; then
    echo "Hello, how are you ?"
elif [ "$1" == "" ]; then
    echo "You MUST input parameters, ex> {$0 someword}"
else
    echo "The only parameter is 'hello', ex> {$0 hello}"
fi
```

运行结果：

```
[root@RHEL7-1 scripts]# sh sh9.sh
```

然后可以执行这个程序，在 $1 的位置输入 hello，没有输入或随意输入，就可以看到不同的输出。下面我们继续来完成较复杂的例子。

我们在前面已经学会了 grep 这个好用的命令，现在再学习 netstat 这个命令。这个命令可以查询到目前主机开启的网络服务端口（service ports）。我们可以利用"netstat -tuln"来取得目前主机启动的服务，取得的信息类似下面的样子：

```
[root@RHEL7-1 ~]# netstat -tuln
Active Internet connections (only servers)
Proto Recv-Q Send-Q Local Address        Foreign Address    State
tcp    0      0 0.0.0.0:111              0.0.0.0:*          LISTEN
tcp    0      0 127.0.0.1:631            0.0.0.0:*          LISTEN
tcp    0      0 127.0.0.1:25             0.0.0.0:*          LISTEN
tcp    0      0 :::22                    :::*              LISTEN
udp    0      0 0.0.0.0:111              0.0.0.0:*
udp    0      0 0.0.0.0:631              0.0.0.0:*
#封包格式              本地IP:端口            远程IP:端口         是否监听
```

上面的重点是"Local Address（本地主机的 IP 与端口对应）"那一列，代表的是本机所启动的网络服务。IP 的部分说明的是该服务位于哪个接口上，若为 127.0.0.1 则是仅针对本机开放，若是 0.0.0.0 或 ::: 则代表对整个 Internet 开放。每个端口（port）都有其特定的网络服务，几个常见的 port 与相关网络服务的关系如下。

- 80: WWW。
- 22: ssh。
- 21: ftp。
- 25: mail。
- 111: RPC（远程程序呼叫）。
- 631: CUPS（列印服务功能）。

假设需要检测的是比较常见的 port 21、port 22、port 25 及 port 80，那么如何通过 netstat 去检测我的主机是否开启了这 4 个主要的网络服务端口呢？由于每个服务的关键字都是接在冒号" : "后面，所以可以选取类似" :80"来检测。请看下面的程序：

```
[root@RHEL7-1 scripts]# vim sh10.sh
#!/bin/bash
# Program:
#     Using netstat and grep to detect WWW,SSH,FTP and Mail services.
# History:
# 2018/08/28   Bobby   First release
PATH=/bin:/sbin:/usr/bin:/usr/sbin:/usr/local/bin:/usr/local/sbin:~/bin
export PATH

# 先做一些告诉的动作
echo "Now, I will detect your Linux server's services!"
echo -e "The www, ftp, ssh, and mail will be detect! \n"

# 开始进行一些测试的工作，并且也输出一些信息
testing=$(netstat -tuln | grep ":80 ")    # 检测 port 80 存在否
if [ "$testing" != "" ]; then
    echo "WWW is running in your system."
fi
```

165

```
testing=$(netstat -tuln | grep ":22 ")    # 检测 port 22 存在否
if [ "$testing" != "" ]; then
      echo "SSH is running in your system."
fi
testing=$(netstat -tuln | grep ":21 ")    # 检测 port 21 存在否
if [ "$testing" != "" ]; then
      echo "FTP is running in your system."
fi
testing=$(netstat -tuln | grep ":25 ")    # 检测 port 25 存在否
if [ "$testing" != "" ]; then
      echo "Mail is running in your system."
fi
```

运行结果：

```
[root@RHEL7-1 scripts]# sh sh10.sh
```

拓展阅读

实际运行这个程序就可以看到主机有没有启动这些服务，这是一个很有趣的程序。

条件判断式还可以做得更复杂。举例来说，有个军人想要计算自己还有多长时间会退伍，那能不能写个脚本程序，让用户输入他的退伍日期，从而帮他计算还有多少天会退伍呢？

20. 复杂的条件判断

8.4.2　子任务 2　利用 case...in...esac 判断

上个小节提到的"if...then...fi"对于变量的判断是以"比较"的方式来进行的，如果符合状态就进行某些行为，并且通过较多层次（就是 elif...）的方式来进行含多个变量的程序撰写，比如 sh09.sh 那个小程序，就是用这样的方式来撰写的。但是，假如有多个既定的变量内容，例如 sh09.sh 当中，所需要的变量就是"hello"及空字符两个，那么这时只要针对这两个变量来设置情况就可以了。这时使用 case...in...esac 最为方便。

```
case $变量名称 in        <==关键字为 case，变量前有 $ 符
  "第一个变量内容")      <==每个变量内容建议用双引号括起来，关键字则为小括号 )
      程序段
      ;;                <==每个类别结尾使用两个连续的分号来处理
  "第二个变量内容")
      程序段
      ;;
  *)                    <==最后一个变量内容都会用 * 来代表所有其他值
      不包含第一个变量内容与第二个变量内容的其他程序运行段
      exit 1
      ;;
esac                    <==最终的 case 结尾！思考一下 case 反过来写是什么
```

要注意的是，这个语法以 case 开头，结尾自然就是将 case 的英文反过来写。另外，每一个变量内容的程序段最后都需要两个分号（;;）来代表该程序段落的结束。至于为何需要有*这个变量内容在最后呢？这是因为，如果使用者不是输入变量内容一或二时，我们可以告诉

用户相关的信息。将 sh09.sh 的案例进行修改：

```
[root@RHEL7-1 scripts]# vim  sh09-2.sh
#!/bin/bash
# Program:
#     Show "Hello" from $1.... by using case .... esac
# History:
# 2018/08/29   Bobby   First release
PATH=/bin:/sbin:/usr/bin:/usr/sbin:/usr/local/bin:/usr/local/sbin:~/bin
export PATH

case $1 in
  "hello")
     echo "Hello, how are you ?"
     ;;
  "")
     echo "You MUST input parameters, ex> {$0 someword}"
     ;;
  *)    # 其实就相当于通配符，0~无穷多个任意字符之意
     echo "Usage $0 {hello}"
     ;;
esac
```

运行结果：

```
[root@RHEL7-1 scripts]# sh sh09-2.sh
You MUST input parameters, ex> {sh09-2.sh someword}
[root@RHEL7-1 scripts]# sh sh09-2.sh smile
Usage sh09-2.sh {hello}
[root@RHEL7-1 scripts]# sh sh09-2.sh hello
Hello, how are you ?
```

在上面这个 sh09-2.sh 的案例当中，如果输入"sh sh09-2.sh smile"来运行，那么屏幕上就会出现"Usage sh09-2.sh {hello}"的字样，告诉用户仅能够使用 hello。这样的方式对于需要某些固定字符作为变量内容来执行的程序就显得更加方便。还有，系统的很多服务的启动脚本都是使用这种写法的。

一般来说，使用"case 变量 in"时，当中的那个"$变量"一般有以下两种取得方式。

● 直接执行式：例如上面提到的，利用"script.sh variable"的方式来直接给 $1 这个变量内容，这也是在/etc/init.d 目录下大多数程序的设计方式。

● 互动式：通过 read 这个命令来让用户输入变量的内容。

下面以一个例子来进一步说明：让用户能够输入 one、two、three，并且将用户的变量显示到屏幕上，如果不是 one、two、three，就告诉用户仅有这 3 种选择。

```
[root@RHEL7-1 scripts]# vim  sh12.sh
#!/bin/bash
# Program:
```

```
#        This script only accepts the flowing parameter: one, two or three.
# History:
# 2018/08/29    Bobby    First release
PATH=/bin:/sbin:/usr/bin:/usr/sbin:/usr/local/bin:/usr/local/sbin:~/bin
export PATH

echo "This program will print your selection !"
# read -p "Input your choice: " choice      # 暂时取消，可以替换
# case $choice in                           # 暂时取消，可以替换
case $1 in                                  # 现在使用，可以用上面两行替换
  "one")
      echo "Your choice is ONE"
      ;;
  "two")
      echo "Your choice is TWO"
      ;;
  "three")
      echo "Your choice is THREE"
      ;;
  *)
      echo "Usage $0 {one|two|three}"
      ;;
esac
```

运行结果：

```
[root@RHEL7-1 scripts]# sh sh12.sh two
This program will print your selection !
Your choice is TWO
[root@RHEL7-1 scripts]# sh sh12.sh test
This program will print your selection !
Usage sh12.sh {one|two|three}
```

此时，可以使用"sh sh12.sh two"的方式来执行命令。上面使用的是直接执行的方式，而如果使用互动式时，那么将上面第 10，11 行的#去掉，并将 12 行加上注解（#），就可以让用户输入参数了。

8.4.3　子任务 3　利用 function 功能

拓展阅读

什么是函数（function）的功能？简单地说，其实，函数可以在 shell script 当中做出一个类似自定义执行命令的东西，最大的功能是可以简化很多的程序代码。举例来说，上面的 sh12.sh 当中，每个输入结果 one、two、three 其实输出的内容都一样，那么我们就可以使用 function 来简化程序。

21. 利用 function 功能

8.5 任务 5 使用循环（loop）

除了 if...then...fi 这种条件判断式之外，循环可能是程序当中另一个重要的结构。循环可以不停地运行某个程序段，直到使用者配置的条件达成为止。所以，重点是那个条件的达成是什么。除了这种依据判断式达成与否的不定循环之外，还有另外一种已知固定要运行多少次的循环，可称为固定循环！下面我们就来谈一谈循环（loop）。

8.5.1 子任务 1 while do done, until do done（不定循环）

一般来说，不定循环最常见的就是下面这两种状态了。

```
while [ condition ]       <==中括号内的状态就是判断式
do                        <==do 是循环的开始!
        程序段落
done                      <==done 是循环的结束
```

while 的含义是"当……时"，所以，这种方式表示"当 condition 条件成立时，就进行循环，直到 condition 的条件不成立才停止"的意思。还有另外一种不定循环的方式：

```
until [ condition ]
do
        程序段落
done
```

这种方式恰恰与 while 相反，它表示当 condition 条件成立时，就终止循环，否则就持续运行循环的程序段。我们以 while 来做个简单的练习。假设要让用户输入 yes 或者是 YES 才结束程序的运行，否则就一直运行并提示用户输入字符。

```
[root@RHEL7-1 scripts]# vim sh13.sh
#!/bin/bash
# Program:
#       Repeat question until user input correct answer.
# History:
# 2018/08/29   Bobby   First release
PATH=/bin:/sbin:/usr/bin:/usr/sbin:/usr/local/bin:/usr/local/sbin:~/bin
export PATH

while [ "$yn" != "yes" -a "$yn" != "YES" ]
do
      read -p "Please input yes/YES to stop this program: " yn
done
echo "OK! you input the correct answer."
```

上面这个例题的说明"当$yn 这个变量不是'yes'且$yn 也不是'YES'时，才进行循环内的程序。而如果$yn 是'yes'或'YES'时，就会离开循环"，那如果使用 until 呢？

```
[root@RHEL7-1 scripts]# vim sh13-2.sh
#!/bin/bash
# Program:
```

```
#       Repeat question until user input correct answer.
# History:
# 2005/08/29   Bobby   First release
PATH=/bin:/sbin:/usr/bin:/usr/sbin:/usr/local/bin:/usr/local/sbin:~/bin
export PATH


until [ "$yn" == "yes" -o "$yn" == "YES" ]
do
     read -p "Please input yes/YES to stop this program: " yn
done
echo "OK! you input the correct answer."
```

提醒：仔细比较这两个程序的不同。

如果想要计算 1+2+3+…+100 的值。利用循环，可以这样写程序：

```
[root@RHEL7-1 scripts]# vim  sh14.sh
#!/bin/bash
# Program:
#      Use loop to calculate "1+2+3+...+100" result.
# History:
# 2005/08/29   Bobby   First release
PATH=/bin:/sbin:/usr/bin:/usr/sbin:/usr/local/bin:/usr/local/sbin:~/bin
export  PATH


s=0                    # 这是累加的数值变量
i=0                    # 这是累计的数值，即1, 2, 3...
while [ "$i" != "100" ]
do
     i=$(($i+1))       # 每次 i 都会添加 1
     s=$(($s+$i))      # 每次都会累加一次
done
echo "The result of '1+2+3+...+100' is ==> $s"
```
当你运行了 "sh sh14.sh" 之后，就可以得到 5050 这个数据。
```
[root@RHEL7-1 scripts]# sh sh14.sh
The result of '1+2+3+...+100' is ==> 5050
```

思考：如果想要让用户自行输入一个数字，让程序计算从 1+2+…直到你输入的数字为止，该如何撰写呢？

8.5.2　子任务 2　for...do...done（固定循环）

while、until 循环必须要符合某个条件，而 for 循环则是已经知道要进行几次循环。语法如下所示：

```
for var in con1 con2 con3 ...
```

```
    do
        程序段
    done
```

以上面的例子来说，$var 的变量内容在循环工作时，会发生以下改变。

- 第一次循环时，$var 的内容为 con1。
- 第二次循环时，$var 的内容为 con2。
- 第三次循环时，$var 的内容为 con3。

……

我们可以做个简单的练习。假设有三种动物，分别是 dog、cat、elephant，如果每一行都要求按 "There are dogs..." 的样式输出，则可以如此撰写程序：

```
[root@RHEL7-1 scripts]# vim  sh15.sh
#!/bin/bash
# Program:
#   Using for ... loop to print 3 animals
# History:
# 2018/08/29   Bobby   First release
PATH=/bin:/sbin:/usr/bin:/usr/sbin:/usr/local/bin:/usr/local/sbin:~/bin
export PATH

for animal in dog cat elephant
do
        echo "There are ${animal}s... "
done
```

运行结果：

```
[root@RHEL7-1 scripts]# sh sh15.sh
There are dogs...
There are cats...
There are elephants...
```

让我们想象另外一种情况，由于系统里面的各种账号都是写在/etc/passwd 内的第一列，能不能在通过管道命令 cut 找出单纯的账号名称后，以 id 及 finger 分别检查用户的识别码与特殊参数呢？由于不同的 Linux 系统里面的账号都不一样，此时实际去找/etc/passwd 并使用循环处理，就是一个可行的方案了。

特别提示：默认情况下，finger 在 RHEL 7 中没有安装，需要通过 yum 进行安装，步骤如下（yum 源文件内容可参考项目 3 的相关内容）：

```
[root@RHEL7-1 scripts]# vim  /etc/yum.repos.d/dvd.repo
 [root@RHEL7-1 scripts]# mkdir /iso
[root@RHEL7-1 scripts]# mount /dev/cdrom  /iso
mount: /dev/sr0 is write-protected, mounting read-only
[root@RHEL7-1 scripts]# yum info finger -y
```

程序如下：

```
[root@RHEL7-1 scripts]# vim sh16.sh
#!/bin/bash
# Program
#      Use id, finger command to check system account's information.
# History
# 2018/02/18    Bobby    first release
PATH=/bin:/sbin:/usr/bin:/usr/sbin:/usr/local/bin:/usr/local/sbin:~/bin
export PATH
users=$(cut -d ':' -f1 /etc/passwd)        # 获取账号名称
for username in $users                     # 开始循环
do
      id $username
      finger $username
done
```

运行上面的脚本后，系统账号就会被找出来检查。这个动作还可以用在每个账号的删除、重整上面。

换个角度来看，如果现在需要一连串的数字来进行循环呢？举例来说，想要利用 ping 这个可以判断网络状态的命令来进行网络状态的实际检测，要侦测的域是本机所在的192.168.10.1~192.168.10.100。由于有 100 台主机，总不会在 for 后面输入 1 ~ 100 吧？此时可以这样撰写程序：

```
[root@RHEL7-1 scripts]# vim sh17.sh
#!/bin/bash
# Program
#      Use ping command to check the network's PC state.
# History
# 2018/02/18    Bobby    first release
PATH=/bin:/sbin:/usr/bin:/usr/sbin:/usr/local/bin:/usr/local/sbin:~/bin
export PATH
network="192.168.10"                    # 先定义一个网络号（网络 ID）
for sitenu in $(seq 1 100)              # seq 为 sequence(连续) 的缩写之意
do
    # 下面的语句取得 ping 的回传值是正确的还是失败的
    ping -c 1 -w 1 ${network}.${sitenu} &> /dev/null && result=0  || result=1
              # 开始显示结果是正确的启动（UP）还是错误的没有连通（DOWN）
    if [ "$result" == 0 ]; then
          echo "Server ${network}.${sitenu} is UP."
    else
          echo "Server ${network}.${sitenu} is DOWN."
    fi
done
```

上面这一串命令运行之后就可以显示出 192.168.10.1~192.168.10.100 共 100 台主机目前是

否能与你的机器连通。其实这个范例的重点在$(seq ..)，seq 是 sequence（连续）的缩写之意，代表后面接的两个数值是一直连续的，如此一来，就能够轻松地将连续数字带入程序中了。

最后，让我们来尝试使用判断式加上循环的功能撰写程序。如果想要让用户输入某个目录名，然后找出该目录内的文件的权限，该如何做呢？程序如下：

```
[root@RHEL7-1 scripts]# vim sh18.sh
#!/bin/bash
# Program:
#      User input dir name, I find the permission of files.
# History:
# 2018/08/29    Bobby    First release
PATH=/bin:/sbin:/usr/bin:/usr/sbin:/usr/local/bin:/usr/local/sbin:~/bin
export PATH

#  先看看这个目录是否存在
read -p "Please input a directory: " dir
if [ "$dir" == "" -o ! -d "$dir" ]; then
    echo "The $dir is NOT exist in your system."
    exit 1
fi

#  开始测试文件
filelist=$(ls $dir)                    # 列出所有在该目录下的文件名称
for filename in $filelist
do
    perm=""
    test -r "$dir/$filename" && perm="$perm readable"
    test -w "$dir/$filename" && perm="$perm writable"
    test -x "$dir/$filename" && perm="$perm executable"
    echo "The file $dir/$filename's permission is $perm "
done
```

运行结果：

```
[root@RHEL7-1 scripts]# sh sh18.sh
Please input a directory: /var
```

8.5.3　子任务 3　for...do...done 的数值处理

除了上述的方法之外，for 循环还有另外一种写法。语法如下：

for ((初始值; 限制值; 执行步长))
do
　　程序段
done

这种语法适合于数值方式的运算，在 for 后面括号内的参数的意义如下。

- 初始值：某个变量在循环当中的起始值，直接以类似 i=1 设置好。
- 限制值：当变量的值在这个限制值的范围内，就继续进行循环，例如 i<=100。
- 执行步长：每执行一次循环时，变量的变化量，例如 i=i+1，步长为 1。

注意：在"执行步长"的设置上，如果每次增加 1，则可以使用类似"i++"的方式。下面以这种方式来完成从 1 累加到用户输入的数值的循环示例。

```
[root@RHEL7-1 scripts]# vim sh19.sh
#!/bin/bash
# Program:
#     Try do calculate 1+2+....+${your_input}
# History:
# 2018/08/29    Bobby    First release
PATH=/bin:/sbin:/usr/bin:/usr/sbin:/usr/local/bin:/usr/local/sbin:~/bin
export PATH


read -p "Please input a number, I will count for 1+2+...+your_input: " nu

s=0
for (( i=1; i<=$nu; i=i+1 ))
do
  s=$(($s+$i))
done
echo "The result of '1+2+3+...+$nu' is ==> $s"
```

运行结果：

```
[root@RHEL7-1 scripts]# sh sh19.sh
Please input a number, I will count for 1+2+...+your_input: 10000
The result of '1+2+3+...+10000' is ==> 50005000
```

8.6 任务6 对 shell script 进行追踪与调试

script 在运行之前，最怕的就是出现语法错误问题了！那么我们该如何调试呢？有没有办法不需要运行该 script 就可以判断出是否有问题呢？当然是有的！下面就直接以 bash 的相关参数来进行判断。

```
[root@RHEL7-1 scripts]# sh [-nvx] scripts.sh
```

选项与参数：

-n：不执行 script，仅查询语法的问题。

-v：在执行 script 前，先将 script 的内容输出到屏幕上。

-x：将使用到的 script 内容显示到屏幕上，这是很有用的参数！

范例 1：测试 sh16.sh 有无语法的问题。

```
[root@RHEL7-1 scripts]# sh -n sh16.sh
# 若语法没有问题，则不会显示任何信息！
```

范例 2：将 sh15.sh 的运行过程全部列出来。

```
[root@RHEL7-1 scripts]# sh -x sh15.sh
+ PATH=/bin:/sbin:/usr/bin:/usr/sbin:/usr/local/bin:/usr/local/sbin:/root/bin
+ export PATH
+ for animal in dog cat elephant
+ echo 'There are dogs... '
There are dogs...
+ for animal in dog cat elephant
+ echo 'There are cats... '
There are cats...
+ for animal in dog cat elephant
+ echo 'There are elephants... '
There are elephants...
```

注意： 上面范例 2 中执行的结果并不会有颜色的显示。为了方便说明，在加号之后的数据都加深了。在输出的信息中，在加号后面的数据其实都是命令串，使用 sh -x 的方式来将命令执行过程也显示出来，用户可以判断程序代码执行到哪一段时会出现哪些相关的信息。这个功能非常棒！通过显示完整的命令串，就能够依据输出的错误信息来订正脚本了。

8.7 项目实录：使用 shell script 编程

1. 视频位置

实训前请扫右侧的二维码，观看"实训项目　使用 shell 编程"慕课。

2. 项目实训目的

● 掌握 shell 环境变量、管道、输入输出重定向的使用方法。

● 熟悉 shell 程序设计。

3. 项目背景

（1）如果想要计算 1+2+3+...+100 的值。利用循环，该怎样编写程序？

如果想要让用户自行输入一个数字，让程序由 1+2+...直到你输入的数字为止，该如何撰写呢？

（2）创建一个脚本，名为/root/batchusers。此脚本能实现为系统创建本地用户，并且这些用户的用户名来自一个包含用户名列表的文件，同时满足下列要求。

● 此脚本要求提供一个参数，此参数就是包含用户名列表的文件。

● 如果没有提供参数，此脚本应该给出提示信息 Usage: /root/batchusers，然后退出并返回相应的值。

● 如果提供一个不存在的文件名，此脚本应该给出提示信息 input file not found，然后退出并返回相应的值。

● 创建的用户登录 shell 为/bin/false。

● 此脚本需要为用户设置默认密码"123456"。

4. 项目实训内容

练习 shell 程序设计方法及 shell 环境变量、管道、输入输出重定向的使用方法。

5. 做一做

根据项目实录视频进行项目的实训，检查学习效果。

8.8 练习题

一、填空题

1. shell script 是利用_____的功能所写的一个"程序（program）"。这个程序使用纯文本文档，将一些_____写在里面，搭配_____、_____与_____等功能，以达到我们所想要的处理目的。

2. 在 shell script 的文件中，命令是从_____而_____、从_____而_____进行分析与执行的。

3. shell script 的运行至少需要有_____的权限，若需要直接执行命令，则需要拥有_____的权限。

4. 养成良好的程序撰写习惯，第一行要声明_____，第二行以后则声明_____、_____、_____等。

5. 对话式脚本可使用_____命令达到目的。要创建每次执行脚本都有不同结果的数据，可使用_____命令来完成。

6. script 的执行若以 source 来执行时，代表在_____的 bash 内运行。

7. 若需要判断式，可使用_____或_____来处理。

8. 条件判断式可使用_____来判断，若在固定变量内容的情况下，可使用_____来处理。

9. 循环主要分为_____以及_____，配合 do、done 来完成所需任务。

10. 假如脚本文件名为 script.sh，我们可使用_____命令来进行程序的调试。

二、实践习题

1. 创建一个 script，当你运行该 script 的时候，该 script 可以显示：你目前的身份（用 whoami）；你目前所在的目录（用 pwd）。

2. 自行创建一个程序，该程序可以用来计算"你还有几天可以过生日"。

3. 让用户输入一个数字，程序可以由 1+2+3...一直累加到用户输入的数字为止。

4. 撰写一个程序，其作用是：先查看一下/root/test/logical 这个名称是否存在；若不存在，则创建一个文件，使用 touch 来创建，创建完成后离开；如果存在的话，判断该名称是否为文件，若为文件则将之删除后创建一个目录，文件名为 logical，之后离开；如果存在的话，而且该名称为目录，则移除此目录。

5. 我们知道/etc/passwd 里面以"："来分隔，第一栏为账号名称。请写一个程序，可以将/etc/passwd 的第一栏取出，而且每一栏都以一行字串"The 1 account is "root""来显示，那个 1 表示行数。

项目 ⑨ 使用 gcc 和 make 调试程序

 项目导入

程序写好了，接下来做什么呢？调试！程序调试对于程序员或管理员来说也是至关重要的一环。

 职业能力目标和要求

- 理解程序调试。
- 掌握利用 gcc 进行调试的方法。
- 掌握使用 make 编译的方法。

9.1 任务1 了解程序的调试

编程是一件复杂的工作，因为是人做的事情，所以难免会出错。据说有这样一个典故：早期的计算机体积都很大，有一次一台计算机不能正常工作，工程师们找了半天原因，最后发现是一只臭虫钻进计算机中造成的。从此以后，程序中的错误被称作臭虫（Bug），而找到这些 Bug 并加以纠正的过程就叫做调试（Debug）。有时候调试是一件非常复杂的工作，要求程序员概念明确、逻辑清晰、性格沉稳，还需要一点运气。调试的技能我们在后续的学习中慢慢培养，但首先要区分清楚程序中的 Bug 分为哪几类。

9.1.1 子任务1 编译时错误

编译器只能翻译语法正确的程序，否则将导致编译失败，无法生成可执行文件。对于自然语言来说，一点语法错误不是很严重的问题，因为我们仍然可以读懂句子。而编译器就没那么宽容了，哪怕只有一个很小的语法错误，编译器就会输出一条错误提示信息然后罢工，就得不到想要的结果。虽然大部分情况下编译器给出的错误提示信息就是出错的代码行，但也有个别时候编译器给出的错误提示信息帮助不大，甚至会误导你。在开始学习编程的前几个星期，你可能会花大量的时间来纠正语法错误。等到有了一些经验之后，还是会犯这样的错误，不过会少得多，而且你能更快地发现错误原因。等到经验更丰富之后你就会觉得，语法错误是最简单最低级的错误，编译器的错误提示也就那么几种，即使错误提示是有误导的，也能够立刻找出真正的错误原因是什么。相比下面两种错误，语法错误解决起来要容易得多。

9.1.2　子任务 2　运行时错误

编译器检查不出这类错误，仍然可以生成可执行文件，但在运行时会出错而导致程序崩溃。对于接下来的章节将编写的简单程序来说，运行时错误很少见，到了后面的章节会遇到越来越多的运行时错误。读者在以后的学习中要时刻注意区分编译时和运行时（Run-time）这两个概念，不仅在调试时需要区分这两个概念，在学习 C 语言的很多语法时都需要区分这两个概念，有些事情在编译时做，有些事情则在运行时做。

9.1.3　子任务 3　逻辑错误和语义错误

第三类错误是逻辑错误和语义错误。如果程序里有逻辑错误，编译和运行都会很顺利，看上去也不产生任何错误信息，但是程序没有干它该干的事情，而是干了别的事情。当然不管怎么样，计算机只会按你写的程序去做，问题在于你写的程序不是你真正想要的。这意味着程序的意思（即语义）是错的。找到逻辑错误在哪儿需要十分清醒的头脑，要通过观察程序的输出回过头来判断它到底在做什么。

通过本书你将掌握的最重要的技巧之一就是调试。调试的过程可能会让你感到一些沮丧，但调试也是编程中最需要动脑的、最有挑战和乐趣的部分。从某种角度看调试就像侦探工作，根据掌握的线索来推断是什么原因和过程导致了你所看到的结果。调试也像是一门实验科学，每次想到哪里可能有错，就修改程序然后再试一次。如果假设是对的，就能得到预期的正确结果，就可以接着调试下一个 Bug，一步一步逼近正确的程序；如果假设错误，只好另外再找思路再做假设。当你把不可能的全部剔除，剩下的就一定是事实。

也有一种观点认为，编程和调试是一回事，编程的过程就是逐步调试直到获得期望的结果为止。你应该总是从一个能正确运行的小规模程序开始，每做一步小的改动就立刻进行调试，这样的好处是总有一个正确的程序做参考：如果正确就继续编程，如果不正确，那么一定是刚才的小改动出了问题。例如，Linux 操作系统包含了成千上万行代码，但它也不是一开始就规划好了内存管理、设备管理、文件系统、网络等大的模块，一开始它仅仅是 Linus Torvalds 用来琢磨 Intel 80386 芯片而写的小程序。据 Larry Greenfield 说，"Linus 的早期工程之一是编写一个交替打印 AAAA 和 BBBB 的程序，这玩意儿后来进化成了 Linux。"（引自 The Linux User's Guide Beta1 版）

9.2　任务 2　使用传统程序语言进行编译

经过上面的介绍之后，你应该比较清楚地知道原始码、编译器、函数库与运行文件之间的相关性了。不过，详细的流程可能还不是很清楚，所以，在这里以一个简单的程序范例来说明整个编译的过程！赶紧进入 Linux 系统，实际操作一下下面的范例吧！

9.2.1　子任务 1　安装 GCC

1. 认识 GCC

GCC（GNU Compiler Collection，GNU 编译器集合）是一套由 GNU 开发的编程语言编译器。它是一套 GNU 编译器套装。以 GPL 许可证所发行的自由软件，也是 GNU 计划的关键部分。GCC 原本作为 GNU 操作系统的官方编译器，现已被大多数类 UNIX 操作系统（如 Linux、BSD、Mac OS X 等）采纳为标准的编译器。GCC 同样适用于微软的 Windows。GCC 是自由

微课

Linux 系统下的
交叉编译基础

软件过程发展中的著名例子，由自由软件基金会以 GPL 协议发布。

GCC 原名为 GNU C 语言编译器（GNU C Compiler），因为它原本只能处理 C 语言。但 GCC 后来得到扩展，变得既可以处理 C++，又可以处理 Fortran、Pascal、Objective-C、Java、以及 Ada 与其他语言。

2. 安装 GCC

（1）检查是否安装 GCC。

```
[root@RHEL7-1 ~]# rpm -qa|grep gcc
compat-libgcc-296-2.96-138
libgcc-4.1.2-46.el5
gcc-4.1.2-46.el5
gcc-c++-4.1.2-46.el5
```

上述结果表示已经安装了 GCC。

（2）如果系统还没有安装 GCC 软件包，可以使用 yum 命令安装所需软件包。

① 挂载 ISO 安装映像：

```
//挂载光盘到 /iso 下，前面项目 3 已建立/iso 文件夹，并且 yum 源已经配置好
 [root@RHEL7-1 ~]# mount /dev/cdrom /iso
```

② 制作用于安装的 yum 源文件（后面不再赘述）：

```
[root@RHEL7-1 ~]# vim /etc/yum.repos.d/dvd.repo
# /etc/yum.repos.d/dvd.repo
# or for ONLY the media repo, do this:
# yum --disablerepo=\* --enablerepo=c6-media [command]
[dvd]
name=dvd
baseurl=file:///iso
gpgcheck=0
enabled=1
```

③ 使用 yum 命令查看 GCC 软件包的信息，如图 9-1 所示。

```
 [root@RHEL7-1 ~]# yum info gcc
```

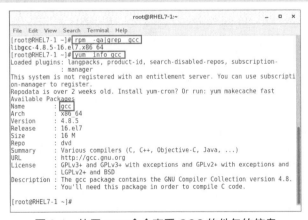

图 9-1 使用 yum 命令查看 GCC 软件包的信息

④ 使用 yum 命令安装 GCC。

```
[root@RHEL7-1 ~]# yum clean all                          //安装前先清除缓存
[root@RHEL7-1 ~]# yum install gcc -y
```

正常安装完成后，最后的提示信息是：

```
Installed:
  gcc.x86_64 0:4.8.5-16.el7


Dependency Installed:
  cpp.x86_64 0:4.8.5-16.el7              glibc-devel.x86_64 0:2.17-196.el7
  glibc-headers.x86_64 0:2.17-196.el7   kernel-headers.x86_64 0:3.10.0-693.
el7
  libmpc.x86_64 0:1.0.1-3.el7


Complete!
```

所有软件包安装完毕，可以使用 rpm 命令再一次进行查询：rpm -qa | grep gcc。

```
[root@RHEL7-1 ~]# rpm -qa | grep gcc
libgcc-4.8.5-16.el7.x86_64
gcc-4.8.5-16.el7.x86_64
```

9.2.2 子任务 2 单一程序：打印 Hello World

我们以 Linux 上面最常见的 C 语言来撰写第一个程序。第一个程序最常见的就是在屏幕上面打印 "Hello World"。如果你对 C 语言有兴趣，请自行购买相关的书籍，本书只介绍简单的例子。

提示：请先确认你的 Linux 系统里面已经安装了 GCC。如果尚未安装 GCC，请使用 RPM 安装，先安装好 GCC 之后，再继续下面的内容。

1. 编辑程序代码即源码

```
[root@RHEL7-1 ~]# vim hello.c   <==用 C 语言写的程序扩展名建议用.c
#include <stdio.h>
int main(void)
{
    printf("Hello World\n");
}
```

上面是用 C 语言的语法写成的一个程序文件。第一行的那个 "#" 并不是注解。

2. 开始编译与测试运行

```
[root@RHEL7-1 ~]# gcc hello.c
[root@RHEL7-1 ~]# ll hello.c a.out
-rwxr-xr-x. 1 root root 8512 Jul 15 21:18 a.out <==此时会生成这个文件名
-rw-r--r--. 1 root root   72 Jul 15 21:17 hello.c
[root@RHEL7-1 ~]# ./a.out
Hello World <==成果出现了!
```

在默认的状态下，如果直接以 GCC 编译源码，并且没有加上任何参数，则执行文件的文件名会被自动设置为 a.out 这个文件名，就能够直接执行./a.out 这个执行文件。

上面的例子很简单。那个 hello.c 就是源码，而 GCC 就是编译器，至于 a.out 就是编译成功的可执行文件。但如果想要生成目标文件（object file）来进行其他的操作，而且执行文件的文件名也不要用默认的 a.out，那该如何做呢？其实可以将上面的第 2 个步骤改成下面这样：

```
[root@RHEL7-1 ~]# gcc -c hello.c
[root@RHEL7-1 ~]# ll hello*
-rw-r--r--. 1 root root   72 Jul 15 21:17 hello.c
-rw-r--r--. 1 root root 1496 Jul 15 21:20 hello.o   <==这就是生成的目标文件
[root@RHEL7-1 ~]# gcc -o hello hello.o
[root@RHEL7-1 ~]# ll hello*
-rwxr-xr-x. 1 root root 8512 Jul 15 21:20 hello <==这就是可执行文件（-o 的结果）
-rw-r--r--. 1 root root   72 Jul 15 21:17 hello.c
-rw-r--r--. 1 root root 1496 Jul 15 21:20 hello.o
[root@RHEL7-1 ~]# ./hello
Hello World
```

这个步骤主要是利用 hello.o 这个目标文件生成一个名为 hello 的执行文件，详细的 GCC 语法会在后面继续介绍。通过这个操作，可以得到 hello 及 hello.o 两个文件，真正可以执行的是 hello 这个二进制文件（binary program）（该源码程序可在出版社网站下载）。

9.2.3 子任务 3 主程序、子程序链接、子程序的编译

如果在一个主程序里面又调用了另一个子程序呢？这是很常见的一个程序写法，因为可以简化整个程序的易读性。在下面的例子当中，我们以 thanks.c 这个主程序去调用 thanks_2.c 这个子程序，写法很简单。

1. 撰写所需要的主程序、子程序

```
[root@RHEL7-1 ~]# vim thanks.c
#include <stdio.h>
int main(void)
{
        printf("Hello World\n");
        thanks_2();
}
```

上面的 thanks_2()就是调用子程序！

```
[root@RHEL7-1 ~]# vim thanks_2.c
#include <stdio.h>
void thanks_2(void)
{
        printf("Thank you!\n");
}
```

2．进行程序的编译与链接（Link）

（1）开始将源码编译成为可执行的 binary file。

```
[root@RHEL7-1 ~]# gcc -c thanks.c thanks_2.c
[root@RHEL7-1 ~]# ll thanks*
-rw-r--r--. 1 root root   76 Jul 15 21:27 thanks_2.c
-rw-r--r--. 1 root root 1504 Jul 15 21:27 thanks_2.o <==编译生成的目标文件！
-rw-r--r--. 1 root root   91 Jul 15 21:25 thanks.c
-rw-r--r--. 1 root root 1560 Jul 15 21:27 thanks.o <==编译生成的目标文件！
[root@RHEL7-1 ~]# gcc -o thanks thanks.o thanks_2.o
[root@RHEL7-1 ~]# ll thanks*
-rwxr-xr-x. 1 root root 8584 Jul 15 21:28 thanks      <==最终结果会生成可执行文件
```

（2）执行可执行文件。

```
[root@RHEL7-1 ~]# ./thanks
Hello World
Thank you!
```

知道为什么要制作出目标文件了吗？由于我们的源码文件有时并非只有一个文件，所以无法直接进行编译。这个时候就需要先生成目标文件，再以链接制作成为 binary 可执行文件。另外，如果有一天，你升级了 thanks_2.c 这个文件的内容，则只要重新编译 thanks_2.c 来产生新的 thanks_2.o，再以链接制作出新的 binary 可执行文件，而不必重新编译其他没有改动过的源码文件。这对于软件开发者来说，是一个很重要的功能，因为有时候要将偌大的源码全部编译完成，会花很长的一段时间。

此外，如果想要让程序在运行的时候具有比较好的性能，或者是其他的调试功能，可以在编译的过程里面加入适当的参数，例如：

```
[root@RHEL7-1 ~]# gcc -O -c thanks.c thanks_2.c <== -O 为生成优化的参数
[root@RHEL7-1 ~]# gcc -Wall -c thanks.c thanks_2.c
thanks.c: In function 'main':
thanks.c:5:9: warning: implicit declaration of function 'thanks_2'
[-Wimplicit-function-declaration]
        thanks_2();
        ^
thanks.c:6:1: warning: control reaches end of non-void function
[-Wreturn-type]
    }
```

-Wall 为产生更详细的编译过程信息。上面的信息为警告信息（warning），所以不用理会也没有关系。

> 提示：至于更多的 GCC 额外参数功能，请使用 man gcc 查看学习。

9.2.4　子任务 4　调用外部函数库：加入链接的函数库

刚刚我们都只是在屏幕上面打印出一些文字而已，如果要计算数学公式该怎么办呢？例如，我们想要计算出三角函数里面的 sin90°。要注意的是，大多数程序语言都使用弧度而不是"角度"，180 度等于 3.14 弧度。我们来写一个程序：

```
[root@RHEL7-1 ~]# vim sin.c
#include <stdio.h>
int main(void)
{
        float value;
        value = sin ( 3.14 / 2 );
        printf("%f\n",value);
}
```

那要如何编译这个程序呢？我们先直接编译：

```
[root@RHEL7-1 ~]# gcc sin.c
sin.c: In function 'main':
sin.c:5: warning: incompatible implicit declaration of built-in function 'sin'
/tmp/ccsfvijY.o: In function 'main':
sin.c:(.text+0x1b): undefined reference to 'sin'
collect2: ld returned 1 exit status
# 注意看上面最后两行，有个错误信息，代表没有成功
```

怎么没有编译成功？它说"undefined reference to sin"，意思是"没有 sin 的相关定义参考值"，为什么会这样呢？这是因为 C 语言里面的 sin 函数是写在 libm.so 这个函数库中，而我们并没有在源码里面将这个函数库功能加进去。可以这样更正：编译时加入额外函数库链接的方式。

```
[root@RHEL7-1 ~]# gcc sin.c -lm -L/lib -L/usr/lib    <==重点在 -lm
[root@RHEL7-1 ~]# ./a.out                            <==尝试执行新文件
```

特别注意，使用 GCC 编译时所加入的那个-lm 是有意义的，可以拆成两部分来分析。

● -l：是加入某个函数库（library）的意思。

● m：是 libm.so 函数库，其中，lib 与扩展名（.a 或.so）不需要写。

所以-lm 表示使用 libm.so（或 libm.a）这个函数库的意思。那-L 后面接的路径呢？这表示程序需要的函数库 libm.so 请到/lib 或/usr/lib 里面寻找。

注意：由于 Linux 默认是将函数库放置在/lib 与/usr/lib 当中，所以即便没有写-L/lib 与 -L/usr/lib 也没有关系。不过，万一哪天你使用的函数库并非放置在这两个目录下，那么-L/path 就很重要了，否则会找不到函数库的。

除了链接的函数库之外，你或许已经发现一个奇怪的地方，那就是 sin.c 中的第一行"#include <stdio.h>"，这行说明的是要将一些定义数据由 stdio.h 这个文件读入，这包括 printf 的相关设置。这个文件其实是放置在/usr/include/stdio.h 的。那么万一这个文件并非放置在这里呢？那么我们就可以使用下面的方式来定义要读取的 include 文件放置的目录。

```
[root@RHEL7-1 ~]# gcc sin.c -lm -I/usr/include
```

-I/path 后面接的路径（Path）就是设置要去寻找相关的 include 文件的目录。不过，同样，默认值是放置在/usr/include 下面，除非你的 include 文件放置在其他路径，否则也可以略过这个选项。

通过上面的几个小范例，你应该对于 GCC 以及源码有了一定程度的认识了，再接下来，我们来整理一下 GCC 的简易使用方法。

9.2.5　子任务 5　GCC 的简易用法（编译、参数与链接）

前面说过，GCC 是 Linux 上面最标准的编译器，是由 GNU 计划所维护的，有兴趣的朋友请参考相关资料。既然 GCC 对于 Linux 上的开放源码这样重要，下面就列举几个 GCC 常见的参数。

（1）仅将原始码编译成为目标文件，并不制作链接等功能。

```
[root@RHEL7-1 ~]# gcc -c hello.c
```

上述程序会自动生成 hello.o 文件，但是并不会生成二进制可执行文件。

（2）在编译的时候，依据作业环境给予执行速度优化。

```
[root@RHEL7-1 ~]# gcc -O hello.c -c
```

上述程序会自动生成 hello.o 文件，并且进行优化。

（3）在进行二进制可执行文件制作时，将链接的函数库与相关的路径填入。

```
[root@RHEL7-1 ~]# gcc sin.c -lm -L/usr/lib -I/usr/include
```

- 在最终链接成二进制可执行文件的时候，这个命令较常执行。
- -lm 指的是 libm.so 或 libm.a 函数库文件。
- -L 后面接的路径是刚刚上面那个函数库的搜索目录。
- -I 后面接的是源码内的 include 文件所在的目录。

（4）将编译的结果生成某个特定文件。

```
[root@RHEL7-1 ~]# gcc -o hello hello.c
```

程序中，-o 后面接的是要输出的二进制可执行文件名。

（5）在编译的时候，输出较多的信息说明。

```
[root@RHEL7-1 ~]# gcc -o hello hello.c -Wall
```

加入-Wall 之后，程序的编译会变得较为严谨一点，所以以警告信息也会显示出来。

我们通常称-Wall 或者-O 这些非必要的参数为标志（FLAGS）。因为我们使用的是 C 程序语言，所以有时候也会简称这些标志为 CFLAGS。这些标志偶尔会被使用，尤其是在后面介绍 make 相关用法中会被使用。

9.3　任务 3　使用 make 进行宏编译

在本项目一开始我们提到过 make 的功能是可以简化编译过程里面所下达的命令，同时还具有很多很方便的功能！那么下面我们就来使用 make 简化下达编译命令的流程。

9.3.1　子任务 1　为什么要用 make

先来想象一个案例，假设执行文件里面包含了 4 个源码文件，分别是 main.c、haha.c、sin_value.c 和 cos_value.c，这 4 个文件的功能如下。

- main.c：主要目的是让用户输入角度数据与调用其他 3 个子程序。
- haha.c：输出一堆信息。
- sin_value.c：计算用户输入的角度（360）正弦数值。
- cos_value.c：计算用户输入的角度（360）余弦数值。

提示：这 4 个文件可在出版社的网站上下载，或通过 QQ（号码为 68433059）联系作者索要。

```
[root@RHEL7-1 ~]# mkdir /c
```

```
[root@RHEL7-1 ~]# cd    /c
[root@RHEL7-1 c]# vim   main.c
#include <stdio.h>
#define pi 3.14159
char name[15];
float angle;
int main(void)
{  printf ("\n\nPlease input your name: ");
   scanf  ("%s", &name );
   printf ("\nPlease enter the degree angle (ex> 90): " );
   scanf  ("%f", &angle );
   haha(name);
   sin_value(angle);
   cos_value(angle);
}
```

```
[root@RHEL7-1 c]# vim haha.c
#include <stdio.h>
int haha(char name[15])
{  printf ("\n\nHi, Dear %s, nice to meet you.", name);
}
```

```
[root@RHEL7-1 c]# vim sin_value.c
#include <stdio.h>
#define pi 3.14159
float angle;
void sin_value(void)
{  float value;
   value = sin ( angle/180.*pi );
   printf ("\nThe Sin is: %5.2f\n",value);
}
```

```
[root@RHEL7-1 c]# vim cos_value.c
#include <stdio.h>
#define pi 3.14159
float angle;
void cos_value(void)
{
   float value;
   value = cos ( angle/180.*pi );
   printf ("The Cos is: %5.2f\n",value);
}
```

由于这 4 个文件包含了相关性，并且还用到数学函数式，所以如果想要让这个程序可以运行，那么就需要进行编译。

① 先进行目标文件的编译，最终会有 4 个*.o 的文件名出现。

```
[root@RHEL7-1 c]# gcc  -c  main.c
[root@RHEL7-1 c]# gcc  -c  haha.c
[root@RHEL7-1 c]# gcc  -c  sin_value.c
[root@RHEL7-1 c]# gcc  -c  cos_value.c
```

② 再链接形成可执行文件 main，并加入 libm 的数学函数。

```
[root@RHEL7-1 c]# gcc -o  main main.o  haha.o  sin_value.o  cos_value.o \
 -lm  -L/usr/lib  -L/lib
```

注意：如果一条命令一行写不下，加"\"回车换行继续写。

③ 本程序的运行结果，必须输入姓名、360 度角的角度值来完成计算。

```
[root@RHEL7-1 c]# ./main
Please input your name: Bobby   <==这里先输入名字
Please enter the degree angle (ex> 90): 30    <==输入以 360 度为主的角度
Hi, Dear Bobby, nice to meet you.    <==这三行为输出的结果
The Sin is: 0.50
The Cos is: 0.87
```

编译的过程需要进行好多操作，如果要重新编译，则上述的流程又要重新重复一遍，光是找出这些命令就够麻烦的了。如果可以的话，能不能一个步骤就全部完成上面所有的操作呢？那就是利用 make 这个工具。先试着在这个目录下创建一个名为 makefile 的文件，代码如下。

```
# 先编辑 makefile 这个规则文件，内容是制作出 main 这个可执行文件
[root@RHEL7-1 c]# vim makefile
main: main.o haha.o sin_value.o cos_value.o
    gcc -o main main.o haha.o sin_value.o cos_value.o -lm
```

特别注意：第二行的 gcc 之前是按"Tab"键产生的空格，不是真正空格，否则会出错！

```
#. 尝试使用 makefile 制订的规则进行编译
[root@RHEL7-1 c]# rm  -f  main  *.o   <==先将之前的目标文件删除
[root@RHEL7-1 c]# make
cc    -c -o main.o main.c
cc    -c -o haha.o haha.c
cc    -c -o sin_value.o sin_value.c
cc    -c -o cos_value.o cos_value.c
gcc -o main main.o haha.o sin_value.o cos_value.o -lm
```

此时 make 会读取 makefile 的内容，并根据内容直接编译相关的文件，警告信息可忽略。

```
#  在不删除任何文件的情况下，重新运行一次编译的动作
[root@RHEL7-1 c]# make
make: `main' is up to date.
```

看到了吧！是否很方便呢？！只进行了更新（update）的操作。

```
[root@RHEL7-1 c]# ./main
Please input your name: yy
Please enter the degree angle (ex> 90): 60
Hi, Dear yy, nice to meet you.
The Sin is: 0.87
The Cos is: 0.50
```

9.3.2　子任务 2　了解 makefile 的基本语法与变量

make 的语法相当多且复杂，有兴趣的话可以到 GNU 去查阅相关的说明。这里仅列出一些基本的守则，重点在于让读者们未来在接触原始码时不会太紧张！基本的 makefile 守则如下：

目标**(target)**：目标文件 1 目标文件 2
\<tab\>　　**gcc -o**　欲创建的可执行文件 目标文件 1 目标文件 2

目标（target）就是我们想要创建的信息，而目标文件就是具有相关性的 object files，那创建可执行文件的语法就是按"Tab"键开头的那一行。要特别留意，命令行必须以按"Tab"键作为开头才行。语法规则如下。

- 在 makefile 当中的 # 代表注解。
- 需要在命令行（例如 gcc 这个编译器命令）的第一个字节按"Tab"键。
- 目标（target）与相关文件（就是目标文件）之间需以 "："隔开。

同样的，我们以上一个小节的范例做进一步说明，如果想要有两个以上的执行操作，例如执行一个命令就直接清除掉所有的目标文件与可执行文件，那该如何制作 makefile 文件呢？

（1）先编辑 makefile 来建立新的规则，此规则的目标名称为 clean。

```
[root@RHEL7-1 c]# vim makefile
main: main.o haha.o sin_value.o cos_value.o
    gcc -o main main.o haha.o sin_value.o cos_value.o -lm
clean:
    rm -f main main.o haha.o sin_value.o cos_value.o
```

特别注意：第二行和第四行开头是按"Tab"键产生的空格，不是真正空格，否则会出错！

（2）以新的目标（clean）测试，看看执行 make 的结果。

```
[root@RHEL7-1 c]# make clean    <==就是这里！通过 make 以 clean 为目标
rm -rf main main.o haha.o sin_value.o cos_value.o
```

如此一来，makefile 里面就具有至少两个目标，分别是 main 与 clean，如果我们想要创建 main 的话，输入"make main"；如果想要清除信息，输入"make clean"即可。而如果想要先清除目标文件再编译 main 这个程序，就可以这样输入："make clean main"，如下所示：

```
[root@RHEL7-1 c]# make clean main
rm -rf main main.o haha.o sin_value.o cos_value.o
cc   -c -o main.o main.c
cc   -c -o haha.o haha.c
```

```
cc    -c -o sin_value.o sin_value.c
cc    -c -o cos_value.o cos_value.c
gcc -o main main.o haha.o sin_value.o cos_value.o -lm
```

不过，makefile 里面重复的数据还是有点多。我们可以再通过 shell script 的"变量"来简化 makefile：

```
[root@RHEL7-1 c]# vim makefile
LIBS = -lm
OBJS = main.o haha.o sin_value.o cos_value.o
main: ${OBJS}
    gcc -o main ${OBJS} ${LIBS}
clean:
        rm -f main ${OBJS}
```

特别注意：第四行和第六行开头是按"Tab"键产生的空格，不是真正空格，否则会出错！

与 bash shell script 的语法有点不太相同，变量的基本语法如下。

- 变量与变量内容以"="隔开，同时两边可以有空格。
- 变量左边不可以按"Tab"键，例如上面范例的第一行 LIBS 左边不可以按"Tab"键。
- 变量与变量内容在"="两边不能具有":"。
- 习惯上，变量最好是以"大写字母"为主。
- 运用变量时，使用 $ {变量}或 $ (变量)。
- 该 shell 的环境变量是可以被套用的，例如提到的 CFLAGS 这个变量。
- 在命令行模式也可以定义变量。

由于 GCC 在进行编译的行为时，会主动地去读取 CFLAGS 这个环境变量，所以，可以直接在 shell 定义这个环境变量，也可以在 makefile 文件里面去定义，或者在命令行当中定义。例如：

```
[root@RHEL7-1 c]# CFLAGS="-Wall" make clean main
# 这个操作在 make 上进行编译时，会取用 CFLAGS 的变量内容
```

也可以这样：

```
[root@RHEL7-1 c]# vim makefile
LIBS = -lm
OBJS = main.o haha.o sin_value.o cos_value.o
CFLAGS = -Wall
main: ${OBJS}
    gcc -o main ${OBJS} ${LIBS}
clean:
        rm -f main ${OBJS}
```

可以利用命令行进行环境变量的输入，也可以在文件内直接指定环境变量。万一这个 CFLAGS 的内容在命令行里面与 makefile 里面并不相同，那么该以哪个方式的输入为主呢？环境变量使用的规则如下。

- make 命令行后面加上的环境变量优先。

- makefile 里面指定的环境变量第二。
- shell 原本具有的环境变量第三。

此外，还有一些特殊的变量需要了解。$@代表目前的目标（target）。

所以也可以将 makefile 改成：

```
[root@RHEL7-1 c]# vim makefile
LIBS = -lm
OBJS = main.o haha.o sin_value.o cos_value.o
CFLAGS = -Wall
main: ${OBJS}
    gcc -o $@ ${OBJS} ${LIBS}  <==那个 $@ 就是 main
clean:
    rm -f main ${OBJS}
```

9.4 练习题

一、填空题

1. 源码其实大多是_____文件，需要通过_____操作后，才能够制作出 Linux 系统能够认识的可运行的_____。

2. _____可以加速软件的升级速度，让软件效能更快、漏洞修补更及时。

3. 在 Linux 系统当中，最标准的 C 语言编译器为_____。

4. 在编译的过程当中，可以通过其他软件提供的_____来使用该软件的相关机制与功能。

5. 为了简化编译过程当中复杂的命令输入，可以通过_____与_____规则定义来简化程序的升级、编译与链接等操作。

二、简答题

简述 Bug 的分类。

学习情境四

网络服务器配置与管理

项目 ⑩ 配置与管理 Samba 服务器

项目导入

是谁最先搭起 Windows 和 Linux 沟通的桥梁,并且提供不同系统间的共享服务,还能拥有强大的打印服务功能?答案就是 Samba。Samba 的应用环境非常广泛。当然 Samba 的魅力还远远不止这些。

职业能力目标和要求

- 了解 Samba 环境及协议。
- 掌握 Samba 的工作原理。
- 掌握主配置文件 Samba.conf 的配置方法。
- 掌握 Samba 服务密码文件的配置方法。
- 掌握 Samba 文件和打印共享的设置方法。
- 掌握 Linux 和 Windows 客户端共享 Samba 服务器资源的方法。

10.1 任务1 认识 Samba

微课

管理与维护
Samba 服务器

对于接触 Linux 的用户来说,听得最多的就是 Samba 服务,为什么是 Samba 呢?原因是 Samba 最先在 Linux 和 Windows 两个平台之间架起了一座桥梁。正是由于 Samba 的出现,我们可以在 Linux 系统和 Windows 系统之间互相通信,比如复制文件、实现不同操作系统之间的资源共享等。我们可以将其架设成一个功能非常强大的文件服务器,也可以将其架设成打印服务器提供本地和远程联机打印,甚至可以使用 Samba 服务器完全取代 Windows NT/2000/2003 中的域控制器,使得域管理工作变得非常方便。

10.1.1 子任务1 了解 Samba 应用环境

- 文件和打印机共享:文件和打印机共享是 Samba 的主要功能,通过 SMB 进程实现资源共享,将文件和打印机发布到网络之中,以供用户访问。
- 身份验证和权限设置:smbd 服务支持 user mode 和 domain mode 等身份验证和权限设置模式,通过加密方式可以保护共享的文件和打印机。
- 名称解析:Samba 通过 nmbd 服务可以搭建 NBNS(NetBIOS Name Service)服务器,提供名称解析,将计算机的 NetBIOS 名解析为 IP 地址。

- 浏览服务：局域网中，Samba 服务器可以成为本地主浏览服务器（LMB），保存可用资源列表，当使用客户端访问 Windows 网上邻居时，会提供浏览列表，显示共享目录、打印机等资源。

10.1.2 子任务 2 了解 SMB 协议

SMB（Server Message Block）通信协议可以看作是局域网上共享文件和打印机的一种协议。它是 Microsoft 和 Intel 在 1987 年制定的协议，主要是作为 Microsoft 网络的通信协议，而 Samba 则是将 SMB 协议搬到 UNIX 系统上来使用。通过 "NetBIOS over TCP/IP"，使用 Samba 不但能与局域网络主机共享资源，而且能与全世界的计算机共享资源。因为互联网上千千万万的主机所使用的通信协议就是 TCP/IP。SMB 是在会话层和表示层以及小部分应用层上的协议，SMB 使用了 NetBIOS 的应用程序接口 API。另外，它是一个开放性的协议，允许协议扩展，这使它变得庞大而复杂，大约有 65 个最上层的作业，而每个作业都有超过 120 个函数。

10.1.3 子任务 3 掌握 Samba 的工作原理

Samba 服务功能强大，这与其通信基于 SMB 协议有关。SMB 不仅提供目录和打印机共享，还支持认证、权限设置。在早期，SMB 运行于 NBT 协议（NetBIOS over TCP/IP）上，使用 UDP 的 137、138 及 TCP 的 139 端口，后期 SMB 经过开发，可以直接运行于 TCP/IP 上且没有额外的 NBT 协议，使用 TCP 的 445 端口。

拓展阅读

22. 掌握 Samba 的
工作原理

10.2 任务 2 配置 Samba 服务

10.2.1 子任务 1 安装并启动 Samba 服务

建议在安装 Samba 服务之前，使用 rpm -qa |grep samba 命令检测系统是否安装了 Samba 相关性软件包：

```
[root@RHEL7-1 ~]#rpm -qa |grep samba
```

如果系统还没有安装 samba 软件包，可以使用 yum 命令安装所需软件包。

（1）挂载 ISO 安装映像。

```
[root@RHEL7-1 ~]# mkdir /iso
[root@RHEL7-1 ~]# mount /dev/cdrom /iso
mount: /dev/sr0 is write-protected, mounting read-only
```

（2）制作用于安装的 yum 源文件（见项目 **3** 和项目 **9** 相关内容）。dvd.repo 文件的内容如下：

```
# /etc/yum.repos.d/dvd.repo
# or for ONLY the media repo, do this:
# yum --disablerepo=\* --enablerepo=c6-media [command]
[dvd]
name=dvd
baseurl=file:///iso            //特别注意本地源文件的表示，3 个 "/"
gpgcheck=0
enabled=1
```

（3）使用 yum 命令查看 samba 软件包的信息。

```
[root@RHEL7-1 ~]# yum info samba
```

（4）使用 yum 命令安装 samba 服务。

```
[root@RHEL7-1 ~]# yum clean all                        //安装前先清除缓存
[root@RHEL7-1 ~]# yum install samba -y
```

（5）所有软件包安装完毕，可以使用 rpm 命令再一次进行查询：rpm -qa | grep samba。

```
[root@RHEL7-1 ~]# rpm -qa | grep samba
samba-common-tools-4.6.2-8.el7.x86_64
samba-common-4.6.2-8.el7.noarch
samba-common-libs-4.6.2-8.el7.x86_64
samba-client-libs-4.6.2-8.el7.x86_64
samba-libs-4.6.2-8.el7.x86_64
samba-4.6.2-8.el7.x86_64
```

（6）启动与停止 samba 服务，设置开机启动。

```
[root@RHEL7-1 ~]# systemctl start smb
[root@RHEL7-1 ~]# systemctl enable smb
Created symlink from /etc/systemd/system/multi-user.target.wants/smb.service
 to /usr/lib/systemd/system/smb.service.
[root@RHEL7-1 ~]# systemctl restart smb
[root@RHEL7-1 ~]# systemctl stop smb
[root@RHEL7-1 ~]# systemctl start smb
```

注意：在 Linux 的服务中，更改了配置文件后，一定要记得重启服务，让服务重新加载配置文件，这样新的配置才可以生效。（start/restart/reload）

10.2.2　子任务 2　了解 Samba 服务器配置的工作流程

当 Samba 服务安装完毕，并不是直接可以使用 Windows 或 Linux 的客户端访问 Samba 服务器，还必须对服务器进行设置：告诉 Samba 服务器将哪些目录共享出来给客户端进行访问，并根据需要设置其他选项，比如添加对共享目录内容的简单描述信息和访问权限等具体设置。

基本的 Samba 服务器的搭建流程主要分为 5 个步骤。

（1）编辑主配置文件 smb.conf，指定需要共享的目录，并为共享目录设置共享权限。

（2）在 smb.conf 文件中指定日志文件名称和存放路径。

（3）设置共享目录的本地系统权限。

（4）重新加载配置文件或重新启动 SMB 服务，使配置生效。

（5）关闭防火墙，同时设置 SELinux 为允许。

Samba 的工作流程如图 10-1 所示。

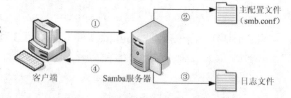

图 10-1　Samba 的工作流程示意图

（1）客户端请求访问 Samba 服务器上的共享目录。

（2）Samba 服务器接收到请求后，会查询主配置文件 smb.conf，看是否共享了目录，如果共享了目录则查看客户端是否有权限访问。

（3）Samba 服务器会将本次访问信息记录在日志文件之中，日志文件的名称和路径都需要我们设置。

（4）如果客户端满足访问权限设置，则允许客户端进行访问。

10.2.3 子任务 3 主要配置文件 smb.conf

Samba 的配置文件一般就放在/etc/samba 目录中，主配置文件名为 smb.conf。

1．Samba 服务程序中的参数以及作用

使用 ll 命令查看 smb.conf 文件属性，并使用命令 vim /etc/samba/smb.conf 查看文件的详细内容，如图 10-2 所示。

图 10-2 查看 smb.conf 配置文件

RHEL 7 的 smb.conf 配置文件已经简化，只有 36 行左右。为了更清楚地了解配置文件，建议研读 smb.conf.example。Samba 开发组按照功能不同，对 smb.conf 文件进行了分段划分，条理非常清楚。表 10-1 罗列了主配置文件的参数以及相应的注释说明。

表 10-1 Samba 服务程序中的参数以及作用

作用范围	参　数	作　用
[global]	workgroup = MYGROUP	#工作组名称，如 workgroup=SmileGroup
	server string = Samba Server Version %v	#服务器描述，参数%v 为显示 SMB 版本号
	log file = /var/log/samba/log.%m	#定义日志文件的存放位置与名称，参数%m 为来访的主机名
	max log size = 50	#定义日志文件的最大容量为 50KB
	security = user	#安全验证的方式，总共有 4 种，如 security=user，表示： 需验证来访主机提供的口令后才可以访问；提升了安全性，系统默认方式
	security = share	#来访主机无须验证口令；比较方便，但安全性很差
	security = server	#使用独立的远程主机验证来访主机提供的口令（集中管理账户）
	security = domain	#使用域控制器进行身份验证
	passdb backend = tdbsam	#定义用户后台的类型，共有 3 种。第一种表示： 创建数据库文件并使用pdbedit命令建立 Samba 服务程序的用户
	passdb backend = smbpasswd	#使用smbpasswd命令为系统用户设置Samba服务程序的密码
	passdb backend = ldapsam	#ldapsam：基于 LDAP 服务进行账户验证
	load printers = yes	#设置在 Samba 服务启动时是否共享打印机设备
	cups options = raw	#打印机的选项

作用范围	参　　数	作　　用
[homes]		#共享参数
	comment = Home Directories	#描述信息
	browseable = no	#指定共享信息是否在"网上邻居"中可见
	writable = yes	#定义是否可以执行写入操作，与"read only"相反
[printers]		#打印机共享参数

技巧：为了方便配置，建议先备份 smb.conf，一旦发现错误可以随时从备份文件中恢复主配置文件。操作如下。

```
[root@RHEL7-1 ~]# cd /etc/samba
[root@RHEL7-1 samba]# ls
[root@RHEL7-1 samba]# cp smb.conf  smb.conf.bak
```

2．Share Definitions 共享服务的定义

Share Definitions 设置对象为共享目录和打印机，如果想发布共享资源，需要对 Share Definitions 部分进行配置。Share Definitions 字段非常丰富，设置灵活。

我们先来看几个最常用的字段。

（1）设置共享名。

共享资源发布后，必须为每个共享目录或打印机设置不同的共享名，供网络用户访问时使用，并且共享名可以与原目录名不同。

共享名的设置非常简单，格式为：

```
[共享名]
```

（2）共享资源描述。

网络中存在各种共享资源，为了方便用户识别，可以为其添加备注信息，以方便用户查看时知道共享资源的内容是什么。

格式：

```
comment = 备注信息
```

（3）共享路径。

共享资源的原始完整路径，可以使用 path 字段进行发布，务必正确指定。

格式：

```
path = 绝对地址路径
```

（4）设置匿名访问。

设置是否允许对共享资源进行匿名访问，可以更改 public 字段。

格式：

```
public = yes     #允许匿名访问
public = no      #禁止匿名访问
```

【例 10-1】samba 服务器中有个目录为/share，需要发布该目录成为共享目录，定义共享名为 public，要求：允许浏览、允许只读、允许匿名访问。设置如下所示。

```
[public]
```

```
        comment = public
        path = /share
        browseable = yes
        read only = yes
        public = yes
```

（5）设置访问用户。

如果共享资源存在重要数据的话，需要对访问用户进行审核，我们可以使用 valid users 字段进行设置。

格式：

```
valid users = 用户名
valid users = @组名
```

【例 10-2】samba 服务器/share/tech 目录中存放了公司技术部数据，只允许技术部员工和经理访问，技术部组为 tech，经理账号为 manager。

```
[tech]
        comment=tech
        path=/share/tech
        valid users=@tech,manager
```

（6）设置目录只读。

共享目录如果需要限制用户的读写操作，我们可以通过 read only 实现。

格式：

```
read only = yes      #只读
read only = no       #读写
```

（7）设置过滤主机。

注意网络地址的写法！

相关示例如下。

```
hosts allow = 192.168.10.   server.abc.com
```

上述程序表示允许来自 192.168.10.0 或 server.abc.com 的访问者访问 samba 服务器资源。

```
hosts deny = 192.168.2.
```

上述程序表示不允许来自 192.168.2.0 网络的主机访问当前 samba 服务器资源。

【例 10-3】Samba 服务器公共目录/public 存放大量共享数据，为保证目录安全，仅允许 192.168.10.0 网络的主机访问，并且只允许读取，禁止写入。

```
[public]
        comment=public
        path=/public
        public=yes
        read only=yes
        hosts allow = 192.168.10.
```

（8）设置目录可写。

如果共享目录允许用户写操作，可以使用 writable 或 write list 两个字段进行设置。

writable 格式：

```
writable = yes       #读写
writable = no        #只读
```

write list 格式：

```
write list = 用户名
write list = @组名
```

注意：[homes]为特殊共享目录，表示用户主目录。[printers]表示共享打印机。

10.2.4　子任务 4　Samba 服务的日志文件和密码文件

1．Samba 服务日志文件

日志文件对于 Samba 非常重要，它存储着客户端访问 Samba 服务器的信息，以及 Samba 服务的错误提示信息等，可以通过分析日志，帮助解决客户端访问和服务器维护等问题。

在/etc/samba/smb.conf 文件中，log file 为设置 Samba 日志的字段。如下所示：

```
log file = /var/log/samba/log.%m
```

Samba 服务的日志文件默认存放在/var/log/samba/中，其中 Samba 会为每个连接到 Samba 服务器的计算机分别建立日志文件。使用 **ls -a**　**/var/log/samba** 命令可以查看日志的所有文件。

当客户端通过网络访问 Samba 服务器后，会自动添加客户端的相关日志。所以，Linux 管理员可以根据这些文件来查看用户的访问情况和服务器的运行情况。另外当 Samba 服务器工作异常时，也可以通过/var/log/samba/下的日志进行分析。

2．Samba 服务密码文件

Samba 服务器发布共享资源后，客户端访问 Samba 服务器，需要提交用户名和密码进行身份验证，验证合格后才可以登录。Samba 服务为了实现客户身份验证功能，将用户名和密码信息存放在/etc/samba/smbpasswd 中，在客户端访问时，将用户提交的资料与 smbpasswd 中存放的信息进行比对，如果相同，并且 Samba 服务器其他安全设置允许，客户端与 Samba 服务器的连接才能建立成功。

那如何建立 Samba 账号呢？首先，Samba 账号并不能直接建立，需要先建立 Linux 同名的系统账号。例如，如果要建立一个名为 yy 的 Samba 账号，那么 Linux 系统中必须提前存在一个同名的 yy 系统账号。

Samba 中添加账号的命令为 smbpasswd，格式为：

```
smbpasswd -a 用户名
```

【例 10-4】在 Samba 服务器中添加 Samba 账号 reading。

（1）建立 Linux 系统账号 reading。

```
[root@RHEL7-1 ~]# useradd  reading
[root@RHEL7-1 ~]# passwd  reading
```

（2）添加 reading 用户的 Samba 账号。

```
[root@RHEL7-1 ~]# smbpasswd  -a  reading
```

Samba 账号添加完毕。如果在添加 Samba 账号时输入完两次密码后出现错误信息 Failed to modify password entry for user amy，则是因为 Linux 本地用户里没有 reading 这个用户，在 Linux 系统里面添加一下就可以了。

提示：在建立 Samba 账号之前，一定要先建立一个与 Samba 账号同名的系统账号。

经过上面的设置，再次访问 Samba 共享文件时就可以使用 reading 账号。

10.3 任务 3 user 服务器实例解析

在 RHEL 7 系统中，Samba 服务程序默认使用的是用户口令认证模式（user）。这种认证模式可以确保仅让有密码且受信任的用户访问共享资源，而且验证过程也十分简单。

【例 10-5】如果公司有多个部门，因工作需要，就必须分门别类地建立相应部门的目录。要求将销售部的资料存放在 Samba 服务器的/companydata/sales/目录下集中管理，以便销售人员浏览，并且该目录只允许销售部员工访问。

需求分析：在/companydata/sales/目录中存放有销售部的重要数据，为了保证其他部门无法查看其内容，我们需要将全局配置中 security 设置为 user 安全级别。这样就启用了 Samba 服务器的身份验证机制。然后在共享目录/companydata/sales 下设置 valid users 字段，配置只允许销售部员工访问这个共享目录。

（1）建立共享目录，并在其下建立测试文件。

```
[root@RHEL7-1 ~]# mkdir  /companydata
[root@RHEL7-1 ~]# mkdir  /companydata/sales
[root@RHEL7-1 ~]# touch  /companydata/sales/test_share.tar
```

（2）添加销售部用户和组并添加相应的 Samba 账号。

① 使用 groupadd 命令添加 sales 组，然后执行 useradd 命令和 passwd 命令，以添加销售部员工的账号及密码。此处单独增加一个 test_user1 账号，不属于 sales 组，供测试用。

```
[root@RHEL7-1 ~]# groupadd  sales              #建立销售组 sales
[root@RHEL7-1 ~]# useradd -g  sales  sale1      #建立用户 sale1，添加到 sales 组
[root@RHEL7-1 ~]# useradd -g  sales  sale2      #建立用户 sale2，添加到 sales 组
[root@RHEL7-1 ~]# useradd  test_user1           #供测试用
[root@RHEL7-1 ~]# passwd  sale1                 #设置用户 sale1 密码
[root@RHEL7-1 ~]# passwd  sale2                 #设置用户 sale2 密码
[root@RHEL7-1 ~]# passwd  test_user1            #设置用户 test_user1 密码
```

② 为销售部成员添加相应 Samba 账号。

```
[root@RHEL7-1 ~]# smbpasswd -a  sale1
[root@RHEL7-1 ~]# smbpasswd -a  sale2
```

（3）修改 Samba 主配置文件 smb.conf。

```
[global]
        workgroup = Workgroup
        server string = File Server
        security = user                        #设置 user 安全级别模式，默认值
        passdb backend = tdbsam
        printing = cups
        printcap name = cups
        load printers = yes
        cups options = raw
[sales]                                        #设置共享目录的共享名为 sales
    comment=sales
    path=/companydata/sales                     #设置共享目录的绝对路径
```

```
                writable = yes
                browseable = yes
                valid users = @sales            #设置可以访问的用户为 sales 组
```

（4）设置共享目录的本地系统权限和属性。

```
[root@RHEL7-1 ~]# chmod 770 /companydata/sales -R
[root@RHEL7-1 ~]# chown :sales /companydata/sales -R
```

-R 参数是递归用的，一定要加上。请读者再次复习前面学习的权限相关内容，特别是 chown、chmod 等命令。

（5）更改共享目录和用户家目录的 context 值，或者禁掉 SELinux。

```
[root@RHEL7-1 ~]# chcon -t samba_share_t /companydata/sales -R
[root@RHEL7-1 ~]# chcon -t samba_share_t /home/sale1 -R
[root@RHEL7-1 ~]# chcon -t samba_share_t /home/sale2 -R
```

或者：

```
[root@RHEL7-1 ~]# getenforce
Enforcing
[root@RHEL7-1 ~]# setenforce Permissive
```

（6）让防火墙放行，这一步很重要。

```
[root@RHEL7-1 ~]# firewall-cmd --permanent --add-service=samba
success
[root@RHEL7-1 ~]# firewall-cmd --reload            //重新加载防火墙
success
[root@RHEL7-1 ~]# firewall-cmd --list-all
public (active)
  target: default
  icmp-block-inversion: no
  interfaces: ens33
  sources:
  services: ssh dhcpv6-client samba            //已经加入防火墙的允许服务
  ports:
  protocols:
  masquerade: no
  forward-ports:
  source-ports:
  icmp-blocks:
  rich rules:
```

（7）重新加载 Samba 服务。

```
[root@RHEL7-1 ~]# systemctl restart smb
//或者
[root@RHEL7-1 ~]# systemctl reload smb
```

（8）测试。

一是在 Windows 7 中利用资源管理器进行测试，二是利用 Linux 客户端。

特别提示：Samba 服务器在将本地文件系统共享给 Samba 客户端时，涉及本地文件系统权限和 Samba 共享权限。当客户端访问共享资源时，最终的权限取这两种权限中最严格的。后面的实例中，不再单独设置本地权限。如果对权限不是很熟悉，请参考前面项目 4 的相关内容。

10.4　任务 4　配置 Samba 客户端

1. Windows 客户端访问 samba 共享

无论 Samba 共享服务是部署在 Windows 系统上，还是部署在 Linux 系统上，通过 Windows 系统进行访问时，其步骤和方法都是一样的。下面假设 Samba 共享服务部署在 Linux 系统上，并通过 Windows 系统来访问 Samba 服务。Samba 共享服务器和 Windows 客户端的 IP 地址可以根据表 10-2 来设置。

表 10-2　Samba 服务器和 Windows 客户端使用的操作系统以及 IP 地址

主 机 名 称	操 作 系 统	IP 地址
Samba 共享服务器：RHEL 7-1	RHEL 7	192.168.10.1
Windows 客户端：Win7-1	Windows 7	192.168.10.30

（1）依次选择"开始"→"运行"命令，使用 UNC 路径直接进行访问，例如\\192.168.10.1。打开"Windows 安全"对话框，如图 10-3 所示。输入 sale1 或 sale2 及其密码，登录后可以正常访问。

图 10-3　"Windows 安全"对话框

试一试：注销 Windows 7 客户端，使用 test_user 用户和密码登录会出现什么情况？

（2）映射网络驱动器访问 Samba 服务器共享目录。双击打开"计算机"，再依次选择"工具"→"映射网络驱动器"命令，在"映射网络驱动器"对话框中选择 Z 驱动器，并输入 tech 共享目录的地址，如\\192.168.1.30\sales。单击"完成"按钮，在接下来的对话框中输入可以访问 sales 共享目录的 Samba 账号和密码。

（3）再次打开"计算机"，驱动器 Z 就是共享目录 sales，就可以很方便地访问了。

2. Linux 客户端访问 Samba 共享

Samba 服务程序当然还可以实现 Linux 系统之间的文件共享。请各位读者按照表 10-3 来设置 Samba 服务程序所在主机（即 Samba 共享服务器）和 Linux 客户端使用的 IP 地址，然后在客户端安装 Samba 服务和支持文件共享服务的软件包（cifs-utils）。

表 10-3　Samba 共享服务器和 Linux 客户端各自使用的操作系统以及 IP 地址

主 机 名 称	操 作 系 统	IP 地 址
Samba 共享服务器：**RHEL 7-1**	RHEL 7 操作系统	192.168.10.1
Linux 客户端：**RHEL 7-2**	RHEL 7 操作系统	192.168.10.20

（1）在 RHEL 7-2 上安装 samba-client 和 cifs-utils。

```
[root@RHEL7-2 ~]# mkdir /iso
[root@RHEL7-2 ~]# mount /dev/cdrom /iso
mount: /dev/sr0 is write-protected, mounting read-only
[root@RHEL7-2 ~]# vim /etc/yum.repos.d/dvd.repo
[root@RHEL7-2 ~]# yum install samba-client -y
[root@RHEL7-2 ~]# yum install cifs-utils -y
```

（2）Linux 客户端使用 smbclient 命令访问服务器。

① smbclient 可以列出目标主机共享目录列表。Smbclient 的命令格式为：

```
smbclient -L 目标 IP 地址或主机名 -U 登录用户名%密码
```

当查看 RHEL 7-1（192.168.10.1）主机的共享目录列表时，提示输入密码，这时候可以不输入密码，而直接按"Enter"键，这样表示匿名登录，然后就会显示匿名用户可以看到的共享目录列表。

```
[root@RHEL7-2 ~]# smbclient -L 192.168.10.1
```

若想使用 Samba 账号查看 Samba 服务器端共享的目录，可以加上-U 参数，后面跟上用户名%密码。下面的命令显示只有 sale2 账号（其密码为 12345678）才有权限浏览和访问的 sales 共享目录：

```
[root@RHEL7-2 ~]# smbclient -L 192.168.10.1 -U sale2%12345678
```

注意：不同用户使用 smbclient 浏览的结果可能是不一样的，这要根据服务器设置的访问控制权限而定。

② 还可以使用 smbclient 命令行共享访问模式浏览共享的资料。

smbclient 命令行共享访问模式命令格式：

```
smbclient //目标 IP 地址或主机名/共享目录 -U 用户名%密码
```

下面命令运行后，将进入交互式界面（键入"?"号可以查看具体命令）。

```
[root@RHEL7-2 ~]# smbclient //192.168.10.1/sales -U sale2%12345678
Domain=[RHEL7-1] OS=[Windows 6.1] Server=[Samba 4.6.2]
smb: \> ls
  .                               D        0  Mon Jul 16 21:14:52 2018
  ..                              D        0  Mon Jul 16 18:38:40 2018
  test_share.tar                  A        0  Mon Jul 16 18:39:03 2018

        9754624 blocks of size 1024. 9647416 blocks available
smb: \> mkdir testdir             //新建一个目录进行测试
smb: \> ls
  .                               D        0  Mon Jul 16 21:15:13 2018
```

```
..                              D      0  Mon Jul 16 18:38:40 2018
test_share.tar                  A      0  Mon Jul 16 18:39:03 2018
testdir                         D      0  Mon Jul 16 21:15:13 2018


        9754624 blocks of size 1024. 9647416 blocks available
smb: \> exit
[root@RHEL7-2 ~]#
```

另外，smbclient 登录 Samba 服务器后，可以使用 help 查询所支持的命令。

（3）Linux 客户端使用 mount 命令挂载共享目录。

mount 命令挂载共享目录的格式为：

```
mount -t cifs //目标 IP 地址或主机名/共享目录名称 挂载点 -o username=用户名
```

下面的命令结果为挂载 192.168.10.1 主机上的共享目录 sales 到/mnt/sambadata 目录下，cifs 是 samba 所使用的文件系统。

```
[root@RHEL7-2 ~]# mkdir -p /mnt/sambadata
[root@RHEL7-2 ~]# mount -t cifs //192.168.10.1/sales /mnt/sambadata/ -o
username=sale1
Password for sale1@//192.168.10.1/sales: ********
//输入 sale1 的 samba 用户密码，不是系统用户密码
[root@RHEL7-2 ~]# cd /mnt/sambadata
[root@RHEL7-2 sambadata]# ls
testdir test_share.tar
```

10.5 项目实录

慕课

1. 视频位置

实训前请扫二维码观看"实训项目 配置与管理 Samba 服务器"慕课。

实训项目 配置与管理 Samba 服务器

2. 项目背景

某公司有 system、develop、productdesign 和 test 4 个小组，个人办公机操作系统为 Windows 7/8，少数开发人员采用 Linux 操作系统，服务器操作系统为 RHEL 7，需要设计一套建立在 RHEL 7 之上的安全文件共享方案。每个用户都有自己的网络磁盘，develop 组到 test 组有共用的网络硬盘，所有用户（包括匿名用户）有一个只读共享资料库；所有用户（包括匿名用户）要有一个存放临时文件的文件夹。网络拓扑如图 10-4 所示。

3. 项目目标

（1）System 组具有管理所有 Samba 空间的权限。

（2）各部门的私有空间：各小组拥有

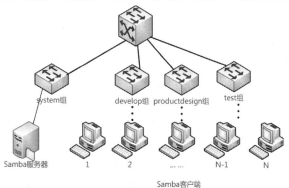

图 10-4 Samba 服务器搭建网络拓扑

自己的空间，除了小组成员及 system 组有权限以外，其他用户不可访问（包括列表、读和写）。

（3）资料库：所有用户（包括匿名用户）都具有读取权限而不具有写入数据的权限。

（4）develop 组与 test 组之外的用户不能访问 develop 组与 test 组的共享空间。

（5）公共临时空间：让所有用户可以读取、写入、删除。

4．深度思考

在观看视频时思考以下几个问题。

（1）用 mkdir 命令建立共享目录，可以同时建立多少个目录？

（2）chown、chmod、setfacl 这些命令如何熟练应用？

（3）组账户、用户账户、Samba 账户等的建立过程是怎样的？

（4）useradd 的各类选项：-g、-G、-d、-s、-M 的含义分别是什么？

（5）权限 700 和 755 是什么含义？请查找相关权限表示的资料，也可以向作者索要相关微课资源。

（6）注意不同用户登录后的权限变化。

5．做一做

根据项目要求及视频内容，将项目完整无缺地完成。

10.6　练习题

一、填空题

1. Samba 服务功能强大，使用_____协议，英文全称是_____。

2. SMB 经过开发，可以直接运行于 TCP/IP 上，使用 TCP 的_____端口。

3. Samba 服务是由两个进程组成，分别是_____和_____。

4. Samba 服务软件包包括_____、_____、_____和_____（不要求版本号）。

5. Samba 的配置文件一般就放在_____目录中，主配置文件名为_____。

6. Samba 服务器有_____、_____、_____、_____和_____5 种安全模式，默认级别是_____。

二、选择题

1. 用 Samba 共享了目录，但是在 Windows 网络邻居中却看不到它，应该在/etc/Samba/smb.conf 中怎样设置才能正确工作？（　　　）

　　A．AllowWindowsClients=yes　　　　　　B．Hidden=no

　　C．Browseable=yes　　　　　　　　　　D．以上都不是

2. （　　　）命令可用来卸载 Samba-3.0.33-3.7.el5.i386.rpm。

　　A．rpm -D Samba-3.0.33-3.7.el5　　　　B．rpm -i Samba-3.0.33-3.7.el5

　　C．rpm -e Samba-3.0.33-3.7.el5　　　　D．rpm -d Samba-3.0.33-3.7.el5

3. （　　　）命令可以允许 198.168.0.0/24 访问 Samba 服务器。

　　A．hosts enable = 198.168.0.　　　　　B．hosts allow = 198.168.0.

　　C．hosts accept = 198.168.0.　　　　　D．hosts accept = 198.168.0.0/24

4. 启动 Samba 服务时，（　　　）是必须运行的端口监控程序。

　　A．nmbd　　　　　B．lmbd　　　　　　C．mmbd　　　　　D．smbd

5. 下面所列出的服务器类型中,( )可以使用户在异构网络操作系统之间进行文件系统共享。

    A. FTP   B. Samba   C. DHCP   D. Squid

6. Samba 服务的密码文件是( )。

    A. smb.conf   B. Samba.conf   C. smbpasswd   D. smbclient

7. 利用( )命令可以对 Samba 的配置文件进行语法测试。

    A. smbclient   B. smbpasswd   C. testparm   D. smbmount

8. 可以通过设置条目( )来控制访问 Samba 共享服务器的合法主机名。

    A. allow hosts   B. valid hosts   C. allow   D. publicS

9. Samba 的主配置文件中不包括( )。

    A. global 参数   B. directory shares 部分

    C. printers shares 部分   D. applications shares 部分

三、简答题

1. 简述 Samba 服务器的应用环境。

2. 简述 Samba 的工作流程。

3. 简述基本的 Samba 服务器搭建流程的 4 个主要步骤。

4. 简述 Samba 服务故障排除的方法。

10.7 实践习题

1. 公司需要配置一台 Samba 服务器。工作组名为 smile,共享目录为/share,共享名为 public,该共享目录只允许 192.168.0.0/24 网段员工访问。请给出实现方案并上机调试。

2. 如果公司有多个部门,因工作需要,必须分门别类地建立相应部门的目录。要求将技术部的资料存放在 Samba 服务器的/companydata/tech/目录下集中管理,以便技术人员浏览,并且该目录只允许技术部员工访问。请给出实现方案并上机调试。

3. 配置 Samba 服务器,要求如下:Samba 服务器上有个 tech1 目录,此目录只有 boy 用户可以浏览访问,其他人都不可以浏览和访问。请灵活使用独立配置文件,给出实现方案并上机调试。

4. 上机完成企业实战案例的 Samba 服务器配置及调试工作。

项目 ⑪ 配置与管理 DHCP 服务器

项目导入

在一个计算机比较多的网络中，如果要为整个企业的上百台机器逐一进行 IP 地址的配置绝不是一件轻松的工作。为了更方便、简捷地完成这些工作，很多时候会采用动态主机配置协议（Dynamic Host Configuration Protocol，DHCP）来自动为客户端配置 IP 地址、默认网关等信息。

在完成该项目之前，首先应当对整个网络进行规划，确定网段的划分以及每个网段可能的主机数量等信息。

职业能力目标和要求

- 了解 DHCP 服务器在网络中的作用。
- 理解 DHCP 的工作过程。
- 掌握 DHCP 服务器的基本配置方法。
- 掌握 DHCP 客户端的配置和测试方法。

11.1 DHCP 相关知识

11.1.1 DHCP 服务概述

微课

配置 DHCP 服务器

DHCP 是一个局域网的网络协议，使用 UDP 工作，主要有两个用途：一是用于内部网或网络服务供应商自动分配 IP 地址；二是给用户用于内部网管理员作为对所有计算机作中央管理的手段。

DHCP 基于客户/服务器模式，当 DHCP 客户端启动时，它会自动与 DHCP 服务器通信，要求提供自动分配 IP 地址的服务，而安装了 DHCP 服务软件的服务器则会响应要求。

DHCP 是一个简化主机 IP 地址分配管理的 TCP/IP 标准协议，用户可以利用 DHCP 服务器管理动态的 IP 地址分配及其他相关的环境配置工作，如 DNS 服务器、WINS 服务器、Gateway（网关）的设置。

在 DHCP 机制中可以分为服务器和客户端两个部分，服务器使用固定的 IP 地址，在局域网中扮演着给客户端提供动态 IP 地址、DNS 配置和网管配置的角色。客户端与 IP 地址相关的配置，都在启动时由服务器自动分配。

11.1.2　DHCP 的工作过程

DHCP 客户端和服务器端申请 IP 地址、获得 IP 地址的过程一般分为 4 个阶段，如图 11-1 所示。

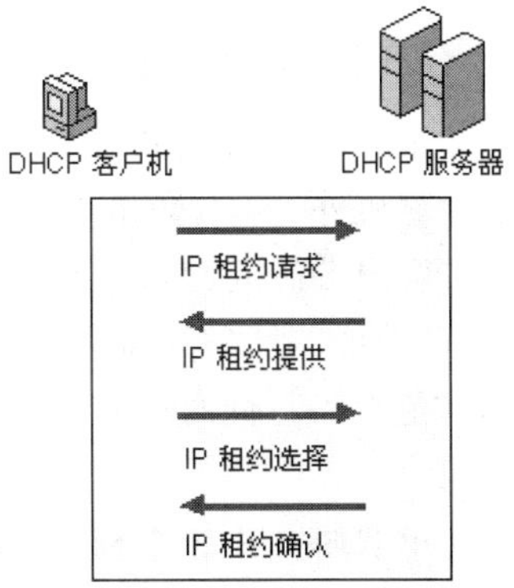

1. DHCP 客户机发送 IP 租约请求

当客户端启动网络时，由于在 IP 网络中的每台机器都需要有一个地址，所以此时的计算机 TCP/IP 地址与 0.0.0.0 绑定在一起。它会发送一个"DHCP Discover（DHCP 发现）"广播信息包到本地子网。该信息包发送给 UDP 端口 67，即 DHCP/BOOTP 服务器端口的广播信息包。

图 11-1　DHCP 的工作过程

2. DHCP 服务器提供 IP 地址

本地子网的每一个 DHCP 服务器都会接收"DHCP Discover"信息包。每个接收到请求的 DHCP 服务器都会检查它是否有提供给请求客户端的有效空闲地址，如果有，则以"DHCP Offer（DHCP 提供）"信息包作为响应。该信息包包括有效的 IP 地址、子网掩码、DHCP 服务器的 IP 地址、租用期限，以及其他的有关 DHCP 范围的详细配置。所有发送"DHCP Offer"信息包的服务器将保留它们提供的这个 IP 地址（该地址暂时不能分配给其他的客户端）。"DHCP Offer"信息包广播发送到 UDP 端口 68，即 DHCP/BOOTP 客户端端口。响应是以广播的方式发送的，因为客户端没有能直接寻址的 IP 地址。

3. DHCP 客户机进行 IP 租用选择

客户端通常对第一个提议产生响应，并以广播的方式发送"DHCP Request（DHCP 请求）"信息包作为回应。该信息包告诉服务器"是的，我想让你给我提供服务。我接收你给我的租用期限"。另外，一旦信息包以广播方式发送，网络中所有的 DHCP 服务器都可以看到该信息包，那些提议没有被客户端承认的 DHCP 服务器将保留的 IP 地址返回给它的可用地址池。客户端还可利用 DHCP Request 询问服务器其他的配置选项，如 DNS 服务器或网关地址。

4. DHCP 服务器 IP 租用认可

当服务器接收到"DHCP Request"信息包时，它以一个"DHCP Acknowledge（DHCP 确认）"信息包作为响应。该信息包提供了客户端请求的任何其他信息，并且也是以广播方式发送的。该信息包告诉客户端"一切准备好。记住你只能在有限时间内租用该地址，而不能永久占据！好了，以下是你询问的其他信息"。

注意：客户端执行 DHCP DISCOVER 后，如果没有 DHCP 服务器响应客户端的请求，客户端会随机使用 169.254.0.0/16 网段中的一个 IP 地址配置本机地址。

11.1.3　DHCP 服务器分配给客户端的 IP 地址类型

在客户端向 DHCP 服务器申请 IP 地址时，服务器并不是总给它一个动态的 IP 地址，而是根据实际情况决定。

1. 动态 IP 地址

客户端从 DHCP 服务器那里取得的 IP 地址一般都不是固定的，而是每次都可能不一样。

在 IP 地址有限的单位内，动态 IP 地址可以最大化地达到资源的有效利用。它利用并不是每个员工都会同时上线的原理，优先为上线的员工提供 IP 地址，离线之后再收回。

2. 静态 IP 地址

客户端从 DHCP 服务器那里取得的 IP 地址也并不总是动态的。例如，有的单位除了员工用计算机外，还有数量不少的服务器，这些服务器如果也使用动态 IP 地址，不但不利于管理，而且客户端访问起来也不方便。该怎么办呢？我们可以设置 DHCP 服务器记录特定计算机的 MAC 地址，然后为每个 MAC 地址分配一个固定的 IP 地址。

至于如何查询网卡的 MAC 地址，根据网卡是本机还是远程计算机，采用的方法也有所不同。

小资料：什么是 MAC 地址？MAC 地址也叫作物理地址或硬件地址，是由网络设备制造商生产时写在硬件内部的（网络设备的 MAC 地址都是唯一的）。在 TCP/IP 网络中，表面上看来是通过 IP 地址进行数据的传输，实际上最终是通过 MAC 地址来区分不同的节点的。

（1）查询本机网卡的 MAC 地址。

这个很简单，使用 ifconfig 命令。

（2）查询远程计算机网卡的 MAC 地址。

既然 TCP/IP 网络通信最终要用到 MAC 地址，那么使用 ping 命令当然也可以获取对方的 MAC 地址信息，只不过它不会显示出来，我们要借助其他的工具来完成。

```
[root@RHEL7-1 ~]# ifconfig
[root@RHEL7-1 ~]# ping  -c  1 192.168.1.20 //ping 远程计算机 192.168.1.20 一次
[root@RHEL7-1 ~]# arp  -n                //查询缓存在本地的远程计算机中的 MAC 地址
```

11.2 项目设计及准备

11.2.1 项目设计

部署 DHCP 之前应该先进行规划，明确哪些 IP 地址用于自动分配给客户端（即作用域中应包含的 IP 地址），哪些 IP 地址用于手工指定给特定的服务器。例如，在项目中 IP 地址要求如下。

① 适用的网络是 192.168.10.0/24，网关为 192.168.10.254。

② 192.168.10.1~192.168.10.30 网段地址是服务器的固定地址。

③ 客户端可以使用的地址段为 192.168.10.31~192.168.10.200，但 192.168.10.105、192.168.10.107 为保留地址。

注意：用于手工配置的 IP 地址，一定要排除掉保留地址，或者采用地址池之外的可用 IP 地址，否则会造成 IP 地址冲突。

11.2.2 项目需求准备

部署 DHCP 服务应满足下列需求。

（1）安装 Linux 企业服务器版，用作 DHCP 服务器。

（2）DHCP 服务器的 IP 地址、子网掩码、DNS 服务器等 TCP/IP 参数必须手工指定，否则将不能为客户端分配 IP 地址。

（3）DHCP 服务器必须要拥有一组有效的 IP 地址，以便自动分配给客户端。

（4）如果不特别指出，所有 Linux 的虚拟机网络连接方式都选择：自定义，VMnet1（仅主机模式），如图 11-2 所示。**请读者特别留意！**

图 11-2　Linux 虚拟机的网络连接方式

11.3　项目实施

11.3.1　任务 1　在服务器 RHEL 7-1 上安装 DHCP 服务器

（1）检测系统是否已经安装了 DHCP 相关软件。

```
[root@RHEL7-1 ~]# rpm -qa | grep  dhcp
```

（2）如果系统还没有安装 dhcp 软件包，可以使用 yum 命令安装所需软件包。

① 挂载 ISO 安装映像。

```
//挂载光盘到 /iso 下
[root@RHEL7-1 ~]# mkdir  /iso
[root@RHEL7-1 ~]# mount  /dev/cdrom  /iso
```

② 制作用于安装的 yum 源文件。

```
[root@RHEL7-1 ~]# vim  /etc/yum.repos.d/dvd.repo
```

③ 使用 yum 命令查看 dhcp 软件包的信息。

```
[root@RHEL7-1 ~]# yum  info dhcp
```

④ 使用 yum 命令安装 dhcp 服务。

```
[root@RHEL7-1 ~]# yum clean all                    //安装前先清除缓存
[root@RHEL7-1 ~]# yum  install  dhcp  -y
```

软件包安装完毕，可以使用 rpm 命令再一次进行查询：rpm -qa | grep dhcp。结果如下。

```
[root@RHEL7-1 ~]# rpm -qa | grep dhcp
dhcp-4.1.1-34.P1.el6.x86_64
dhcp-common-4.1.1-34.P1.el6.x86_64
```

11.3.2 任务 2 熟悉 DHCP 主配置文件

基本的 DHCP 服务器搭建流程如下。

（1）编辑主配置文件/etc/dhcp/dhcpd.conf，指定 IP 作用域（指定一个或多个 IP 地址范围）。

（2）建立租约数据库文件。

（3）重新加载配置文件或重新启动 dhcpd 服务使配置生效。

DHCP 的工作流程如图 11-3 所示。

（1）客户端发送广播向服务器申请 IP 地址。

（2）服务器收到请求后查看主配置文件 dhcpd.conf，先根据客户端的 MAC 地址查看是否为客户端设置了固定 IP 地址。

（3）如果为客户端设置了固定 IP 地址，则将该 IP 地址发送给客户端。如果没有设置固定 IP 地址，则将地址池中的 IP 地址发送给客户端。

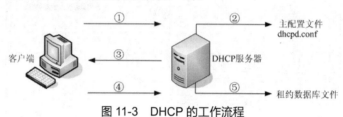

图 11-3 DHCP 的工作流程

（4）客户端收到服务器回应后，客户端给予服务器回应，告诉服务器已经使用了分配的 IP 地址。

（5）服务器将相关租约信息存入数据库。

1. 主配置文件 dhcpd.conf

（1）复制样例文件到主配置文件。

默认主配置文件（/etc/dhcp/dhcpd.conf）没有任何实质内容，打开查阅，发现里面有一句话"see /usr/share/doc/dhcp*/dhcpd.conf.example"。我们以样例文件为例讲解主配置文件。

（2）dhcpd.conf 主配置文件的组成部分。

- parameters（参数）。
- declarations（声明）。
- option（选项）。

（3）dhcpd.conf 主配置文件的整体框架。

dhcpd.conf 包括全局配置和局部配置。

全局配置可以包含参数或选项，该部分对整个 DHCP 服务器生效。

局部配置通常由声明部分来表示，该部分仅对局部生效，比如只对某个 IP 作用域生效。

dhcpd.conf 文件的格式为：

```
#全局配置
参数或选项；              #全局生效
#局部配置
声明 {
        参数或选项；      #局部生效
    }
```

　　dhcp 范本配置文件内容包含了部分参数、声明以及选项的用法，其中注释部分可以放在任何位置，并以"#"开头，当一行内容结束时，以";"结束，大括号所在行除外。

　　可以看出整个配置文件分成全局和局部两个部分。但是并不容易看出哪些属于参数，哪些属于声明和选项。

2. 常用参数介绍

　　参数主要用于设置服务器和客户端的动作或者是否执行某些任务，比如设置 IP 地址租约时间、是否检查客户端所用的 IP 地址等，如表 11-1 所示。

表 11-1　dhcpd 服务程序配置文件中使用的常见参数及其作用

参　　数	作　　用
ddns-update-style [类型]	定义 DNS 服务动态更新的类型，类型包括 none（不支持动态更新）、interim（互动更新模式）与 ad-hoc（特殊更新模式）
[allow | ignore] client-updates	允许/忽略客户端更新 DNS 记录
default-lease-time 600	默认超时时间，单位是秒
max-lease-time 7200	最大超时时间，单位是秒
option domain-name-servers　192.168.10.1	定义 DNS 服务器地址
option domain-name "domain.org"	定义 DNS 域名
range 192.168.10.10　192.168.10.100	定义用于分配的 IP 地址池
option subnet-mask 255.255.255.0	定义客户端的子网掩码
option routers 192.168.10.254	定义客户端的网关地址
broadcase-address 192.168.10.255	定义客户端的广播地址
ntp-server　192.168.10.1	定义客户端的网络时间服务器（NTP）
nis-servers　192.168.10.1	定义客户端的 NIS 域服务器的地址
Hardware　00:0c:29:03:34:02	指定网卡接口的类型与 MAC 地址
server-name　mydhcp.smile.com	向 DHCP 客户端通知 DHCP 服务器的主机名
fixed-address　192.168.10.105	将某个固定的 IP 地址分配给指定主机
time-offset [偏移误差]	指定客户端与格林尼治时间的偏移差

3. 常用声明介绍

　　声明一般用来指定 IP 作用域、定义为客户端分配的 IP 地址池等。

　　声明格式如下：

```
声明 {
    选项或参数；
    }
```

　　常见声明的使用如下。

　　（1）subnet 网络号 netmask 子网掩码 {……}。

　　作用：定义作用域，指定子网。

```
subnet  192.168.10.0  netmask  255.255.255.0 {
                ......
                                            }
```

注意：网络号必须与 DHCP 服务器的至少一个网络号相同。

（2）range dynamic-bootp　起始 IP 地址　结束 IP 地址。

作用：指定动态 IP 地址范围。

```
range dynamic-bootp  192.168.10.100  192.168.10.200
```

注意：可以在 subnet 声明中指定多个 range，但多个 range 所定义的 IP 范围不能重复。

4. 常用选项介绍

选项通常用来配置 DHCP 客户端的可选参数，比如定义客户端的 DNS 地址、默认网关等。选项内容都是以 option 关键字开始的。

常见选项如下。

（1）option routers　IP 地址。

作用：为客户端指定默认网关。

```
option routers  192.168.10.254
```

（2）option subnet-mask　子网掩码。

作用：设置客户端的子网掩码。

```
option subnet-mask  255.255.255.0
```

（3）option domain-name-servers　IP 地址。

作用：为客户端指定 DNS 服务器地址。

```
option domain-name-servers  192.168.10.1
```

注意：（1）（2）（3）选项可以用在全局配置中，也可以用在局部配置中。

5. IP 地址绑定

在 DHCP 中的 IP 地址绑定用于给客户端分配固定 IP 地址。例如，服务器需要使用固定 IP 地址就可以使用 IP 地址绑定，通过 MAC 地址与 IP 地址的对应关系为指定的物理地址计算机分配固定 IP 地址。

整个配置过程需要用到 host 声明和 hardware、fixed-address 参数。

（1）host　主机名 {......}。

作用：用于定义保留地址。例如：

```
host  computer1
```

注意：该项通常搭配 subnet 声明使用。

（2）hardware 类型硬件地址。

作用：定义网络接口类型和硬件地址。常用类型为以太网（ethernet），地址为 MAC 地址。例如：

```
hardware ethernet  3a:b5:cd:32:65:12
```

（3）fixed-address　IP 地址。

作用：定义 DHCP 客户端指定的 IP 地址。

```
fixed-address   192.168.10.105
```

注意：（2）（3）项只能应用于 host 声明中。

6. 租约数据库文件

租约数据库文件用于保存一系列的租约声明，其中包含客户端的主机名、MAC 地址、分配到的 IP 地址，以及 IP 地址的有效期等相关信息。这个数据库文件是可编辑的 ASCII 格式文本文件。每当租约变化的时候，都会在文件结尾添加新的租约记录。

DHCP 刚安装好时，租约数据库文件 dhcpd.leases 是个空文件。

当 DHCP 服务正常运行时就可以使用 cat 命令查看租约数据库文件内容了。

```
cat  /var/lib/dhcpd/dhcpd.leases
```

11.3.3　任务 3　配置 DHCP 的应用案例

现在完成一个简单的应用案例。

1. 案例需求

技术部有 60 台计算机，各计算机的 IP 地址要求如下。

（1）DHCP 服务器和 DNS 服务器的地址都是 192.168.10.1/24，有效 IP 地址段为 192.168.10.1~192.168.10.254，子网掩码是 255.255.255.0，网关为 192.168.10.254。

（2）192.168.10.1~192.168.10.30 网段地址是服务器的固定地址。

（3）客户端可以使用的地址段为 192.168.10.31~192.168.10.200，但 192.168.10.105、192.168.10.107 为保留地址，其中 192.168.10.105 保留给 Client2。

（4）客户端 Client1 模拟所有的其他客户端，采用自动获取方式配置 IP 等地址信息。

2. 网络环境搭建

Linux 服务器和客户端的地址及 MAC 信息如表 11-2 所示（可以使用 VM 的克隆技术快速安装需要的 Linux 客户端）。

表 11-2　Linux 服务器和客户端的地址及 MAC 信息

主 机 名 称	操 作 系 统	IP 地址	MAC 地址
DHCP 服务器：RHEL 7-1	RHEL 7	192.168.10.1	00:0c:29:2b:88:d8
Linux 客户端：Client1	RHEL 7	自动获取	00:0c:29:64:08:86
Linux 客户端：Client2	RHEL 7	保留地址	00:0c:29:03:34:02

3 台安装了 RHEL 7.4 的计算机，连网方式都设为 host only（VMnet1），其中，一台作为服务器，两台作为客户端使用。

3. 服务器端配置

（1）定制全局配置和局部配置，局部配置需要把 192.168.10.0/24 网段声明出来，然后在该声明中指定一个 IP 地址池，范围为 192.168.10.31~192.168.10.200，但要去掉 192.168.10.105 和 192.168.10.107，其他分配给客户端使用。注意 range 的写法！

（2）要保证使用固定 IP 地址，就要在 subnet 声明中嵌套 host 声明，目的是要单独为 Client2 设置固定 IP 地址，并在 host 声明中加入 IP 地址和 MAC 地址绑定的选项以申请固定

IP 地址。全部配置文件的内容如下。

```
ddns-update-style none;
log-facility local7;
subnet 192.168.10.0 netmask 255.255.255.0 {
  range 192.168.10.31 192.168.10.104;
  range 192.168.10.106 192.168.10.106;
  range 192.168.10.108 192.168.10.200;
  option domain-name-servers 192.168.10.1;
  option domain-name "myDHCP.smile.com";
  option routers 192.168.10.254;
  option broadcast-address 192.168.10.255;
  default-lease-time 600;
  max-lease-time 7200;
}
host    Client2{
        hardware ethernet 00:0c:29:03:34:02;
        fixed-address 192.168.10.105;
}
```

（3）配置完成保存并退出，重启 dhcpd 服务，并设置开机自动启动。

```
[root@RHEL7-1 ~]# systemctl restart dhcpd
[root@RHEL7-1 ~]# systemctl enable dhcpd
Created symlink from /etc/systemd/system/multi-user.target.wants/dhcpd.
service to /usr/lib/systemd/system/dhcpd.service.
```

特别注意：如果启动 DHCP 失败，可以使用 "dhcpd" 命令进行排错，一般启动失败的原因如下。

① 配置文件有问题。
● 内容不符合语法结构，如少个分号。
● 声明的子网和子网掩码不符合。
② 主机 IP 地址和声明的子网不在同一网段。
③ 主机没有配置 IP 地址。
④ 配置文件路径出问题，比如在 RHEL 6 以下的版本中，配置文件保存在了/etc/dhcpd.conf，但是在 RHEL 6 及以上版本中，却保存在了/etc/dhcp/dhcpd.conf。

4．在客户端 Client1 上进行测试

注意：如果在真实网络中，应该不会出问题。但如果您用的是 VMWare 12 或其他类似版本，虚拟机中的 Windows 客户端可能会获取到 192.168.79.0 网络中的一个地址，与我们的预期目标相背。这时需要关闭 VMnet8 和 VMnet1 的 DHCP 服务功能。

关闭 VMnet8 和 VMnet1 的 DHCP 服务功能的方法如下（本项目的服务器和客户机的网络连接都使用 VMnet1）。

在 VMWare 主窗口中，依次打开 "编辑" → "虚拟网络编辑器"，打开 "虚拟网络编辑器" 窗口，选中 VMnet1 或 VMnet8，去掉对应的 DHCP 服务启用选项，如图 11-4 所示。

（1）以 root 用户身份登录名为 Client1 的 Linux 计算机，依次单击"Applications"→"System Tools"→"Settings"→"Network"，打开"Network"对话框，如图 11-5 所示。

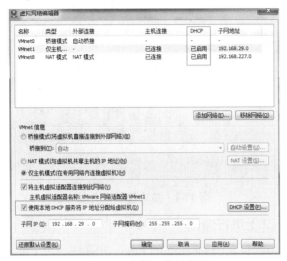

图 11-4 虚拟网络编辑器

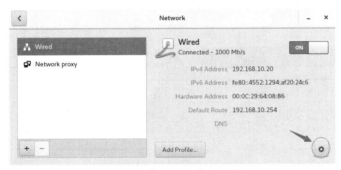

图 11-5 "Network"对话框

（2）单击图 11-5 所示的"齿轮"按钮，在弹出的"Wied"对话框架中单击"IPv4"选项，并将"Addresses"选项配置为"Automatic(DHCP)"，最后单击"Apply"（应用）按钮，如图 11-6 所示。

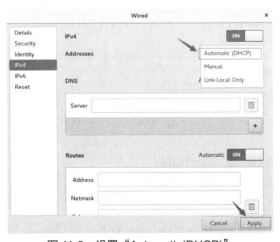

图 11-6 设置"Automatic(DHCP)"

（3）在图 11-7 中先选择"OFF"关闭"Wired"，再选择"ON"打开"Wired"。这时会看到图 11-7 所示的结果：Client1 成功获取到了 DHCP 服务器地址池的一个地址。

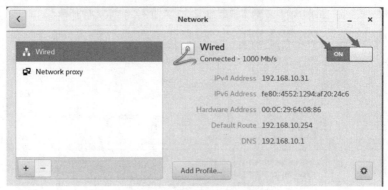

图 11-7　成功获取 IP 地址

5. 在客户端 Client2 上进行测试

同样以 root 用户身份登录名为 Client2 的 Linux 计算机，按上面"4. 在客户端 Client1 上进行测试"的方法，设置 Client 自动获取 IP 地址，最后的结果如图 11-8 所示。

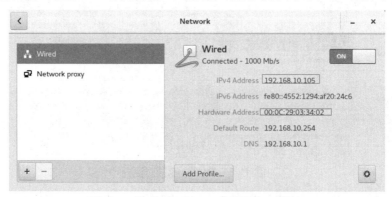

图 11-8　客户端 Client2 成功获取 IP 地址

注意： 利用网络卡配置文件也可设置使用 DHCP 服务器获取 IP 地址。在该配置文件中，"IPADDR=192.168.1.1、PREFIX=24、NETMASK=255.255.255.0、HWADDR=00:0C:29:A2:BA:98"等条目删除，将"BOOTPROTO=none"改为"BOOTPROTO=dhcp"。设置完成，一定要重启 NetworkManager 服务。

---

6. Windows 客户端配置

（1）Windows 客户端比较简单，在 TCP/IP 属性中设置自动获取就可以。

（2）在 Windows 命令提示符下，利用 ipconfig 可以释放 IP 地址后，重新获取 IP 地址。相关命令如下。

- 释放 IP 地址：**ipconfig　/release**。
- 重新申请 IP 地址：**ipconfig　/renew**。

7. 在服务器 RHEL 7-1 端查看租约数据库文件

```
[root@RHEL7-1 ~]# cat  /var/lib/dhcpd/dhcpd.leases
```

特别提示： 限于篇幅，超级作用域和中继代理的相关内容，请扫下面的二维码"实训项目 配置与管理 DHCP 服务器"观看慕课。

11.4 项目实录：配置与管理 DHCP 服务器

1. 视频位置

实训前请扫二维码观看"实训项目 配置与管理 DHCP 服务器"慕课。

2. 项目背景

慕课

实训项目 配置与管理 DHCP 服务器

（1）某企业计划构建一台 DHCP 服务器来解决 IP 地址动态分配的问题，要求能够分配 IP 地址以及网关、DNS 等其他网络属性信息。同时要求 DHCP 服务器为 DNS、Web、Samba 服务器分配固定 IP 地址。该公司的网络拓扑图如图 11-9 所示。

企业 DHCP 服务器的 IP 地址为 192.168.1.2。DNS 服务器的域名为 dns.jnrp.cn，IP 地址为 192.168.1.3；Web 服务器的 IP 地址为 192.168.1.10；Samba 服务器的 IP 地址为 192.168.1.5；网关地址为 192.168.1.254；地址范围为 192.168.1.3 到 192.168.1.150，掩码为 255.255.255.0。

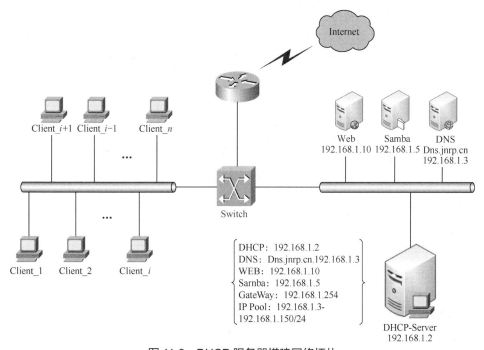

图 11-9　DHCP 服务器搭建网络拓扑

（2）配置 DHCP 超级作用域。

企业内部建立 DHCP 服务器，网络规划采用单作用域的结构，使用 192.168.1.0/24 网段的 IP 地址。随着公司规模扩大，设备数量增多，现有的 IP 地址无法满足网络的需求，需要添加可用的 IP 地址。这时可以使用超级作用域完成增加 IP 地址，在 DHCP 服务器上添加新的作用域，使用 192.168.8.0/24 网段扩展网络地址的范围。

该公司的网络拓扑图如图 11-10 所示（注意各虚拟机网卡的不同网络连接方式）。

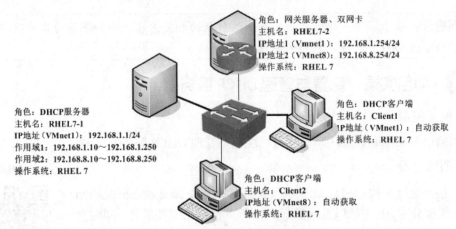

图 11-10　配置超级作用域网络拓扑

（3）配置 DHCP 中继代理。

公司内部存在两个子网，分别为 192.168.1.0/24，192.168.3.0/24，现在需要使用一台 DHCP 服务器为这两个子网客户机分配 IP 地址。该公司的网络拓扑图如图 11-11 所示。

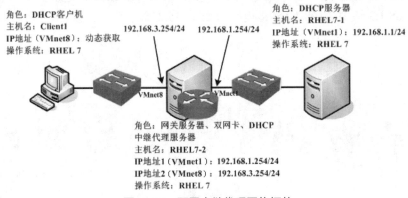

图 11-11　配置中继代理网络拓扑

3. 深度思考

在观看视频时思考以下几个问题。

（1）DHCP 软件包中哪些是必需的？哪些是可选的？

（2）DHCP 服务器的范本文件如何获得？

（3）如何设置保留地址？进行"host"声明的设置时有何要求？

（4）超级作用域的作用是什么？

（5）配置中继代理要注意哪些问题？

4. 做一做

根据项目要求及视频内容，将项目完整无误地完成。

11.5　练习题

一、填空题

1. DHCP 工作过程包括＿＿＿＿、＿＿＿＿、＿＿＿＿、＿＿＿＿4 种报文。

2. 如果 DHCP 客户端无法获得 IP 地址，将自动从_____地址段中选择一个作为自己的地址。

3. 在 Windows 环境下，使用_____命令可以查看 IP 地址配置，释放 IP 地址使用_____命令，续租 IP 地址使用_____命令。

4. DHCP 是一个简化主机 IP 地址分配管理的 TCP/IP 标准协议，英文全称是_____，中文名称为_____。

5. 当客户端注意到它的租用期到了_____以上时，就要更新该租用期。这时它发送一个_____信息包给它所获得原始信息的服务器。

6. 当租用期达到期满时间的近_____时，客户端如果在前一次请求中没能更新租用期的话，它会再次试图更新租用期。

7. 配置 Linux 客户端需要修改网卡配置文件，将 BOOTPROTO 项设置为_____。

二、选择题

1. TCP/IP 中，哪个协议是用来进行 IP 地址自动分配的？（　　　）
   A. ARP　　　　　　B. NFS　　　　　　C. DHCP　　　　　　D. DNS
2. DHCP 租约文件默认保存在（　　　）目录中。
   A. /etc/dhcp　　　B. /etc　　　　　C. /var/log/dhcp　　D. /var/lib/dhcpd
3. 配置完 DHCP 服务器，运行（　　　）命令可以启动 DHCP 服务。
   A. systemctl start dhcpd.service　　　B. systemctl start dhcpd
   C. start dhcpd　　　　　　　　　　　D. dhcpd on

三、简答题

1. 动态 IP 地址方案有什么优点和缺点？简述 DHCP 服务器的工作过程。
2. 简述 IP 地址租约和更新的全过程。
3. 简述 DHCP 服务器分配给客户端的 IP 地址类型。

11.6 实践习题

1. 建立 DHCP 服务器，为子网 A 内的客户机提供 DHCP 服务。具体参数如下。
- IP 地址段：192.168.11.101~192.168.11.200。子网掩码：255.255.255.0。
- 网关地址：192.168.11.254。
- 域名服务器：192.168.10.1。
- 子网所属域的名称：smile.com。
- 默认租约有效期：1 天。最大租约有效期：3 天。
请写出详细解决方案，并上机实现。
2. 配置 DHCP 服务器超级作用域。

企业内部建立 DHCP 服务器，网络规划采用单作用域的结构，使用 192.168.8.0/24 网段的 IP 地址。随着公司规模扩大，设备数量增多，现有的 IP 地址无法满足网络的需求，需要添加可用的 IP 地址。这时可以使用超级作用域增加 IP 地址，在 DHCP 服务器上添加新的作用域，使用 192.168.9.0/24 网段扩展网络地址的范围。

请写出详细解决方案，并上机实现。

项目 ⑫ 配置与管理 DNS 服务器

项目导入

某高校组建了校园网，为了使校园网中的计算机简单快捷地访问本地网络及 Internet 上的资源，需要在校园网中架设 DNS 服务器，用来实现将域名转换成 IP 地址的功能。在完成该项目之前，首先应当确定网络中 DNS 服务器的部署环境，明确 DNS 服务器的各种角色及其作用。

职业能力目标和要求

- 了解 DNS 服务器的作用及其在网络中的重要性。
- 理解 DNS 的域名空间结构。
- 掌握 DNS 查询模式。
- 掌握 DNS 域名解析过程。
- 掌握常规 DNS 服务器的安装与配置方法。
- 掌握辅助 DNS 服务器的配置。
- 掌握子域概念及区域委派配置过程。
- 掌握转发服务器和缓存服务器的配置方法。

微课

配置 DNS 服务器

12.1 任务1　了解 DNS 服务

DNS（Domain Name Service，域名服务）是 Internet/Intranet 中最基础也是非常重要的一项服务，它提供了网络访问中域名和 IP 地址的相互转换。

12.1.1　子任务1　认识域名空间

DNS 是一个分布式数据库，命名系统采用层次的逻辑结构，如同一棵倒置的树。这个逻辑的树形结构称为域名空间。由于 DNS 划分了域名空间，所以各机构可以使用自己的域名空间创建 DNS 信息，如图 12-1 所示。

注意：DNS 域名空间中，树的最大深度不得超过 127 层，树中每个节点最长可以存储 63 个字符。

DNS 树的每个节点代表一个域，通过这些节点，对整个域名空间进行划分，成为一个层次结构。域名空间的每个域的名字通过域名进行表示。域名通常由一个完全正式域名（Fully Qualified Domain Name，FQDN）标识。FQDN 能准确表示出其相对于 DNS 域树根的位置，也就是节点到 DNS 树根的完整表述方式, 从节点到树根采用反向书写, 并将每个节点用"."分隔。

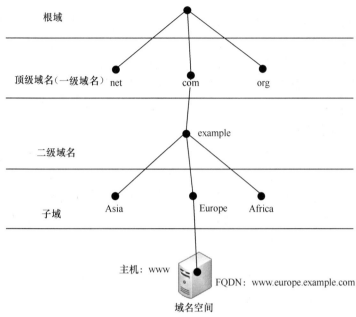

图 12-1　Internet 域名空间的结构

一个 DNS 域可以包括主机和其他域 (子域), 每个机构都拥有名称空间的某一部分的授权, 负责该部分名称空间的管理和划分, 并用它来命名 DNS 域和计算机。例如, 163 为 com 域的子域, 其表示方法为 163.com, 而 www 为 163 域中的 Web 主机, 可以使用 www.163.com 表示。

注意: 通常, FQDN 有严格的命名限制, 长度不能超过 256 字节, 只允许使用字符 a~z、0~9、A~Z 和减号 (-)。点号 (.) 只允许在域名标志之间 (例如 "163.com") 或者 FQDN 的结尾使用。域名不区分大小。

特别提示: Internet 域名空间的结构为一棵倒置的树, 并进行层次划分, 如图 12-1 所示。由树根到树枝, 也就是从 DNS 根到下面的节点, 按照不同的层次, 进行了统一的命名。域名空间最顶层, DNS 根称为根域 (root)。根域的下一层为顶级域, 又称为一级域, 其下层为二级域, 再下层为二级域的子域, 按照需要进行规划, 可以为多级。所以对域名空间整体进行划分, 由最顶层到下层, 可以分成: 根域、顶级域、二级域、子域。域中能够包含主机和子域。主机 www 的 FQDN 从最下层到最顶层根域进行反写, 表示为 www.europe.example.com。

12.1.2　子任务 2　了解 DNS 服务器的分类

DNS 服务器分为以下 4 类。

1. 主 DNS 服务器

主 DNS 服务器 (Master 或 Primary) 负责维护所管辖域的域名服务信息。它从域管理员构造的本地磁盘文件中加载域信息, 该文件 (区文件) 包含着该服务器具有管理权的一部分域结构的最精确信息。配置主域服务器需要一整套的配置文件, 包括主配置文件 (/etc/named.conf)、正向域的区文件、反向域的区文件、高速缓存初始化文件 (/var/named/

named.ca）和回送文件（/var/named/named.local）。

2. 辅助 DNS 服务器

辅助 DNS 服务器（Slave 或 Secondary）用于分担主 DNS 服务器的查询负载。区文件是从主服务器中转移出来的，并作为本地磁盘文件存储在辅助服务器中。这种转移称为"区文件转移"。在辅助 DNS 服务器中有一个所有域信息的完整复制，可以有权威地回答对该域的查询请求。配置辅助 DNS 服务器不需要生成本地区文件，因为可以从主服务器下载该区文件，所以只需配置主配置文件、高速缓存文件和回送文件就可以了。

3. 转发 DNS 服务器

转发 DNS 服务器（Forwarder Name Server）可以向其他 DNS 转发解析请求。在 DNS 服务器收到客户端的解析请求后，它首先会尝试从其本地数据库中查找；若未能找到，则需要向其他指定的 DNS 服务器转发解析请求；其他 DNS 服务器完成解析后会返回解析结果，转发 DNS 服务器将该解析结果缓存在自己的 DNS 缓存中，并向客户端返回解析结果。在缓存期内，如果客户端请求解析相同的名称，则转发 DNS 服务器会立即回应客户端；否则，将会再次发生转发解析的过程。

目前网络中所有的 DNS 服务器均被配置为转发 DNS 服务器，向指定的其他 DNS 服务器或根域服务器转发自己无法完成的解析请求。

4. 唯高速缓存 DNS 服务器

供本地网络上的客户机用来进行域名转换。它通过查询其他 DNS 服务器并将获得的信息存放在它的高速缓存中，为客户机查询信息提供服务。唯高速缓存 DNS 服务器（Caching-only DNS server）不是权威性的服务器，因为它提供的所有信息都是间接信息。

12.1.3　子任务 3　掌握 DNS 查询模式

1. 递归查询

在收到 DNS 工作站的查询请求后，DNS 服务器在自己的缓存或区域数据库中查找。如果 DNS 服务器本地没有存储查询的 DNS 信息，那么，该服务器会询问其他服务器，并将返回的查询结果提交给客户机。

2. 转寄查询（又称迭代查询）

在收到 DNS 工作站的查询请求后，如果在 DNS 服务器中没有查到所需数据，该 DNS 服务器便会告诉 DNS 工作站另外一台 DNS 服务器的 IP 地址，然后，再由 DNS 工作站自行向此 DNS 服务器查询，以此类推，直到查到所需数据为止。如果到最后一台 DNS 服务器都没有查到所需数据，则通知 DNS 工作站查询失败。"转寄"的意思就是，若在某地查不到，该地就会告诉你其他地方的地址，让你转到其他地方去查。一般在 DNS 服务器之间的查询请求便属于转寄查询（DNS 服务器也可以充当 DNS 工作站的角色）。

12.1.4　子任务 4　掌握域名解析过程

1. DNS 域名解析的工作原理

DNS 域名解析的工作过程如图 12-2 所示。

假设客户机使用电信 ADSL（Asymmetric Digital Subscriber Line，非对称数字用户线路）接入 Internet，电信为其分配的 DNS 服务器地址为 210.111.110.10，域名解析过程如下（见

图 12-2)。

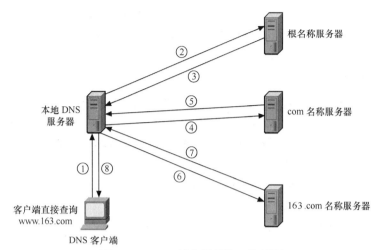

图 12-2　DNS 域名解析的工作过程

① 客户端向本地 DNS 服务器 210.111.110.10 直接查询 www.163.com 的域名。

② 本地 DNS 无法解析此域名，它先向根域服务器发出请求，查询.com 的 DNS 地址。

③ 根域 DNS 管理.com、.net、.org 等顶级域名的地址解析，它收到请求后，把解析结果返回给本地的 DNS。

④ 本地 DNS 服务器 210.111.110.10 得到查询结果后，接着向管理.com 域的 DNS 服务器发出进一步的查询请求，要求得到 163.com 的 DNS 地址。

⑤ .com 域把解析结果返回给本地 DNS 服务器 210.111.110.10。

⑥ 本地 DNS 服务器 210.111.110.10 得到查询结果后，接着向管理 163.com 域的 DNS 服务器发出查询具体主机 IP 地址的请求（www），要求得到满足要求的主机 IP 地址。

⑦ 163.com 把解析结果返回给本地 DNS 服务器 210.111.110.10。

⑧ 本地 DNS 服务器得到了最终的查询结果，它把这个结果返回给客户端，从而使客户端能够和远程主机通信。

2．正向解析与反向解析

（1）正向解析。正向解析是指域名到 IP 地址的解析过程。

（2）反向解析。反向解析是从 IP 地址到域名的解析过程。反向解析的作用为服务器的身份验证。

12.2　任务 2　安装 DNS 服务

在 Linux 下架设 DNS 服务器通常使用 BIND（Berkeley Internet Name Domain）程序来实现，其守护进程是 named。

12.2.1　子任务 1　安装 BIND 软件包

1．BIND 软件包简介

BIND 是一款实现 DNS 服务器的开放源码软件。BIND 原本是美国 DARPA 资助研究伯克里大学（Berkeley）开设的一个研究生课题，经过多年的变化发展已经成为世界上使用最为广泛的 DNS 服务器软件，目前 Internet 上绝大多数的 DNS 服务器都是用 BIND 来架设的。

BIND 经历了第 4 版、第 9 版和最新的第 10 版，BIND 能够运行在当前大多数的操作系统平台之上。目前，BIND 软件由 Internet 软件联合会（Internet Software Consortium，ISC）这个非营利性机构负责开发和维护。

2. 安装 BIND 软件包

（1）使用 yum 命令安装 BIND 服务（光盘挂载、yum 源的制作请参考前面相关内容）。

```
[root@RHEL7-1 ~]# yum clean all                    //安装前先清除缓存
[root@RHEL7-1 ~]# yum  install  bind  bind-chroot  -y
```

（2）安装完后再次查询，发现已安装成功。

```
[root@RHEL7-1 ~]# rpm -qa|grep bind
bind-9.9.4-50.el7.x86_64
bind-chroot-9.9.4-50.el7.x86_64
......
```

12.2.2 子任务 2 DNS 服务的启动、停止与重启，加入开机自启动

```
[root@RHEL7-1 ~]# systemctl   start  named   //stop 停止服务，restart 重启服务
[root@RHEL7-1 ~]# systemctl   enable  named
```

12.3 任务 3 掌握 BIND 配置文件

一般的 DNS 配置文件分为全局配置文件、主配置文件和正反向解析区域声明文件。下面介绍各配置文件的配置方法。

12.3.1 子任务 1 认识全局配置文件

全局配置文件位于/etc 目录下。

```
[root@RHEL7-1 ~]# cat /etc/named.conf
......                              //略
options {
  listen-on port 53 { 127.0.0.1; };      //指定 BIND 侦听的 DNS 查询请求的本
                                         //机 IP 地址及端口
    listen-on-v6 port 53 { ::1; };        //限于 IPv6
    directory "/var/named";              //指定区域配置文件所在的路径
    dump-file     "/var/named/data/cache_dump.db";
    statistics-file "/var/named/data/named_stats.txt";
    memstatistics-file "/var/named/data/named_mem_stats.txt";
    allow-query { localhost; };           //指定接收 DNS 查询请求的客户端
recursion yes;
dnssec-enable yes;
dnssec-validation yes;                  //改为 no 可以忽略 SELinux 影响
dnssec-lookaside auto;
......
  };
```

```
//以下用于指定 BIND 服务的日志参数

logging {
        channel default_debug {
                file "data/named.run";
                severity dynamic;
        };
};


zone "." IN {                        //用于指定根服务器的配置信息，一般不能改动
  type hint;
  file "named.ca";
};


include "/etc/named.zones";        //指定主配置文件，一定根据实际修改
include "/etc/named.root.key";
```

options 配置段属于全局性的设置，常用的配置项命令及功能如下。

- directory：用于指定 named 守护进程的工作目录，各区域正反向搜索解析文件和 DNS 根服务器地址列表文件（named.ca）应放在该配置项指定的目录中。

- allow-query{}：与 allow-query{localhost;}功能相同。另外，还可使用地址匹配符来表达允许的主机。例如，any 可匹配所有的 IP 地址，none 不匹配任何 IP 地址，localhost 匹配本地主机使用的所有 IP 地址，localnets 匹配同本地主机相连的网络中的所有主机。例如，若仅允许 127.0.0.1 和 192.168.1.0/24 网段的主机查询该 DNS 服务器，则命令为

```
allow-query {127.0.0.1;192.168.1.0/24};
```

- listen-on：设置 named 守护进程监听的 IP 地址和端口。若未指定，默认监听 DNS 服务器的所有 IP 地址的 53 号端口。当服务器安装有多块网卡，有多个 IP 地址时，可通过该配置命令指定所要监听的 IP 地址。对于只有一个地址的服务器，不必设置。例如，若要设置 DNS 服务器监听 192.168.1.2 这个 IP 地址，端口使用标准的 5353 号，则配置命令为

```
listen-on port 5353 { 192.168.1.2;};
```

- forwarders{}：用于定义 DNS 转发器。在设置了转发器后，所有非本域的和在缓存中无法找到的域名查询，可由指定的 DNS 转发器来完成解析工作并做缓存。forward 用于指定转发方式，仅在 forwarders 转发器列表不为空时有效，其用法为 "forward first | only；"。forward first 为默认方式，DNS 服务器会将用户的域名查询请求先转发给 forwarders 设置的转发器，由转发器来完成域名的解析工作，若指定的转发器无法完成解析或无响应，则再由 DNS 服务器自身来完成域名的解析。若设置为 "forward only；"，则 DNS 服务器仅将用户的域名查询请求转发给转发器，若指定的转发器无法完成域名解析或无响应，DNS 服务器自身也不会试着对其进行域名解析。例如，某地区的 DNS 服务器为 61.128.192.68 和 61.128.128.68，若要将其设置

为 DNS 服务器的转发器，则配置命令为

```
options{
        forwarders {61.128.192.68;61.128.128.68;};
        forward first;
};
```

12.3.2　子任务 2　认识主配置文件

主配置文件位于/etc 目录下，可将 named.rfc1912.zones 复制为全局配置文件中指定的主配置文件，本书中是**/etc/named.zones**。

```
[root@RHEL7-1 ~]# cp -p /etc/named.rfc1912.zones  /etc/named.zones
[root@RHEL7-1 ~]# cat /etc/named.rfc1912.zones

zone "localhost.localdomain" IN {
  type master;                                    //主要区域
  file "named.localhost";                         //指定正向查询区域配置文件
  allow-update { none; };
};
......                                             //略

zone "1.0.0.127.in-addr.arpa" IN {                //反向解析区域
  type master;
  file "named.loopback";                          //指定反向解析区域配置文件
  allow-update { none; };
};
......                                             //略
```

1．Zone 区域声明

（1）主域名服务器的正向解析区域声明格式为（样本文件为 named.localhost）

```
zone  "区域名称" IN {
    type master ;
    file  "实现正向解析的区域文件名";
    allow-update {none;};
};
```

（2）从域名服务器的正向解析区域声明格式为

```
zone "区域名称" IN {
    type slave ;
    file  "实现正向解析的区域文件名";
    masters {主域名服务器的 IP 地址;};
};
```

反向解析区域的声明格式与正向相同，只是 file 所指定的要读的文件不同，另外就是区域的名称不同。若要反向解析 x.y.z 网段的主机，则反向解析的区域名称应设置为 z.y.x.in-addr.arpa。（反向解析区域样本文件为 named.loopback）

2. 根区域文件/var/named/named.ca

/var/named/named.ca 是一个非常重要的文件，其包含了 Internet 的顶级域名服务器的名字和地址。利用该文件可以让 DNS 服务器找到根 DNS 服务器，并初始化 DNS 的缓冲区。当 DNS 服务器接到客户端主机的查询请求时，如果在 Cache 中找不到相应的数据，就会通过根服务器进行逐级查询。/var/named/named.ca 文件的主要内容如图 12-3 所示。

说明：

① 以";"开始的行都是注释行。

② 其他每两行都和某个域名服务器有关，分别是 NS 和 A 资源记录。

行". 518400 IN NS A.ROOT-SERVERS.NET."的含义是："."表示根域；518400 是存活期；IN 是资源记录的网络类型，表示 Internet 类型；NS 是资源记录类型；"A.ROOT-SERVERS.NET."是主机域名。

行"A.ROOT-SERVERS.NET. 3600000 IN A 198.41.0.4"的含义是：A 资源记录用于指定根域服务器的 IP 地址；A.ROOT-SERVERS.NET.是主机名；3600000 是存活期；A 是资源记录类型；最后对应的是 IP 地址。

③ 其他各行的含义与上面两项基本相同。

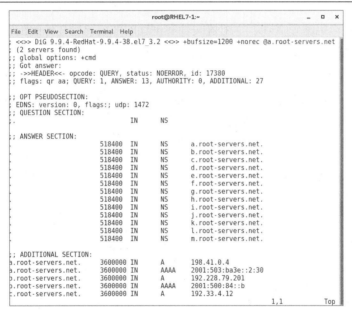

图 12-3 named.ca 文件

由于 named.ca 文件经常会随着根服务器的变化而发生变化，所以建议最好从国际互联网络信息中心（InterNIC）的 FTP 服务器下载最新的版本，文件名为 named.root。

12.3.3 子任务 3 缓存 DNS 服务器的配置

缓存域名服务器配置很简单，不需要区域文件，只需配置好/etc/named.conf 就可以了。一般电信的 DNS 都是缓存域名服务器。重要的是配置好以下两项内容。

（1）用"forward only;"命令指明这个服务器是缓存域名服务器。

（2）用"forwarders { 转发 dns 请求到那个服务器 IP;};"的命令格式设置转发 dns 请求到那个服务器。

这样，一个简单的缓存域名服务器就架设成功了。一般缓存域名服务器都是 ISP（Internet Service Provider，因特网服务提供商）或者大公司才会使用。

12.4 任务 4 配置主 DNS 服务器实例

本节将结合具体实例介绍缓存 DNS、主 DNS、辅助 DNS 等各种 DNS 服务器的配置。

12.4.1 案例环境及需求

某校园网要架设一台 DNS 服务器负责 long.com 域的域名解析工作。DNS 服务器的 FQDN 为 dns.long.com，IP 地址为 192.168.10.1。要求为以下域名实现正反向域名解析服务。

dns.long.com		192.168.10.1
mail.long.com	MX 记录	192.168.10.2
slave.long.com	⟷	192.168.10.3
www.long.com		192.168.10.4
ftp.long.com		192.168.10.20

另外，为 www.long.com 设置别名为 web.long.com。

12.4.2 配置过程

配置过程包括全局配置文件、主配置文件和正反向区域解析文件的配置。

1. 编辑全局配置文件/etc/named. conf 文件

该文件在/etc 目录下。把 options 选项中的侦听 IP（127.0.0.1）改成 any，把 dnssec-validation yes 改为 no；把允许查询网段 allow-query 后面的 localhost 改成 any。在"include"语句中指定主配置文件为 named.zones。修改后相关内容如下：

```
[root@RHEL7-1 ~]# vim /etc/named.conf


    listen-on port 53 { any; };
        listen-on-v6 port 53 { ::1; };
        directory        "/var/named";
        dump-file        "/var/named/data/cache_dump.db";
        statistics-file "/var/named/data/named_stats.txt";
        memstatistics-file "/var/named/data/named_mem_stats.txt";
        allow-query     { any; };
        recursion yes;
       dnssec-enable yes;
      dnssec-validation no;
       dnssec-lookaside auto;
        ......
   include "/etc/named.zones";                      //必须更改!!
   include "/etc/named.root.key";
```

2. 配置主配置文件 named. zones

使用 vim /etc/named.zones 编辑增加以下内容：

```
[root@RHEL7-1 ~]# vim /etc/named.zones


zone "long.com" IN {
      type master;
      file "long.com.zone";
      allow-update { none; };
};

zone "10.168.192.in-addr.arpa" IN {
      type master;
      file "192.168.10.zone";
      allow-update { none; };
};
```

3. 修改 bind 的区域配置文件

（1）创建 long.com.zone 正向区域文件

正向区域文件位于/var/named 目录下，为编辑方便可先将样本文件 named.localhost 复制到 long.com. zone，再对 long.com.zone 编辑修改。

```
[root@RHEL7-1 ~]# cd /var/named
[root@RHEL7-1 named]# cp -p named.localhost long.com.zone
[root@RHEL7-1 named]# vim /var/named/long.com.zone


$TTL 1D
@       IN SOA  @ root.long.com. (
                                    0       ; serial
                                    1D      ; refresh
                                    1H      ; retry
                                    1W      ; expire
                                    3H )    ; minimum


@               IN      NS              dns.long.com.
@               IN      MX      10      mail.long.com.

dns             IN      A               192.168.10.1
mail            IN      A               192.168.10.2
slave           IN      A               192.168.10.3
www             IN      A               192.168.10.4
ftp             IN      A               192.168.10.20
web             IN      CNAME           www.long.com.
```

（2）创建 192.168.10.zone 反向区域文件

反向区域文件位于/var/named 目录下，为方便编辑，可先将样本文件 named.loopback 复制到 192.168.10.zone，再对 192.168.10.zone 编辑修改，编辑修改如下。

```
[root@RHEL7-1 named]# cp -p named.loopback 192.168.10.zone
[root@RHEL7-1 named]# vim /var/named/192.168.10.zone

$TTL 1D
@        IN SOA   @    root.long.com. (
                                      0       ; serial
                                      1D      ; refresh
                                      1H      ; retry
                                      1W      ; expire
                                      3H )    ; minimum

@            IN NS        dns.long.com.
@            IN MX    10  mail.long.com.

1        IN PTR        dns.long.com.
2        IN PTR        mail.long.com.
3        IN PTR        slave.long.com.
4        IN PTR        www.long.com.
20       IN PTR        ftp.long.com.
```

4. 设置防火墙放行，设置主配置文件和区域文件的属组为 named

```
[root@RHEL7-1 named]# firewall-cmd --permanent --add-service=dns
[root@RHEL7-1 named]# firewall-cmd --reload
[root@RHEL7-1 named]# chgrp named /etc/named.conf /etc/named.zones
[root@RHEL7-1 named]# chgrp named long.com.zone 192.168.10.zone
```

5. 重新启动 DNS 服务，加入开机启动

```
[root@RHEL7-1 named]# systemctl restart named
[root@RHEL7-1 named]# systemctl enable named
```

6. 测试（详见任务 6）

说明如下。

（1）主配置文件的名称一定要与/etc/named.conf 文件中指定的文件名一致。本书中是 named.zones。

（2）正反向区域文件的名称一定要与/etc/named.zones 文件中 zone 区域声明中指定的文件名一致。

（3）正反向区域文件的所有记录行都要顶头写，前面不要留有空格，否则会导致 DNS 服务器不能正常工作。

（4）第一个有效行为 SOA 资源记录。该记录的格式如下：

```
@           IN SOA origin. contact. (
                    1997022700          ; serial
                    28800               ; refresh
```

```
                          14400              ; retry
                          3600000            ; expiry
                          86400              ; minimum
    )
```

- @是该域的替代符，例如，long.com.zone 文件中的@代表 long.com。所以上面例子中 SOA 有效行（@IN SOA@root.long.com.）可以改为（@IN SOA long.com. root.long.com.）。
- IN 表示网络类型。
- SOA 表示资源记录类型。
- origin 表示该域的主域名服务器的 FQDN，用"."结尾表示这是个绝对名称。例如，long.com.zone 文件中的 origin 为 dns.long.com.。
- contact 表示该域的管理员的电子邮件地址。它是正常 E-mail 地址的变通，将@变为"."。例如，long.com.zone 文件中的 contact 为 mail.long.com.。
- serial 为该文件的版本号。该数据是辅助域名服务器和主域名服务器进行时间同步的，每次修改数据库文件后，都应更新该序列号。习惯上用 yyyymmddnn，即年月日后加两位数字，表示一日之中第几次修改。
- refresh 为更新时间间隔。辅助 DNS 服务器根据此时间间隔周期性地检查主 DNS 服务器的序列号是否改变，如果改变则更新自己的数据库文件。
- retry 为重试时间间隔。当辅助 DNS 服务器没有能够从主 DNS 服务器更新数据库文件时，在定义的重试时间间隔后重新尝试。
- expiry 为过期时间。如果辅助 DNS 服务器在所定义的时间间隔内没有能够与主 DNS 服务器或另一台 DNS 服务器取得联系，则该辅助 DNS 服务器上的数据库文件被认为无效，不再响应查询请求。

（5）TTL 为最小时间间隔，单位是秒。对于没有特别指定存活周期的资源记录，默认取 minimum 的值为 1 天，即 86 400 秒。1D 表示一天。

（6）行"@ IN NS dns.long.com."说明该域的域名服务器，至少应该定义一个。

（7）行"@ IN MX 10 mail.long.com."用于定义邮件交换器，其中 10 表示优先级别，数字越小，优先级别越高。

（8）类似于行"www IN A 192.168.10.4"是一系列的主机资源记录，表示主机名和 IP 地址的对应关系。

（9）行"web IN CNAME www.long.com."定义的是别名资源记录，表示 web.long.com.是 www.long.com.的别名。

（10）类似于行"2 IN PTR mail.long.com."是指针资源记录，表示 IP 地址与主机名称的对应关系。其中，PTR 使用相对域名；2 表示 2.10.168.192.in-addr.arpa，它表示 IP 地址为 192.168.10.2。

12.5 任务 5 配置 DNS 客户端

DNS 客户端的配置非常简单，假设本地首选 DNS 服务器的 IP 地址为 192.168.10.1，备用 DNS 服务器的 IP 地址为 192.168.10.2，则 DNS 客户端的设置如下。

1. 配置 Windows 客户端

打开 "Internet 协议（TCP/IP）" 属性对话框，在图 12-4 所示的对话框中输入首选和备用 DNS 服务器的 IP 地址即可。

图 12-4　Windows 系统中 DNS 客户端配置

2. 配置 Linux 客户端

在 Linux 系统中可以通过修改/etc/resolv.conf 文件来设置 DNS 客户端，如下所示。

```
[root@RHEL7-1 ~]# vim /etc/resolv.conf
    nameserver 192.168.10.1
    nameserver 192.168.10.2
    search  long.com
```

其中，nameserver 用于指明域名服务器的 IP 地址，可以设置多个 DNS 服务器，查询时按照文件中指定的顺序进行域名解析，只有当第一个 DNS 服务器没有响应时才向下面的 DNS 服务器发出域名解析请求。search 用于指明域名搜索顺序，当查询没有域名后缀的主机名时，将会自动附加由 search 指定的域名。

在 Linux 系统还可以通过系统菜单设置 DNS，相关内容前面已多次介绍，不再赘述。

12.6　任务 6　使用 nslookup 测试 DNS

BIND 软件包提供了 3 个 DNS 测试工具：nslookup、dig 和 host。其中 dig 和 host 是命令行工具，而 nslookup 命令既可以使用命令行模式也可以使用交互模式。下面在客户端 Client1（192.168.10.20）上进行测试，前提是必须保证与 RHEL 7-1 服务器的通信畅通。

1. nslookup 命令

```
[root@Client1 ~]# vim /etc/resolv.conf
    nameserver 192.168.10.1
    nameserver 192.168.10.2
    search  long.com
[root@client1 ~]# nslookup        //运行 nslookup 命令
> server
Default server: 192.168.10.1
```

```
Address: 192.168.10.1#53
> www.long.com        //正向查询，查询域名 www.long.com 所对应的 IP 地址
Server:    192.168.10.1
Address:    192.168.10.1#53

Name:   www.long.com
Address: 192.168.10.4
> 192.168.10.2        //反向查询，查询 IP 地址 192.168.1.2 所对应的域名
Server:    192.168.10.1
Address:    192.168.10.1#53

2.10.168.192.in-addr.arpa  name = mail.long.com.
> set all        //显示当前设置的所有值
Default server: 192.168.10.1
Address: 192.168.10.1#53

Set options:
  novc          nodebug       nod2
  search        recurse
  timeout = 0       retry = 3   port = 53
  querytype = A         class = IN
  srchlist = long.com
//查询 long.com 域的 NS 资源记录配置
> set type=NS   //此行中 type 的取值还可以为 SOA、MX、CNAME、A、PTR 及 any 等
> long.com
Server:    192.168.10.1
Address:    192.168.10.1#53

long.com   nameserver = dns.long.com.
> exit
[root@client1 ~]#
```

2. dig 命令

dig（domain information groper）是一个灵活的命令行方式的域名查询工具，常用于从域名服务器获取特定的信息。例如，通过 dig 命令查看域名 www.long.com 的信息。

```
[root@Client1 ~]# dig www.long.com

; <<>> DiG 9.9.4-RedHat-9.9.4-50.el7 <<>> www.long.com
;; global options: +cmd
;; Got answer:
;; ->>HEADER<<- opcode: QUERY, status: NOERROR, id: 41379
;; flags: qr aa rd ra; QUERY: 1, ANSWER: 1, AUTHORITY: 1, ADDITIONAL: 2
```

```
;; OPT PSEUDOSECTION:
; EDNS: version: 0, flags:; udp: 4096
;; QUESTION SECTION:
;www.long.com.            IN A

;; ANSWER SECTION:
www.long.com.       86400    IN A    192.168.10.4

;; AUTHORITY SECTION:
long.com.       86400    IN  NS  dns.long.com.

;; ADDITIONAL SECTION:
dns.long.com.          86400    IN  A    192.168.10.1

;; Query time: 2 msec
;; SERVER: 192.168.10.1#53(192.168.10.1)
;; WHEN: Tue Jul 17 22:22:40 CST 2018
;; MSG SIZE  rcvd: 91
```

3. host 命令

host 命令用来做简单的主机名的信息查询。在默认情况下，host 只在主机名和 IP 地址之间进行转换。下面是一些常见的 host 命令的使用方法。

```
//正向查询主机地址
[root@Client1 ~]# host dns.long.com
//反向查询 IP 地址对应的域名
[root@Client1 ~]# host 192.168.10.3
//查询不同类型的资源记录配置，-t 参数后可以为 SOA、MX、CNAME、A、PTR 等
[root@Client1 ~]# host -t NS long.com
//列出整个 long.com 域的信息
[root@Client1 ~]# host -l long.com
//列出与指定的主机资源记录相关的详细信息
[root@Client1 ~]# host -a web.long.com
```

4. DNS 服务器配置中的常见错误

（1）配置文件名写错。在这种情况下，运行 nslookup 命令不会出现命令提示符 ">"。

（2）主机域名后面没有 "."。这是最常犯的错误。

（3）/etc/resolv.conf 文件中的域名服务器的 IP 地址不正确。在这种情况下，nslookup 命令不出现命令提示符。

（4）回送地址的数据库文件有问题。同样 nslookup 命令不出现命令提示符。

（5）在/etc/named.conf 文件中的 zone 区域声明中定义的文件名与/var/named 目录下的区域数据库文件名不一致。

12.7 项目实录：配置与管理 DNS 服务

1. 视频位置

实训前请扫二维码观看"实训项目 配置与管理 DNS 服务器"慕课。

2. 项目实训目的

● 掌握 Linux 系统中主 DNS 服务器的配置方法。

● 掌握 Linux 下辅助 DNS 服务器的配置方法。

3. 项目背景

某企业有一个局域网（192.168.1.0/24），网络拓扑如图 12-5 所示。该企业中已经有自己的网页，员工希望通过域名来进行访问，同时员工也需要访问 Internet 上的网站。该企业已经申请了域名 jnrplinux.com，公司需要 Internet 上的用户通过域名访问公司的网页。为了保证可靠，不能因为 DNS 的故障，导致网页不能访问。

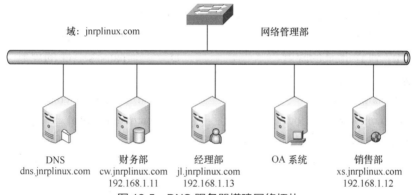

域：jnrplinux.com   网络管理部

DNS	财务部	经理部	OA 系统	销售部
dns.jnrplinux.com	cw.jnrplinux.com	jl.jnrplinux.com		xs.jnrplinux.com
	192.168.1.11	192.168.1.13		192.168.1.12

图 12-5 DNS 服务器搭建网络拓扑

要求在企业内部构建一台 DNS 服务器，为局域网中的计算机提供域名解析服务。DNS 服务器管理 jnrplinux.com 域的域名解析，DNS 服务器的域名为 dns.jnrplinux.com，IP 地址为 192.168.1.2。辅助 DNS 服务器的 IP 地址为 192.168.1.3。同时还必须为客户提供 Internet 上的主机的域名解析。要求分别能解析以下域名：财务部（cw.jnrplinux.com：192.168.1.11）、销售部（xs.jnrplinux.com：192.168.1.12）、经理部（jl.jnrplinux.com：192.168.1.13）、OA 系统（oa.jnrplinux.com：192.168.1.13）。

4. 项目实训内容

练习配置在 Linux 系统下的主及辅助 DNS 服务器。

5. 做一做

根据项目实录视频进行项目的实训，检查学习效果。

12.8 练习题

一、填空题

1. 在 Internet 中，计算机之间直接利用 IP 地址进行寻址，因而需要将用户提供的主机名转换成 IP 地址，我们把这个过程称为_____。

2. DNS 提供了一个＿＿＿＿＿的命名方案。

3. DNS 顶级域名中表示商业组织的是＿＿＿＿＿。

4. ＿＿＿＿＿表示主机的资源记录，＿＿＿＿＿表示别名的资源记录。

5. 写出可以用来检测 DNS 资源创建的是否正确的两个工具＿＿＿＿＿、＿＿＿＿＿。

6. DNS 服务器的查询模式有＿＿＿＿＿、＿＿＿＿＿。

7. DNS 服务器分为 4 类：＿＿＿＿＿、＿＿＿＿＿、＿＿＿＿＿、＿＿＿＿＿。

8. 一般在 DNS 服务器之间的查询请求属于＿＿＿＿＿查询。

二、选择题

1. 在 Linux 环境下，能实现域名解析的功能软件模块是（　　　）。
   A. apache　　　　　B. dhcpd　　　　　C. BIND　　　　　D. SQUID

2. www.163.com 是 Internet 中主机的（　　　）。
   A. 用户名　　　　　B. 密码　　　　　C. 别名　　　　　D. IP 地址
   E. FQDN

3. 在 DNS 服务器配置文件中 A 类资源记录是什么意思？（　　　）
   A. 官方信息　　　　　　　　　B. IP 地址到名字的映射
   C. 名字到 IP 地址的映射　　　　D. 一个 name server 的规范

4. 在 Linux DNS 系统中，根服务器提示文件是（　　　）。
   A. /etc/named.ca　　　　　　　B. /var/named/named.ca
   C. /var/named/named.local　　　D. /etc/named.local

5. DNS 指针记录的标志是（　　　）。
   A. A　　　　　B. PTR　　　　　C. CNAME　　　　　D. NS

6. DNS 服务使用的端口是（　　　）。
   A. TCP 53　　　B. UDP 54　　　C. TCP 54　　　D. UDP 53

7. （　　　）命令可以测试 DNS 服务器的工作情况。
   A. dig　　　　　　　　　　B. host
   C. nslookup　　　　　　　D. named-checkzone

8. （　　　）命令可以启动 DNS 服务。
   A. systemctl start named　　　　　B. systemctl restart named
   C. service dns start　　　　　　　D. /etc/init.d/dns start

9. 指定域名服务器位置的文件是（　　　）。
   A. /etc/hosts　　　B. /etc/networks　　　C. /etc/resolv.conf　　　D. /.profile

项目 ⑬ 配置与管理 Apache 服务器

项目导入

某学院组建了校园网，建设了学院网站。现需要架设 Web 服务器来为学院网站安家，同时在网站上传和更新时，需要用到文件上传和下载功能，因此还要架设 FTP 服务器，为学院内部和互联网用户提供 WWW、FTP 等服务。本项目先实践配置与管理 Apache 服务器。

职业能力目标和要求

- 认识 Apache。
- 掌握 Apache 服务的安装与启动方法。
- 掌握 Apache 服务的主配置文件。
- 掌握各种 Apache 服务器的配置方法。
- 学会创建 Web 网站和虚拟主机。

13.1 Web 服务的概述

由于能够提供图形、声音等多媒体数据，再加上可以交互的动态 Web 语言的广泛普及，WWW（World Wide Web，万维网）深受 Internet 用户欢迎。一个最重要的证明就是，当前的绝大部分 Internet 流量都是由 WWW 浏览产生的。

WWW 服务是解决应用程序之间相互通信的一项技术。严格地说，WWW 服务是描述一系列操作的接口，它使用标准的、规范的 XML（Extensible Markup Language，可扩展标记语言）描述接口。这一描述中包括了与服务进行交互所需要的全部细节，包括消息格式、传输协议和服务位置。而在对外的接口中隐藏了服务实现的细节，仅提供一系列可执行的操作。这些操作独立于软、硬件平台和编写服务所用的编程语言。WWW 服务既可单独使用，也可同其他 WWW 服务一起使用，实现复杂的商业功能。

微课

管理与维护
Apache 服务器

1. Web 服务简介

WWW 是 Internet 上被广泛应用的一种信息服务技术。WWW 采用的是客户/服务器结构，整理和储存各种 WWW 资源，并响应客户端软件的请求，把所需的信息资源通过浏览器传送给用户。

Web 服务通常可以分为两种：静态 Web 服务和动态 Web 服务。

2. HTTP

拓展阅读

HTTP（Hypertext Transfer Protocol，超文本传输协议）可以算得上是目前国际互联网基础上的一个重要组成部分。而 Apache、IIS 服务器是 HTTP 协议的服务器软件，微软的 Internet Explorer 和 Mozilla 的 Firefox 则是 HTTP 协议的客户端实现。

23. HTTP

13.2 任务 1　安装、启动与停止 Apache 服务

13.2.1　子任务 1　安装 Apache 相关软件

```
[root@RHEL7-1 ~]# rpm -q httpd
[root@RHEL7-1 ~]# mkdir /iso
[root@RHEL7-1 ~]# mount /dev/cdrom /iso
[root@RHEL7-1 桌面]# yum clean all              //安装前先清除缓存
[root@RHEL7-1 ~]# yum install httpd -y
[root@RHEL7-1 ~]# yum install firefox -y        //安装浏览器
[root@RHEL7-1 ~]# rpm -qa|grep httpd            //检查安装组件是否成功
```

注意：一般情况下，firefox 默认已经安装，需要根据情况而定。

启动 Apache 服务的命令如下（重新启动和停止的命令分别是 restart 和 stop）：

```
[root@RHEL7-1 ~]# systemctl start httpd
```

13.2.2　子任务 2　让防火墙放行，并设置 SELinux 为允许

需要注意的是，Red Hat Enterprise Linux 7 采用了 SELinux 这种增强的安全模式，在默认的配置下，只有 SSH 服务可以通过。像 Apache 这种服务，安装、配置、启动完毕，还需要为它放行才行。

（1）使用防火墙命令，放行 http 服务。

```
[root@RHEL7-1 ~]# firewall-cmd --list-all
[root@RHEL7-1 ~]# firewall-cmd --permanent --add-service=http
success
[root@RHEL7-1 ~]# firewall-cmd --reload
success
[root@RHEL7-1 ~]# firewall-cmd --list-all
public (active)
  target: default
  icmp-block-inversion: no
  interfaces: ens33
  sources:
  services: ssh dhcpv6-client samba dns http
  ......
```

（2）更改当前的 SELinux 值，后面可以跟 Enforcing、Permissive 或者 1、0。

```
[root@RHEL7-1 ~]# setenforce 0
[root@RHEL7-1 ~]# getenforce
```

```
Permissive
```

注意：利用 setenforce 设置 SELinux 值，重启系统后失效，如果再次使用 httpd，则仍需重新设置 SELinux，否则客户端无法访问 Web 服务器。如果想长期有效，请修改 /etc/sysconfig/selinux 文件，按需要赋予 SELINUX 相应的值（Enforcing|Permissive，或者 "0" | "1"）。本书多次提到防火墙和 SELinux，请读者一定注意，许多问题可能是防火墙和 SELinux 引起的，且对于系统重启后失效的情况也要了如指掌。

13.2.3 子任务 3 测试 httpd 服务是否安装成功

安装完 Apache 服务器后，启动它，并设置开机自动加载 Apache 服务。

```
[root@RHEL7-1 ~]# systemctl start httpd
[root@RHEL7-1 ~]# systemctl enable httpd
[root@RHEL7-1 ~]# firefox http://127.0.0.1
```

如果看到图 13-1 所示的提示信息，则表示 Apache 服务器已安装成功。也可以在 Applications 菜单中直接启动 firefox，然后在地址栏输入 http://127.0.0.1，测试是否成功安装。

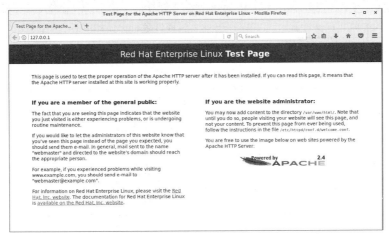

图 13-1 Apache 服务器运行正常

13.3 任务 2 认识 Apache 服务器的配置文件

在 Linux 系统中配置服务，其实就是修改服务的配置文件，httpd 服务程序的主要配置文件及存放位置如表 13-1 所示。

表 13-1 Linux 系统中的配置文件及存放位置

配置文件的名称	存 放 位 置
服务目录	/etc/httpd
主配置文件	/etc/httpd/conf/httpd.conf
网站数据目录	/var/www/html
访问日志	/var/log/httpd/access_log
错误日志	/var/log/httpd/error_log

Apache 服务器的主配置文件是 httpd.conf，该文件通常存放在/etc/httpd/conf 目录下。文件看起来很复杂，其实很多是注释内容。本节先作大略介绍，后面的章节将给出实例，非常容易理解。

httpd.conf 文件不区分大小写，在该文件中以"#"开始行为注释行。除了注释和空行外，服务器把其他的行认为是完整的或部分的指令。指令又分为类似于 shell 的命令和伪 HTML 标记。指令的语法为"配置参数名称　参数值"。伪 HTML 标记的语法格式如下：

```
<Directory />
    Options FollowSymLinks
    AllowOverride None
</Directory>
```

在 httpd 服务程序的主配置文件中，存在 3 种类型的信息：注释行信息、全局配置、区域配置。在 httpd 服务程序主配置文件中，最为常用的参数如表 13-2 所示。

表 13-2　配置 httpd 服务程序时最常用的参数以及用途描述

参　　数	用　　途
ServerRoot	服务目录
ServerAdmin	管理员邮箱
User	运行服务的用户
Group	运行服务的用户组
ServerName	网站服务器的域名
DocumentRoot	文档根目录（网站数据目录）
Directory	网站数据目录的权限
Listen	监听的 IP 地址与端口号
DirectoryIndex	默认的索引页页面
ErrorLog	错误日志文件
CustomLog	访问日志文件
Timeout	网页超时时间，默认为 300 秒

从表 13-2 中可知，DocumentRoot 参数用于定义网站数据的保存路径，其参数的默认值是把网站数据存放到/var/www/html 目录中；而当前网站普遍的首页面名称是 index.html，因此可以向/var/www/html 目录中写入一个文件，替换掉 httpd 服务程序的默认首页面，该操作会立即生效（在本机上测试）。

```
[root@RHEL7-1 ~]# echo "Welcome To MyWeb" > /var/www/html/index.html
[root@RHEL7-1 ~]# firefox http://127.0.0.1
```

程序的首页面内容已经发生了改变，如图 13-2 所示。

提示： 如果没有出现希望的画面，而是仍回到默认页面，那一定是 SELinux 的问题。请在终端命令行运行 setenforce　0 后再测试。详细解决方法，请见本书的下一节。

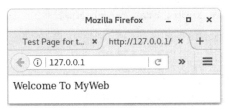

图 13-2 首页内容已发生改变

13.4 任务 3 常规设置 Apache 服务器的实例

1. 设置文档根目录和首页文件的实例

【例 13-1】默认情况下，网站的文档根目录保存在/var/www/html 中，如果想把保存网站文档的根目录修改为/home/www，并且将首页文件修改为 myweb.html，那么该如何操作呢？

（1）分析

文档根目录是一个较为重要的设置，一般来说，网站上的内容都保存在文档根目录中。在默认情形下，除了记号和别名将改指它处以外，所有的请求都从这里开始。而打开网站时所显示的页面即该网站的首页（主页）。首页的文件名是由 DirectoryIndex 字段来定义的。在默认情况下，Apache 的默认首页名称为 index.html。当然也可以根据实际情况进行更改。

（2）解决方案

① 在 RHEL 7-1 上修改文档的根目录为/home/www，并创建首页文件 myweb.html。

```
[root@RHEL7-1 ~]# mkdir /home/www
[root@RHEL7-1 ~]#echo "The Web's DocumentRoot Test " > /home/www/myweb.html
```

② 在 RHEL 7-1 上，打开 httpd 服务程序的主配置文件，将约第 119 行用于定义网站数据保存路径的参数 DocumentRoot 修改为/home/www，同时还需要将约第 124 行用于定义目录权限的参数 Directory 后面的路径也修改为/home/www，将第 164 行修改为 DirectoryIndex myweb.html index.html。配置文件修改完毕即可保存并退出。

```
[root@RHEL7-1 ~]# vim /etc/httpd/conf/httpd.conf
......
119 DocumentRoot "/home/www"
120
121 #
122 # Relax access to content within /var/www.
123 #
124 <Directory "/home/www">
125     AllowOverride None
126     # Allow open access:
127     Require all granted
128 </Directory>
......

163 <IfModule dir_module>
```

```
164        DirectoryIndex index.html myweb.html
165  </IfModule>
```

③ 让防火墙放行 http 协议，重启 httpd 服务。

```
[root@RHEL7-1 ~]# firewall-cmd --permanent --add-service=http
[root@RHEL7-1 ~]# firewall-cmd --reload
[root@RHEL7-1 ~]# firewall-cmd --list-all
[root@RHEL7-1 ~]# systemctl restart httpd
```

④ Client1 测试（RHEL 7-1 和 Client1 都是 VMnet1 连接，保证互相通信）。

```
[root@client1 ~]# firefox http://192.168.10.1
```

⑤ 故障排除。

奇怪！为什么看到了 httpd 服务程序的默认首页面？按理来说，只有在网站的首页面文件不存在或者用户权限不足时，才显示 httpd 服务程序的默认首页面。更奇怪的是，我们在尝试访问 http://192.168.10.1/myweb.html 页面时，竟然发现页面中显示 "Forbidden,You don't have permission to access /myweb.html on this server."，如图 13-3 所示。什么原因呢？是 SELinux 的问题！解决方法是在服务器端运行 setenforce 0，设置 SELinux 为允许：

```
[root@RHEL7-1 ~]# getenforce
Enforcing
[root@RHEL7-1 ~]# setenforce 0
[root@RHEL7-1 ~]# getenforce
Permissive
```

特别提示：设置完成后再一次测试，结果如图 13-4 所示。设置这个环节的目的是告诉读者，SELinux 的问题是多么重要！强烈建议如果暂时不能很好掌握 SELinux 细节，在做实训时一定设置 setenforce 0。

图 13-3　在客户端测试失败

图 13-4　在客户端测试成功

2. 用户个人主页实例

现在许多网站（如网易）都允许用户拥有自己的主页空间，而用户可以很容易地管理自己的主页空间。Apache 可以实现用户的个人主页。客户端在浏览器中浏览个人主页的 URL 地址的格式一般为

```
http://域名/~username
```

其中，"~username" 在利用 Linux 系统中的 Apache 服务器来实现时，是 Linux 系统的合法用户名（该用户必须在 Linux 系统中存在）。

【例 13-2】在 IP 地址为 192.168.10.1 的 Apache 服务器中，为系统中的 long 用户设置个

人主页空间。该用户的家目录为/home/long，个人主页空间所在的目录为 public_html。

实现步骤如下。

（1）修改用户的家目录权限，使其他用户具有读取和执行的权限。

```
[root@RHEL7-1 ~]# useradd long
[root@RHEL7-1 ~]# passwd long
[root@RHEL7-1 ~]# chmod 705  /home/long
```

（2）创建存放用户个人主页空间的目录。

```
[root@RHEL7-1 ~]# mkdir  /home/long/public_html
```

（3）创建个人主页空间的默认首页文件。

```
[root@RHEL7-1 ~]# cd  /home/long/public_html
[root@RHEL7-1 public_html]# echo "this is long's web。">>index.html
```

（4）在 httpd 服务程序中，默认没有开启个人用户主页功能。为此，我们需要编辑配置文件/etc/httpd/conf.d/userdir.conf。然后在第 17 行的 UserDir disabled 参数前面加上井号（#），表示让 httpd 服务程序开启个人用户主页功能。同时，需把第 24 行的 UserDir public_html 参数前面的井号（#）去掉（UserDir 参数表示网站数据在用户家目录中的保存目录名称，即 public_html 目录）。修改完毕保存退出。（在 vim 编辑状态记得使用 ": set nu"，显示行号）

```
[root@RHEL7-1 ~]# vim /etc/httpd/conf.d/userdir.conf
  ......
 17 # UserDir disabled
  ......
 24   UserDir public_html
  ......
```

（5）SELnux 设置为允许，让防火墙放行 httpd 服务，重启 httpd 服务。

```
[root@RHEL7-1 ~]# setenforce 0
[root@RHEL7-1 ~]# firewall-cmd --permanent --add-service=http
[root@RHEL7-1 ~]# firewall-cmd --reload
[root@RHEL7-1 ~]# firewall-cmd --list-all
[root@RHEL7-1 ~]# systemctl restart httpd
```

（6）在客户端的浏览器中输入 http://192.168.10.1/~long，看到的个人空间的访问效果如图 13-5 所示。

图 13-5　用户个人空间的访问效果图

思考：如果运行如下命令再在客户端测试，结果又会如何呢？试一试并思考原因。

```
[root@RHEL7-1 ~]# setenforce 1
[root@RHEL7-1 ~]# setsebool -P httpd_enable_homedirs=on
```

3. 虚拟目录实例

要从 Web 站点主目录以外的其他目录发布站点，可以使用虚拟目录实现。虚拟目录是一个位于 Apache 服务器主目录之外的目录，它不包含在 Apache 服务器的主目录中，但在访问 Web 站点的用户看来，它与位于主目录中的子目录是一样的。每一个虚拟目录都有一个别名，客户端可以通过此别名来访问虚拟目录。

由于每个虚拟目录都可以分别设置不同的访问权限，所以非常适合不同用户对不同目录拥有不同权限的情况。另外，只有知道虚拟目录名的用户才可以访问此虚拟目录，除此之外的其他用户将无法访问此虚拟目录。

在 Apache 服务器的主配置文件 httpd.conf 文件中，通过 Alias 指令设置虚拟目录。

【例 13-3】在 IP 地址为 192.168.10.1 的 Apache 服务器中，创建名为/test/的虚拟目录，它对应的物理路径是/virdir/，并在客户端测试。

（1）创建物理目录/virdir/。

```
[root@RHEL7-1 ~]# mkdir -p /virdir/
```

（2）创建虚拟目录中的默认首页文件。

```
[root@RHEL7-1 ~]# cd /virdir/
[root@RHEL7-1 virdir]# echo "This is Virtual Directory sample。">>index.html
```

（3）修改默认文件的权限，使其他用户具有读和执行权限。

```
[root@RHEL7-1 virdir]# chmod 705 index.html
```

或者

```
[root@RHEL7-1 ~]# chmod 705 /virdir -R
```

（4）修改/etc/httpd/conf/httpd.conf 文件，添加下面的语句。

```
Alias /test "/virdir"
<Directory "/virdir">
    AllowOverride None
    Require all granted
</Directory>
```

（5）SELinux 设置为允许，让防火墙放行 httpd 服务，重启 httpd 服务。

```
[root@RHEL7-1 ~]# setenforce 0
[root@RHEL7-1 ~]# firewall-cmd --permanent --add-service=http
[root@RHEL7-1 ~]# firewall-cmd --reload
[root@RHEL7-1 ~]# firewall-cmd --list-all
[root@RHEL7-1 ~]# systemctl restart httpd
```

（6）在客户端 Client1 的浏览器中输入"http://192.168.10.1/test"后，看到的虚拟目录的访问效果如图 13-6 所示。

13.5 任务 4 其他常规设置

1. 根目录设置（ServerRoot）

配置文件中的 ServerRoot 字段用来设置 Apache 的配置文件、错误文件和日志文件的存放目录。该目录是整个目录树的根节点，如果下面的字段设置中出现相对路径，那么就是相对于这个路径的。默认

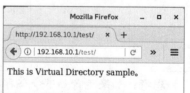

图 13-6 /test 虚拟目录的访问效果图

情况下，根路径为/etc/httpd，可以根据需要进行修改。

【例 13-4】设置根目录为/usr/local/httpd。

```
ServerRoot  "/usr/local/httpd"
```

2. 超时设置

Timeout 字段用于设置接受和发送数据时的超时设置。默认时间单位是秒。如果超过限定的时间，客户端仍然无法连接上服务器，则予以断线处理。默认时间为 120 秒，可以根据环境需要予以更改。

【例 13-5】设置超时时间为 300 秒。

```
Timeout  300
```

3. 客户端连接数限制

客户端连接数限制就是指在某一时刻内，WWW 服务器允许多少客户端同时进行访问。允许同时访问的最大数值就是客户端连接数限制。

（1）为什么要设置连接数限制？

讲到这里不难提出这样的疑问，网站本来就是提供给别人访问的，何必要限制访问数量，将人拒之门外呢？如果搭建的网站为一个小型的网站，访问量较小，则对服务器响应速度没有影响。不过如果网站访问用户突然过多，一时间点击率猛增，一旦超过某一数值很可能导致服务器瘫痪。门户级网站，例如百度、新浪、搜狐等大型网站，它们所使用的服务器硬件实力相当雄厚，可以承受同一时刻成千甚至上万的单击量，但是，硬件资源还是有限的，如果遇到大规模的 DDoS（Distributed Denial of Service，分布式拒绝服务攻击），仍然可能导致服务器过载而瘫痪。作为企业内部的网络管理者应该尽量避免类似的情况发生，所以限制客户端连接数是非常有必要的。

（2）实现客户端连接数限制。

在配置文件中，MaxClients 字段用于设置同一时刻内最大的客户端访问数量，默认数值是 256。对于小型的网站来说已经够用了。如果是大型网站，可以根据实际情况进行修改。

【例 13-6】设置客户端连接数为 500。

```
<IfModule prefork.c>
    StartServers       8
    MinSpareServers    5
    MaxSpareServers    20
    ServerLimit        500
    MaxClients         500
    MaxRequestSPerChild 4000
</IfModule>
```

注意：MaxClients 字段出现的频率可能不止一次，请注意这里的 MaxClients 是包含在 <IfModule prefork.c> </IfModule>这个容器当中的。

4. 设置管理员邮件地址

当客户端访问服务器发生错误时，服务器通常会将带有错误提示信息的网页反馈给客户端，并且上面包含管理员的 E-mail 地址，以便解决出现的错误。

如果需要设置管理员的 E-mail 地址，可以使用 ServerAdmin 字段来设置。

【例 13-7】设置管理员的 E-mail 地址为 root@smile.com。

```
ServerAdmin      root@smile.com
```

5. 设置主机名称

ServerName 字段定义了服务器名称和端口号，用以标明自己的身份。如果没有注册 DNS 名称，可以输入 IP 地址。当然，可以在任何情况下输入 IP 地址，这也可以完成重定向工作。

【例 13-8】设置服务器主机的名称及端口号。

```
ServerName      www.example.com:80
```

技巧：正确使用 ServerName 字段设置服务器的主机名称或 IP 地址后，在启动服务时则不会出现 "Could not reliably determine the server's fully qualified domain name，using 127.0.0.1 for ServerName" 的错误提示了。

6. 网页编码设置

由于地域的不同，中国和外国，或者说亚洲地区和欧美地区所采用的网页编码也不同，如果出现服务器端的网页编码和客户端的网页编码不一致，就会导致乱码的出现。这和各国人民所使用的母语不同道理一样，这样会带来交流的障碍。如果想正常显示网页的内容，则必须使用正确的编码。

httpd.conf 中使用 AddDefaultCharset 字段来设置服务器的默认编码。在默认情况下，服务器编码采用 UTF-8。而汉字的编码一般是 GB2312，国家强制标准是 GB18030。具体使用哪种编码要根据网页文件里的编码来决定，保持和这些文件所采用的编码是一致的，就可以正常显示。

【例 13-9】设置服务器的默认编码为 GB2312。

```
AddDefaultCharset  GB2312
```

技巧：若不清楚该使用哪种编码，则可以把 AddDefaultCharset 字段注释掉，表示不使用任何编码，这样让浏览器自动去检测当前网页所采用的编码是什么，然后自动进行调整。对于多语言的网站搭建，最好采用注释掉 AddDefaultCharset 字段的这种方法。

7. 目录设置

目录设置就是为服务器上的某个目录设置权限。通常在访问某个网站的时候，真正所访问的仅仅是那台 Web 服务器里某个目录下的某个网页文件而已。而整个网站也是由这些零零总总的目录和文件组成。作为网站的管理人员，可能经常需要只对某个目录做出设置，而不是对整个网站做设置。例如，拒绝 192.168.0.100 的客户端访问某个目录内的文件。这时，可以使用<Directory> </Directory>容器来设置。这是一对容器语句，需要成对出现。在每个容器中有 options、AllowOverride、Limit 等指令，它们都是和访问控制相关的。各参数如表 13-3 所示。

表 13-3　Apache 目录访问控制选项

访问控制选项	描　　述
Options	设置特定目录中的服务器特性，具体参数选项的取值见表 13-4
AllowOverride	设置如何使用访问控制文件.htaccess

访问控制选项	描　述
Order	设置 Apache 缺省的访问权限及 Allow 和 Deny 语句的处理顺序
Allow	设置允许访问 Apache 服务器的主机，可以是主机名，也可以是 IP 地址
Deny	设置拒绝访问 Apache 服务器的主机，可以是主机名，也可以是 IP 地址

（1）根目录默认设置。

```
<Directory/>
    Options FollowSymLinks                      ①
    AllowOverride None                          ②
</Directory>
```

以上代码中带有序号的两行说明如下。

① Options 字段用来定义目录使用哪些特性，后面的 FollowSymLinks 指令表示可以在该目录中使用符号链接。Options 还可以设置很多功能，常见功能请参考表 13-4 所示。

② AllowOverride 用于设置.htaccess 文件中的指令类型。None 表示禁止使用.htaccess。

表 13-4　Options 选项的取值

可用选项取值	描　述
Indexes	允许目录浏览。当访问的目录中没有 DirectoryIndex 参数指定的网页文件时，会列出目录中的目录清单
Multiviews	允许内容协商的多重视图
All	支持除 Multiviews 以外的所有选项，如果没有 Options 语句，默认为 All
ExecCGI	允许在该目录下执行 CGI 脚本
FollowSysmLinks	可以在该目录中使用符号链接，以访问其他目录
Includes	允许服务器端使用 SSI（Server Side Include，服务器端包含）技术
IncludesNoExec	允许服务器端使用 SSI（服务器包含）技术，但禁止执行 CGI 脚本
SymLinksIfOwnerMatch	目录文件与目录属于同一用户时支持符号链接

注意：可以使用"+"或"−"在 Options 选项中添加或取消某个选项的值。如果不使用这两个符号，那么在容器中的 Options 选项的取值将完全覆盖以前的 Options 指令的取值。

（2）文档目录默认设置。

```
<Directory "/var/www/html">
        Options Indexes FollowSymLinks
        AllowOverride None                      ①
        Order allow, deny                       ②
        Allow from all                          ③
</Directory>
```

以上代码中带有序号的两行说明如下。

① AllowOverride 所使用的指令组此处不使用认证。

② 设置默认的访问权限与 Allow 和 Deny 字段的处理顺序。

③ Allow 字段用来设置哪些客户端可以访问服务器。与之对应的 Deny 字段则用来限制哪些客户端不能访问服务器。

Allow 和 Deny 字段的处理顺序非常重要，需要详细了解它们的意思和使用技巧。

情况一：**Order allow, deny**

表示默认情况下禁止所有客户端访问，且 Allow 字段在 Deny 字段之前被匹配。如果既匹配 Allow 字段又匹配 Deny 字段，则 Deny 字段最终生效。也就是说 Deny 会覆盖 Allow。

情况二：**Order deny, allow**

表示默认情况下允许所有客户端访问，且 Deny 字段在 Allow 语句之前被匹配。如果既匹配 Allow 字段又匹配 Deny 字段，则 Allow 字段最终生效。也就是说 Allow 会覆盖 Deny。

下面举例来说明 Allow 和 Deny 字段的用法。

【例 13-10】允许所有客户端访问（先允许后拒绝）。

```
Order allow, deny
Allow from all
```

【例 13-11】拒绝 IP 地址为 192.168.100.100 和来自.bad.com 域的客户端访问。其他客户端都可以正常访问。

```
Order deny,allow
Deny from  192.168.100.100
Deny from  .bad.com
```

【例 13-12】仅允许 192.168.0.0/24 网段的客户端访问，但其中 192.168.0.100 不能访问。

```
Order allow,deny
Allow from  192.168.0.0/24
Deny from  192.168.0.100
```

为了说明允许和拒绝条目的使用，对照看一下下面的两个例子。

【例 13-13】除了 www.test.com 的主机，允许其他所有人访问 Apache 服务器。

```
Order allow,deny
Allow from  all
Deny from  www.test.com
```

【例 13-14】只允许 10.0.0.0/8 网段的主机访问服务器。

```
Order deny,allow
Deny from all
Allow from 10.0.0.0/255.255.0.0
```

注意：Over、Allow from 和 Deny from 关键词，它们大小写不敏感，但 allow 和 deny 之间以 "," 分割，二者之间不能有空格。

技巧：如果仅仅想对某个文件做权限设置，则可以使用<Files 文件名></Files>容器语句实现，方法和使用<Directory "目录"></Directory>几乎一样。例如：

```
<Files  "/var/www/html/f1.txt">
        Order allow, deny
        Allow from all
</Files>
```

13.6 任务 5 配置虚拟主机

虚拟主机在一台 Web 服务器上，可以为多个独立的 IP 地址、域名或端口号提供不同的 Web 站点。对于访问量不大的站点来说，这样做可以降低单个站点的运营成本。

13.6.1 子任务 1 配置基于 IP 地址的虚拟主机

基于 IP 地址的虚拟主机的配置需要在服务器上绑定多个 IP 地址，然后配置 Apache，把多个网站绑定在不同的 IP 地址上，访问服务器上不同的 IP 地址，就可以看到不同的网站。

【例 13-15】假设 Apache 服务器具有 192.168.10.1 和 192.168.10.2 两个 IP 地址（提前在服务器中配置这两个 IP 地址）。现需要利用这两个 IP 地址分别创建两个基于 IP 地址的虚拟主机，要求不同的虚拟主机对应的主目录不同，默认文档的内容也不同。配置步骤如下。

（1）单击"Applications"→"System Tools"→"Settings"→"Network"，单击设置按钮 ⚙，打开图 13-7 所示的"Wired"对话框，可以直接单击"+"添加 IP 地址，完成后单击"Apply"按钮。这样可以在一块网卡上配置多个 IP 地址，当然也可以直接在多块网卡上配置多个 IP 地址。

图 13-7 添加多个 IP 地址

（2）分别创建/var/www/ip1 和/var/www/ip2 两个主目录和默认文件。

```
[root@RHEL7-1 ~]# mkdir  /var/www/ip1  /var/www/ip2
[root@RHEL7-1 ~]# echo "this is 192.168.10.1's web.">/var/www/ip1/index.html
[root@RHEL7-1 ~]# echo "this is 192.168.10.2's web.">/var/www/ip2/index.html
```

（3）添加**/etc/httpd/conf.d/vhost.conf** 文件。该文件的内容如下。

```
#设置基于IP地址为192.168.10.1的虚拟主机
<Virtualhost 192.168.10.1>
    DocumentRoot  /var/www/ip1
</Virtualhost>


#设置基于IP地址为192.168.10.2的虚拟主机
<Virtualhost 192.168.10.2>
    DocumentRoot /var/www/ip2
```

```
</Virtualhost>
```

（4）SELinux 设置为允许，让防火墙放行 httpd 服务，重启 httpd 服务（见前面操作）。

（5）在客户端浏览器中可以看到 http://192.168.10.1 和 http://192.168.10.2 两个网站的浏览效果如图 13-8 所示。

图 13-8　测试时出现默认页面

奇怪！为什么看到了 httpd 服务程序的默认首页面？按理来说，只有在网站的首页面文件不存在或者用户权限不足时，才显示 httpd 服务程序的默认首页面。我们在尝试访问 http://192.168.10.1/index.html 页面时，竟然发现页面中显示 "Forbidden,You don't have permission to access /index.html on this server."。这一切都是因为主配置文件里没设置目录权限！解决方法是在/etc/httpd/conf/httpd.conf 中添加有关两个网站目录权限的内容（**只设置 /var/www 目录权限也可以**）：

```
<Directory "/var/www/ip1">
    AllowOverride None
    Require all granted
</Directory>


<Directory "/var/www/ip2">
    AllowOverride None
    Require all granted
</Directory>
```

注意：为了不使后面的实训受到前面虚拟主机设置的影响，做完一个实训后，请将配置文件中添加的内容删除，然后再继续做下一个实训。

13.6.2　子任务 2　配置基于域名的虚拟主机

基于域名的虚拟主机的配置只需服务器有一个 IP 地址即可，所有的虚拟主机共享同一个 IP，各虚拟主机之间通过域名进行区分。

要建立基于域名的虚拟主机，DNS 服务器中应建立多个主机资源记录，使它们解析到同一个 IP 地址。例如：

```
www.smile.com.      IN    A    192.168.10.1
www.long.com.       IN    A    192.168.10.1
```

【例 13-16】假设 Apache 服务器的 IP 地址为 192.168.10.1。在本地 DNS 服务器中，该 IP 地址对应的域名分别为 www1.long.com 和 www2.long.com。现需要创建基于域名的虚拟主机，要求不同的虚拟主机对应的主目录不同，默认文档的内容也不同。配置步骤如下。

（1）分别创建/var/www/smile 和/var/www/long 两个主目录和默认文件。

```
[root@RHEL7-1 ~]# mkdir   /var/www/www1   /var/www/www2
[root@RHEL7-1 ~]# echo "www1.long.com's web.">/var/www/www1/index.html
[root@RHEL7-1 ~]# echo "www2.long.com's web.">/var/www/www2/index.html
```

（2）修改 httpd.conf 文件。添加目录权限内容如下。

```
<Directory "/var/www">
    AllowOverride None
    Require all granted
</Directory>
```

（3）修改/etc/httpd/conf.d/vhost.conf 文件。该文件的内容如下（原来内容清空）。

```
<Virtualhost 192.168.10.1>
    DocumentRoot  /var/www/www1
    ServerName  www1.long.com
</Virtualhost>


<Virtualhost 192.168.10.1>
    DocumentRoot /var/www/www2
    ServerName  www2.long.com
</Virtualhost>
```

（4）SELinux 设置为允许，让防火墙放行 httpd 服务，重启 httpd 服务。在客户端 Client1 上测试。要确保 DNS 服务器解析正确、确保给 Client1 设置正确的 DNS 服务器地址（etc/resolv.conf）。

注意：在本例的配置中，DNS 的正确配置至关重要，一定确保 long. com 域名及主机的正确解析，否则无法成功。正向区域配置文件如下（参考前面）。

```
[root@RHEL7-1 long]# vim /var/named/long.com.zone
$TTL 1D
@     IN SOA   dns.long.com. mail.long.com. (
                            0       ; serial
                            1D      ; refresh
                            1H      ; retry
                            1W      ; expire
                            3H )    ; minimum

@           IN   NS            dns.long.com.
@           IN   MX     10     mail.long.com.
```

```
dns          IN   A           192.168.10.1
www1         IN   A           192.168.10.1
www2         IN   A           192.168.10.1
```

思考： 为了测试方便，在 Client1 上直接设置/etc/hosts 为如下内容，可否代替 DNS 服务器？

```
192.168.10.1  www1.long.com
192.168.10.1  www2.long.com
```

13.6.3　子任务 3　配置基于端口号的虚拟主机

基于端口号的虚拟主机的配置只需服务器有一个 IP 地址即可，所有的虚拟主机共享同一个 IP，各虚拟主机之间通过不同的端口号进行区分。在设置基于端口号的虚拟主机的配置时，需要利用 Listen 语句设置所监听的端口。

【例 13-17】假设 Apache 服务器的 IP 地址为 192.168.10.1。现需要创建基于 8088 和 8089 两个不同端口号的虚拟主机，要求不同的虚拟主机对应的主目录不同，默认文档的内容也不同，如何配置？配置步骤如下。

（1）分别创建/var/www/8088 和/var/www/8089 两个主目录和默认文件。

```
[root@RHEL7-1 ~]# mkdir  /var/www/8088  /var/www/8089
[root@RHEL7-1 ~]# echo "8088 port 's web.">/var/www/8088/index.html
[root@RHEL7-1 ~]# echo "8089 port 's web.">/var/www/8089/index.html
```

（2）修改/etc/httpd/conf/httpd.conf 文件。该文件的修改内容如下。

```
Listen 8088
Listen 8089
<Directory "/var/www">
    AllowOverride None
    Require all granted
</Directory>
```

（3）修改/etc/httpd/conf.d/vhost.conf 文件。该文件的内容如下（原来内容清空）。

```
<Virtualhost 192.168.10.1:8088>
    DocumentRoot   /var/www/8088
</Virtualhost>

<Virtualhost 192.168.10.1:8089>
    DocumentRoot /var/www/8089
</Virtualhost>
```

（4）关闭防火墙和允许 SELinux，重启 httpd 服务。然后在客户端 Client1 上测试。测试结果令人大失所望！如图 13-9 所示。

（5）处理故障。这是因为 firewall 防火墙检测到 8088 和 8089 端口原本不属于 Apache 服务应该需要的资源，但现在却以 httpd 服务程序的名义监听使用了，所以防火墙会拒绝 Apache 服务使用这两个端口。我们可以使用 firewall-cmd 命令永久添加需要的端口到 public 区域，并重启防火墙。

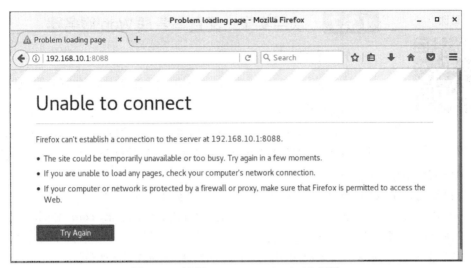

图 13-9 访问 192.168.10.1：8088 报错

```
[root@RHEL7-1 ~]# firewall-cmd --list-all
public (active) ……
  services: ssh dhcpv6-client samba dns http
  ports:
  ……
[root@RHEL7-1 ~]# firewall-cmd --permanent --zone=public --add-port=8089/tcp
[root@RHEL7-1 ~]# firewall-cmd --permanent --zone=public --add-port=8088/tcp
[root@RHEL7-1 ~]# firewall-cmd --reload
[root@RHEL7-1 ~]# firewall-cmd --list-all
public (active)
  ……
  services: ssh dhcpv6-client samba dns http
  ports: 8089/tcp 8088/tcp
  ……
```

（6）再次在 Client1 上测试，结果如图 13-10 所示。

图 13-10 不同端口虚拟主机的测试结果

技巧：依次单击"Applications"→"Sundry"→"Firewall"，打开防火墙配置窗口，可以详尽地配置防火墙，包括配置 public 区域的 port（端口）等，读者不妨多操作试试，定会有惊喜。

慕课

实训项目 配置与管理
Web 服务器

13.7 项目实录：配置与管理 Web 服务器

1. 视频位置

实训前请扫二维码观看"实训项目 配置与管理 Web 服务器"视频。

2. 项目背景

假如你是某学校的网络管理员，学校的域名为 www.king.com，学校计划为每位教师开通个人主页服务，为教师与学生之间建立沟通的平台。该学校的网络拓扑图如图 13-11 所示。

学校计划为每位教师开通个人主页服务，要求实现如下功能。

（1）网页文件上传完成后，立即自动发布 URL 为 http://www.king.com/~的用户名。

（2）在 Web 服务器中建立一个名为 private 的虚拟目录，其对应的物理路径是/data/private，并配置 Web 服务器对该虚拟目录启用用户认证，只允许 kingma 用户访问。

（3）在 Web 服务器中建立一个名为 private 的虚拟目录，其对应的物理路径是/dir1 /test，并配置 Web 服务器仅允许来自网络 jnrp.net 域和 192.168.1.0/24 网段的客户机访问该虚拟目录。

（4）使用 192.168.1.2 和 192.168.1.3 两个 IP 地址，创建基于 IP 地址的虚拟主机，其中，IP 地址为 192.168.1.2 的虚拟主机对应的主目录为/var/www/ip2，IP 地址为 192.168.1.3 的虚拟主机对应的主目录为/var/www/ip3。

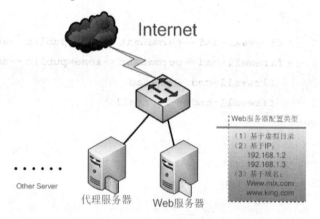

图 13-11 Web 服务器搭建与配置网络拓扑

（5）创建基于 www.mlx.com 和 www.king.com 两个域名的虚拟主机，域名为 www.mlx.com 的虚拟主机对应的主目录为/var/www/mlx，域名为 www.king.com 的虚拟主机对应的主目录为/var/www/king。

3. 深度思考

在观看前述视频时思考以下几个问题。

（1）使用虚拟目录有何好处？

（2）基于域名的虚拟主机的配置要注意什么？

（3）如何启用用户身份认证？

4. 做一做

根据项目要求及视频内容，将项目完整无缺地完成。

13.8 练习题

一、填空题

1. Web 服务器使用的协议是_____，英文全称是_____，中文名称是_____。

2. HTTP 请求的默认端口是_____。

3. 在 Linux 平台下，搭建动态网站的组合，采用最为广泛的为_____，即_____、_____、_____以及_____ 4 个开源软件构建，取英文第一个字母的缩写命名。

4. Red Hat Enterprise Linux 7 采用了 SELinux 这种增强的安全模式，在默认的配置下，只有_____服务可以通过。

5. 在命令行控制台窗口，输入_____命令打开 Linux 网络配置窗口。

二、选择题

1. 网络管理员可通过（   ）文件对 WWW 服务器进行访问、控制存取和运行等控制。

    A. lilo.conf   B. httpd.conf   C. inetd.conf   D. resolv.conf

2. 在 Red Hat Linux 中手工安装 Apache 服务器时，默认的 Web 站点的目录为（   ）。

    A. /etc/httpd   B. /var/www/html   C. /etc/home   D. /home/httpd

3. 对于 Apache 服务器，提供的子进程的默认的用户是（   ）。

    A. root   B. apached   C. httpd   D. nobody

4. 世界上排名第一的 Web 服务器是（   ）。

    A. apache   B. IIS   C. SunONE   D. NCSA

5. apache 服务器默认的工作方式是（   ）。

    A. inetd   B. xinetd   C. standby   D. standalone

6. 用户的主页存放的目录由文件 httpd.conf 的参数（   ）设定。

    A. UserDir   B. Directory   C. public_html   D. DocumentRoot

7. 设置 Apache 服务器时，一般将服务的端口绑定到系统的（   ）端口上。

    A. 10000   B. 23   C. 80   D. 53

8. 下面（   ）不是 Apache 基于主机的访问控制指令。

    A. allow   B. deny   C. order   D. all

9. 用来设定当服务器产生错误时，显示在浏览器上的管理员的 E-mail 地址的是（   ）。

    A. Servername   B. ServerAdmin   C. ServerRoot   D. DocumentRoot

10. 在 Apache 基于用户名的访问控制中，生成用户密码文件的命令是（   ）。

    A. smbpasswd   B. htpasswd   C. passwd   D. password

13.9 实践习题

1. 建立 Web 服务器，同时建立一个名为/mytest 的虚拟目录，并完成以下设置。

（1）设置 Apache 根目录为/etc/httpd。

（2）设置首页名称为 test.html。

（3）设置超时时间为 240 秒。

（4）设置客户端连接数为 500。

（5）设置管理员 E-mail 地址为 root@smile.com。

（6）虚拟目录对应的实际目录为/linux/apache。

（7）将虚拟目录设置为仅允许 192.168.10.0/24 网段的客户端访问。

（8）分别测试 Web 服务器和虚拟目录。

2. 在文档目录中建立 security 目录，并完成以下设置。

（1）对该目录启用用户认证功能。

（2）仅允许 user1 和 user2 账号访问。

（3）更改 Apache 默认监听的端口，将其设置为 8080。

（4）将允许 Apache 服务的用户和组设置为 nobody。

（5）禁止使用目录浏览功能。

3. 建立虚拟主机，并完成以下设置。

（1）建立 IP 地址为 192.168.0.1 的虚拟主机 1，对应的文档目录为/usr/local/www/web1。

（2）仅允许来自.smile.com.域的客户端可以访问虚拟主机 1。

（3）建立 IP 地址为 192.168.0.2 的虚拟主机 2，对应的文档目录为/usr/local/www/web2。

（4）仅允许来自.long.com.域的客户端访问虚拟主机 2。

4. 配置用户身份认证。参见《网络服务器搭建、配置与管理——Linux（第 3 版）》（人民邮电出版社，杨云主编）的相关部分内容。

项目 14 配置与管理 FTP 服务器

项目导入

某学院组建了校园网，建设了学院网站，架设了 Web 服务器来为学院网站安家，但在网站上传和更新时，需要用到文件上传和下载功能，因此还要架设 FTP 服务器，为学院内部和互联网用户提供 FTP 等服务。本项目将实践配置与管理 FTP 服务器。

职业能力目标和要求

- 掌握 FTP 服务的工作原理。
- 学会配置 vsftpd 服务器。

14.1 相关知识

以 HTTP 为基础的 WWW 服务功能虽然强大，但对于文件传输来说却略显不足。一种专门用于文件传输的 FTP 服务应运而生。

FTP 服务就是文件传输服务，FTP 的全称是 File Transfer Protocol，顾名思义，就是文件传输协议，具备更强的文件传输可靠性和更高的效率。

14.1.1 FTP 的工作原理

FTP 大大简化了文件传输的复杂性，它能够使文件通过网络从一台主机传送到另外一台计算机上却不受计算机和操作系统类型的限制。无论是 PC、服务器、大型机，还是 IOS、Linux、Windows 操作系统，只要双方都支持协议 FTP，就可以方便、可靠地进行文件的传送。

FTP 服务的具体工作过程如图 14-1 所示。

（1）客户端向服务器发出连接请求，同时客户端系统动态地打开一个大于 1024 的端口等候服务器连接（如 1031 端口）。

（2）若 FTP 服务器在端口 21 侦听到该请求，则会在客户端 1031 端口和服务器的 21 端口之间建立起一个 FTP 会话连接。

（3）当需要传输数据时，FTP 客户端再动态地打开一个大于 1024 的端口（如 1032 端口）连接到服务器的 20 端口，并在这两个端口之间进行数据的传输。当数据传输完毕，这两个端口会自动关闭。

（4）当 FTP 客户端断开与 FTP 服务器的连接时，客户端上动态分配的端口将自动释放。

微课

管理与维护 FTP 服务器

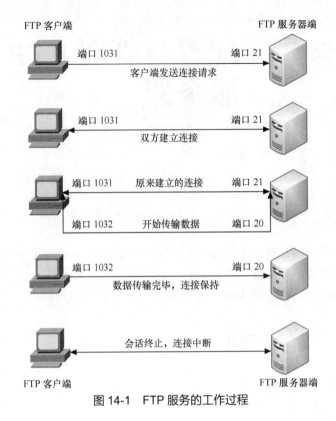

图 14-1　FTP 服务的工作过程

FTP 服务有两种工作模式：主动传输模式（Active FTP）和被动传输模式（Passive FTP）。

14.1.2　匿名用户

FTP 服务不同于 WWW，它首先要求登录到服务器上，然后再进行文件的传输。这对于很多公开提供软件下载的服务器来说十分不便，于是匿名用户访问就诞生了：通过使用一个共同的用户名 anonymous，密码不限的管理策略（一般使用用户的邮箱作为密码即可）让任何用户都可以很方便地从 FTP 服务器上下载软件。

14.2　项目设计与准备

两台安装了 RHEL 7.4 的计算机，连网方式都设为 host only（VMnet1），一台作为服务器，一台作为客户端使用。宿主机使用 Windows 7。计算机的配置信息如表 14-1 所示（可以使用 VM 的克隆技术快速安装需要的 Linux 客户端）。

表 14-1　Linux 服务器和客户端的配置信息

主机名称	操作系统	IP 地址	角色及其他
FTP 服务器：RHEL 7-1	RHEL 7	192.168.10.1	FTP 服务器，VMnet1
Linux 客户端：Client1	RHEL 7	192.168.10.20	FTP 客户端，VMnet1
Windows 客户端：Win7-1	Windows 7	192.168.10.30	宿主机、FTP 客户端，直接在网卡 **Vmnet1** 上设置 IP 地址为：**192.168.10.30/24**

14.3 项目实施

14.3.1 任务 1 安装、启动与停止 vsftpd 服务

1. 安装 vsftpd 服务

```
[root@RHEL7-1 ~]# rpm -q vsftpd
[root@RHEL7-1 ~]# mkdir /iso
[root@RHEL7-1 ~]# mount /dev/cdrom /iso
[root@RHEL7-1 ~]# yum clean all                    //安装前先清除缓存
[root@RHEL7-1 ~]# yum install vsftpd -y
[root@RHEL7-1 ~]# yum install ftp -y               //同时安装 ftp 软件包
[root@RHEL7-1 ~]# rpm -qa|grep vsftpd              //检查安装组件是否成功
```

2. vsftpd 服务启动、重启、随系统启动、停止

安装完 vsftpd 服务后，下一步就是启动了。vsftpd 服务可以以独立或被动方式启动。在 Red Hat Enterprise Linux 7 中，默认以独立方式启动。

在此需要提醒各位读者，在生产环境中或者在 RHCSA、RHCE、RHCA 认证考试中一定要把配置过的服务程序加入开机启动项中，以保证服务器在重启后依然能够正常提供传输服务。

重新启动 vsftpd 服务、随系统启动，开放防火墙，开放 SELinux，可以输入下面的命令：

```
[root@RHEL7-1 ~]# systemctl restart vsftpd
[root@RHEL7-1 ~]# systemctl enable vsftpd
[root@RHEL7-1 ~]# firewall-cmd --permanent --add-service=ftp
[root@RHEL7-1 ~]# firewall-cmd --reload
[root@RHEL7-1 ~]# setsebool -P ftpd_full_access=on
```

14.3.2 任务 2 认识 vsftpd 的配置文件

vsftpd 的配置主要通过以下几个文件来完成。

1. 主配置文件

vsftpd 服务程序的主配置文件（/etc/vsftpd/vsftpd.conf）的内容总长度达到 127 行，但其中大多数参数在开头都添加了井号（#），从而成为注释信息，读者没有必要在注释信息上花费太多的时间。可以使用 grep 命令添加-v 参数，过滤并反选出没有包含井号（#）的参数行（即过滤掉所有的注释信息），然后将过滤后的参数行通过输出重定向符写回原始的主配置文件中（为了安全起见，请先备份主配置文件）：

```
[root@RHEL7-1 ~]# mv /etc/vsftpd/vsftpd.conf /etc/vsftpd/vsftpd.conf.bak
[root@RHEL7-1 ~]# grep -v "#" /etc/vsftpd/vsftpd.conf.bak > /etc/vsftpd/
vsftpd.conf
[root@RHEL7-1 ~]# cat /etc/vsftpd/vsftpd.conf -n
    1  anonymous_enable=YES
    2  local_enable=YES
    3  write_enable=YES
    4  local_umask=022
```

```
 5  dirmessage_enable=YES
 6  xferlog_enable=YES
 7  connect_from_port_20=YES
 8  xferlog_std_format=YES
 9  listen=NO
10  listen_ipv6=YES
11
12  pam_service_name=vsftpd
13  userlist_enable=YES
14  tcp_wrappers=YES
```

表 14-2 中列举了 vsftpd 服务程序主配置文件中常用的参数以及作用。在后续的实验中将演示重要参数的用法，以帮助大家熟悉并掌握。

表 14-2　vsftpd 服务程序常用的参数以及作用

参　　数	作　　用
listen=[YES|NO]	是否以独立运行的方式监听服务
listen_address=IP 地址	设置要监听的 IP 地址
listen_port=21	设置 FTP 服务的监听端口
download_enable = [YES|NO]	是否允许下载文件
userlist_enable=[YES|NO] userlist_deny=[YES|NO]	设置用户列表为"允许"还是"禁止"操作
max_clients=0	最大客户端连接数，0 为不限制
max_per_ip=0	同一 IP 地址的最大连接数，0 为不限制
anonymous_enable=[YES|NO]	是否允许匿名用户访问
anon_upload_enable=[YES|NO]	是否允许匿名用户上传文件
anon_umask=022	匿名用户上传文件的 umask 值
anon_root=/var/ftp	匿名用户的 FTP 根目录
anon_mkdir_write_enable=[YES|NO]	是否允许匿名用户创建目录
anon_other_write_enable=[YES|NO]	是否开放匿名用户的其他写入权限（包括重命名、删除等操作权限）
anon_max_rate=0	匿名用户的最大传输速率（字节/秒），0 为不限制
local_enable=[YES|NO]	是否允许本地用户登录 FTP
local_umask=022	本地用户上传文件的 umask 值
local_root=/var/ftp	本地用户的 FTP 根目录
chroot_local_user=[YES|NO]	是否将用户权限禁锢在 FTP 目录，以确保安全
local_max_rate=0	本地用户最大传输速率（字节/秒），0 为不限制

2. /etc/pam.d/vsftpd

vsftpd 的 Pluggable Authentication Modules（PAM）配置文件，主要用来加强 vsftpd 服务器的用户认证。

3. /etc/vsftpd/ftpusers

所有位于此文件内的用户都不能访问 vsftpd 服务。当然，为了安全起见，这个文件中默认已经包括了 root、bin 和 daemon 等系统账号。

4. /etc/vsftpd/user_list

这个文件中包括的用户有可能是被拒绝访问 vsftpd 服务的，也可能是允许访问的，这主要取决于 vsftpd 的主配置文件/etc/vsftpd/vsftpd.conf 中的 "userlist_deny" 参数是设置为 "YES"（默认值）还是 "NO"。

- 当 userlist_deny=NO 时，仅允许文件列表中的用户访问 FTP 服务器。
- 当 userlist_deny=YES 时，这也是默认值，拒绝文件列表中的用户访问 FTP 服务器。

5. /var/ftp 文件夹

该文件夹是 vsftpd 提供服务的文件集散地，它包括一个 pub 子目录。在默认配置下，所有的目录都是只读的，不过只有 root 用户有写权限。

14.3.3 任务 3 配置匿名用户 FTP 实例

1. vsftpd 的认证模式

vsftpd 允许用户以 3 种认证模式登录到 FTP 服务器上。

（1）**匿名开放模式**：是一种最不安全的认证模式，任何人都无须密码验证而直接登录 FTP 服务器。

（2）**本地用户模式**：是通过 Linux 系统本地的账户密码信息进行认证的模式，相较于匿名开放模式，该模式更安全，而且配置起来也很简单。但是如果被黑客破解了账户的信息，就可以畅通无阻地登录 FTP 服务器，从而完全控制整台服务器。

（3）**虚拟用户模式**：是这 3 种模式中最安全的一种认证模式，它需要为 FTP 服务单独建立用户数据库文件，虚拟映射用来进行口令验证的账户信息，而这些账户信息在服务器系统中实际上是不存在的，仅供 FTP 服务程序进行认证使用。这样，即使黑客破解了账户信息也无法登录服务器，从而有效降低了破坏范围和影响。

2. 匿名用户登录的参数说明

表 14-3 列举了可以向匿名用户开放的权限参数以及作用。

表 14-3　可以向匿名用户开放的权限参数以及作用

参　　数	作　　用
anonymous_enable=YES	允许匿名访问模式
anon_umask=022	匿名用户上传文件的 umask 值
anon_upload_enable=YES	允许匿名用户上传文件
anon_mkdir_write_enable=YES	允许匿名用户创建目录
anon_other_write_enable=YES	允许匿名用户修改目录名称或删除目录

3. 配置匿名用户登录 FTP 服务器实例

【例 14-1】搭建一台 FTP 服务器，允许匿名用户上传和下载文件，匿名用户的根目录设置为/var/ftp。

（1）新建测试文件，编辑/etc/vsftpd/vsftpd.conf。

```
[root@RHEL7-1 ~]# touch /var/ftp/pub/sample.tar
[root@RHEL7-1 ~]# vim /etc/vsftpd/vsftpd.conf
```

（2）在文件后面添加如下 4 行（语句前后一定不要带空格，若有重复的语句请删除或直接在其上更改）。

```
anonymous_enable=YES              #允许匿名用户登录
anon_root=/var/ftp                #设置匿名用户的根目录为/var/ftp
anon_upload_enable=YES            #允许匿名用户上传文件
anon_mkdir_write_enable=YES       #允许匿名用户创建文件夹
```

提示：anon_other_write_enable=YES 表示允许匿名用户删除文件。

（3）允许 SELinux，让防火墙放行 ftp 服务，重启 vsftpd 服务。

```
[root@RHEL7-1 ~]# setenforce 0
[root@RHEL7-1 ~]# firewall-cmd --permanent --add-service=ftp
[root@RHEL7-1 ~]# firewall-cmd --reload
[root@RHEL7-1 ~]# firewall-cmd --list-all
[root@RHEL7-1 ~]# systemctl restart vsftpd
```

在 Windows 7 客户端的资源管理器中输入 ftp://192.168.10.1，打开 pub 目录，新建一个文件夹，结果出错了，如图 14-2 所示。

图 14-2　测试 FTP 服务器 192.168.10.1 出错

什么原因呢？系统的本地权限没有设置！

（4）设置本地系统权限，将属主设为 ftp，或者对 pub 目录赋予其他用户写的权限。

```
[root@RHEL7-1 ~]# ll -ld /var/ftp/pub
drwxr-xr-x. 2 root root 6 Mar 23 2017 /var/ftp/pub//其他用户没有写入权限
[root@RHEL7-1 ~]# chown ftp /var/ftp/pub  //将属主改为匿名用户 ftp,或者
[root@RHEL7-1 ~]# chmod o+w /var/ftp/pub //赋予其他用户写的权限
[root@RHEL7-1 ~]# ll -ld /var/ftp/pub
```

```
drwxr-xr-x. 2 ftp root 6 Mar 23  2017 /var/ftp/pub  //已将属主改为匿名用户 ftp
[root@RHEL7-1 ~]# systemctl  restart vsftpd
```

（5）在 Windows 7 客户端再次测试，在 pub 目录下能够建立新文件夹。

提示： 如果在 Linux 上测试，用户名输入 ftp，密码处直接按 "Enter" 键即可。

注意： 如果要实现匿名用户创建文件等功能，仅仅在配置文件中开启这些功能是不够的，还需要注意开放本地文件系统权限，使匿名用户拥有写权限才行，或者改变属主为 ftp。在项目实录中有针对此问题的解决方案。另外也要特别注意防火墙和 SELinux 设置，否则一样会出问题！切记！

14.3.4 任务 4 配置本地模式的常规 FTP 服务器案例

1．FTP 服务器配置要求

公司内部现在有一台 FTP 服务器和 Web 服务器，FTP 主要用于维护公司的网站内容，包括上传文件、创建目录、更新网页等。公司现有两个部门负责维护任务，两者分别适用 team1 和 team2 账号进行管理。先要求仅允许 team1 和 team2 账号登录 FTP 服务器，但不能登录本地系统，并将这两个账号的根目录限制为/web/www/html，不能进入该目录以外的任何目录。

2．需求分析

将 FTP 服务器和 Web 服务器放在一起是企业经常采用的方法，这样方便实现对网站的维护。为了增强安全性，首先需要仅允许本地用户访问，并禁止匿名用户登录。其次，使用 chroot 功能将 team1 和 team2 锁定在/web/www/html 目录下。如果需要删除文件，则还需要注意本地权限。

3．解决方案

（1）建立维护网站内容的 FTP 账号 team1、team2 和 user1 并禁止本地登录，然后为其设置密码。

```
[root@RHEL7-1 ~]# useradd  -s  /sbin/nologin  team1
[root@RHEL7-1 ~]# useradd  -s  /sbin/nologin  team2
[root@RHEL7-1 ~]# useradd  -s  /sbin/nologin  user1
[root@RHEL7-1 ~]# passwd  team1
[root@RHEL7-1 ~]# passwd  team2
[root@RHEL7-1 ~]# passwd  user1
```

（2）配置 vsftpd.conf 主配置文件并做相应修改写入配置文件时，注释一定去掉，语句前后不要加空格，切记！另外，要把 14.3.3 节的配置文件恢复到最初状态，以免实训间互相影响。

```
[root@RHEL7-1 ~]# vim  /etc/vsftpd/vsftpd.conf
anonymous_enable=NO                    #禁止匿名用户登录
local_enable=YES                       #允许本地用户登录
local_root=/web/www/html               #设置本地用户的根目录为/web/www/html
chroot_local_user=NO                   #是否限制本地用户，这也是默认值，可以省略
chroot_list_enable=YES                 #激活 chroot 功能
chroot_list_file=/etc/vsftpd/chroot_list   #设置锁定用户在根目录中的列表文件
allow_writeable_chroot=YES
```

> #只要启用 chroot 就一定加入这条：允许 chroot 限制，否则出现连接错误。切记

特别提示：chroot_local_user=NO 是默认设置，即如果不做任何 chroot 设置，则 FTP 登录目录是不做限制的。另外，只要启用 chroot，一定增加 **allow_writeable_chroot=YES** 语句。

注意：chroot 是靠例外列表来实现的，列表内用户即是**例外**的用户。所以根据是否启用本地用户转换，可设置不同目的的例外列表，从而实现 chroot 功能。因此实现锁定目录有两种实现方法。第一种是除列表内的用户外，其他用户都被限定在固定目录内，即列表内用户自由，列表外用户受限制。这时启用 chroot_local_user=YES。

```
chroot_local_user=YES
chroot_list_enable=YES
chroot_list_file=/etc/vsftpd/chroot_list
allow_writeable_chroot=YES
```

第二种是除列表内的用户外，其他用户都可自由转换目录。即列表内用户受限制，列表外用户自由。这时启用 chroot_local_user=NO。为了安全，建议使用第一种。

```
chroot_local_user=NO
chroot_list_enable=YES
chroot_list_file=/etc/vsftpd/chroot_list
allow_writeable_chroot=YES
```

（3）建立/etc/vsftpd/chroot_list 文件，添加 team1 和 team2 账号。

```
[root@RHEL7-1 ~]# vim /etc/vsftpd/chroot_list
team1
team2
```

（4）防火墙放行和 SELinux 允许！重启 FTP 服务。

```
[root@RHEL7-1 ~]# firewall-cmd --permanent --add-service=ftp
[root@RHEL7-1 ~]# firewall-cmd --reload
[root@RHEL7-1 ~]# firewall-cmd --list-all
[root@RHEL7-1 ~]# setenforce 0
[root@RHEL7-1 ~]# systemctl restart vsftpd
```

思考：如果设置 setenforce 1，那么必须执行：setsebool -P ftpd_full_access=on。这样能保证目录的正常写入和删除等操作。

（5）修改本地权限。

```
[root@RHEL7-1 ~]# mkdir /web/www/html -p
[root@RHEL7-1 ~]# touch /web/www/html/test.sample
[root@RHEL7-1 ~]# ll -d /web/www/html
[root@RHEL7-1 ~]# chmod -R o+w /web/www/html          //其他用户可以写入！
[root@RHEL7-1 ~]# ll -d /web/www/html
```

（6）在 Linux 客户端 client1 上先安装 ftp 工具，然后测试。

```
[root@client1 ~]# mount /dev/cdrom /iso
[root@client1 ~]# yum clean all
[root@client1 ~]# yum install ftp -y
```

① 使用 team1 和 team2 用户不能转换目录，但能建立新文件夹，显示的目录是 "/"，其实是/web/www/html 文件夹！

```
[root@client1 ~]# ftp 192.168.10.1
Connected to 192.168.10.1 (192.168.10.1).
220 (vsFTPd 3.0.2)
Name (192.168.10.1:root): team1                    //锁定用户测试
331 Please specify the password.
Password:
230 Login successful.
Remote system type is UNIX.
Using binary mode to transfer files.
ftp> pwd
257 "/"           //显示是 "/"，其实是/web/www/html，从列示的文件中就知道
ftp> mkdir testteam1
257 "/testteam1" created
ftp> ls
227 Entering Passive Mode (192,168,10,1,46,226).
150 Here comes the directory listing.
-rw-r--r--    1 0        0            0 Jul 21 01:25 test.sample
drwxr-xr-x    2 1001     1001         6 Jul 21 01:48 testteam1
226 Directory send OK.
ftp> cd /etc
550 Failed to change directory. //不允许更改目录
ftp> exit
221 Goodbye.
```

② 使用 user1 用户，能自由转换目录，可以将/etc/passwd 文件下载到主目录，何其危险！

```
[root@client1 ~]# ftp 192.168.10.1
Connected to 192.168.10.1 (192.168.10.1).
220 (vsFTPd 3.0.2)
Name (192.168.10.1:root): user1      //列表外的用户是自由的
331 Please specify the password.
Password:
230 Login successful.
Remote system type is UNIX.
Using binary mode to transfer files.
ftp> pwd
257 "/web/www/html"
ftp> mkdir testuser1
257 "/web/www/html/testuser1" created
ftp> cd /etc              //成功转换到/etc 目录
250 Directory successfully changed.
```

```
ftp> get passwd                        //成功下载密码文件 passwd 到/root，可以退出后查看
local: passwd remote: passwd
227 Entering Passive Mode (192,168,10,1,80,179).
150 Opening BINARY mode data connection for passwd (2203 bytes).
226 Transfer complete.
2203 bytes received in 9e-05 secs (24477.78 Kbytes/sec)
ftp> cd /web/www/html
250 Directory successfully changed.
ftp> ls
227 Entering Passive Mode (192,168,10,1,182,144).
150 Here comes the directory listing.
-rw-r--r--    1 0         0              0 Jul 21 01:25 test.sample
drwxr-xr-x    2 1001      1001           6 Jul 21 01:48 testteam1
drwxr-xr-x    2 1003      1003           6 Jul 21 01:50 testuser1
226 Directory send OK.
```

14.3.5　设置 vsftp 虚拟账号

　　FTP 服务器的搭建工作并不复杂，但需要按照服务器的用途，合理规划相关配置。如果 FTP 服务器并不对互联网上的所有用户开放，则可以关闭匿名访问，而开启实体账户或者虚拟账户的验证机制。但实际操作中，如果使用实体账户访问，FTP 用户在拥有服务器真实用户名和密码的情况下，会对服务器产生潜在的危害。FTP 服务器如果设置不当，则用户有可能使用实体账号进行非法操作。所以，为了 FTP 服务器的安全，可以使用虚拟用户验证方式，也就是将虚拟的账号映射为服务器的实体账号，客户端使用虚拟账号访问 FTP 服务器。

　　要求：使用虚拟用户 user2、user3 登录 FTP 服务器，访问主目录是/var/ftp/vuser，用户只允许查看文件，不允许上传、修改等操作。

　　对于 vsftp 虚拟账号的配置主要有以下几个步骤。

1．创建用户数据库

（1）创建用户文本文件。

　　首先，建立保存虚拟账号和密码的文本文件，格式如下。

```
虚拟账号 1
密码
虚拟账号 2
密码
```

使用 vim 编辑器建立用户文件 vuser.txt，添加虚拟账号 user2 和 user3。如下所示。

```
[root@RHEL7-1 ~]# mkdir  /vftp
[root@RHEL7-1 ~]# vim  /vftp/vuser.txt
user2
12345678
User3
12345678
```

（2）生成数据库。

保存虚拟账号及密码的文本文件无法被系统账号直接调用，需要使用 db_load 命令生成 db 数据库文件。

```
[root@RHEL7-1 ~]# db_load -T -t hash -f /vftp/vuser.txt /vftp/vuser.db
[root@RHEL7-1 ~]# ls /vftp
vuser.db   vuser.txt
```

（3）修改数据库文件访问权限。

数据库文件中保存着虚拟账号和密码信息，为了防止非法用户盗取，可以修改该文件的访问权限。

```
[root@RHEL7-1 ~]# chmod  700 /vftp/vuser.db
[root@RHEL7-1 ~]# ll /vftp
```

2. 配置 PAM 文件

为了使服务器能够使用数据库文件，对客户端进行身份验证，需要调用系统的 PAM 模块。PAM（Plugable Authentication Module）为可插拔认证模块，不必重新安装应用程序，通过修改指定的配置文件，调整对该程序的认证方式。PAM 模块配置文件的路径为/etc/pam.d。该目录下保存着大量与认证有关的配置文件，并以服务名称命名。

下面修改 vsftp 对应的 PAM 配置文件/etc/pam.d/vsftpd，将默认配置使用"#"全部注释，添加相应字段，如下所示。

```
[root@RHEL7-1 ~]# vim  /etc/pam.d/vsftpd
#PAM-1.0
#session      optional      pam_keyinit.so      force      revoke
#auth         required      pam_listfile.so      item=user  sense=deny
#file=/etc/vsftpd/ftpusers onerr=succeed
#auth         required      pam_shells.so
auth          required      pam_userdb.so   db=/vftp/vuser
account       required      pam_userdb.so   db=/vftp/vuser
```

3. 创建虚拟账户对应系统用户

```
[root@RHEL7-1 ~]# useradd -d /var/ftp/vuser vuser          ①
[root@RHEL7-1 ~]# chown vuser.vuser /var/ftp/vuser          ②
[root@RHEL7-1 ~]# chmod 555 /var/ftp/vuser                  ③
[root@RHEL7-1 ~]# ls -ld /var/ftp/vuser                     ④
dr-xr-xr-x. 6 vuser vuser 127 Jul 21 14:28 /var/ftp/vuser
```

以上代码中其后带序号的各行功能说明如下。

（1）用 useradd 命令添加系统账户 vuser，并将其/home 目录指定为/var/ftp 下的 vuser。

（2）变更 vuser 目录的所属用户和组，设定为 vuser 用户、vuser 组。

（3）当匿名账户登录时会映射为系统账户，并登录/var/ftp/vuser 目录，但其并没有访问该目录的权限，需要为 vuser 目录的属主、属组和其他用户和组添加读和执行权限。

（4）使用 1s 命令，查看 vuser 目录的详细信息，系统账号主目录设置完毕。

4. 修改/etc/vsftpd/vsftpd.conf

```
anonymous_enable=NO                                          ①
anon_upload_enable=NO
```

```
anon_mkdir_write_enable=NO
anon_other_write_enable=NO
local_enable=YES                                        ②
chroot_local_user=YES                                   ③
allow_writeable_chroot=YES
write_enable=NO                                         ④
guest_enable=YES                                        ⑤
guest_username=vuser                                    ⑥
listen=YES                                              ⑦
pam_service_name=vsftpd                                 ⑧
```

注意："="两边不要加空格。

以上代码中其后带序号的各行功能说明如下。

（1）为了保证服务器的安全，关闭匿名访问，以及其他匿名相关设置。

（2）虚拟账号会映射为服务器的系统账号，所以需要开启本地账号的支持。

（3）锁定账户的根目录。

（4）关闭用户的写权限。

（5）开启虚拟账号访问功能。

（6）设置虚拟账号对应的系统账号为 vuser。

（7）设置 FTP 服务器为独立运行。

（8）配置 vsftp 使用的 PAM 模块为 vsftpd。

5. 设置防火墙放行和 SELinux 允许，重启 vsftpd 服务

具体内容见前文。

6. 在 Client1 上测试

使用虚拟账号 user2、user3 登录 FTP 服务器，进行测试，会发现虚拟账号登录成功，并显示 FTP 服务器目录信息。

```
[root@Client1 ~]# ftp 192.168.10.1
Connected to 192.168.10.1 (192.168.10.1).
220 (vsFTPd 3.0.2)
Name (192.168.10.1:root): user2
331 Please specify the password.
Password:
230 Login successful.
Remote system type is UNIX.
Using binary mode to transfer files.
ftp> ls            //可以列示目录信息
227 Entering Passive Mode (192,168,10,1,31,79).
150 Here comes the directory listing.
-rwx---rwx    1 0        0               0 Jul 21 05:40 test.sample
226 Directory send OK.
```

```
ftp> cd /etc                //不能更改主目录
550 Failed to change directory.
ftp> mkdir testuser1        //仅能查看，不能写入
550 Permission denied.
ftp> quit
221 Goodbye.
```

特别提示：匿名开放模式、本地用户模式和虚拟用户模式的配置文件，请在出版社网站下载，或向作者索要。

7. 补充服务器端 vsftp 的主被动模式配置

（1）主动模式配置

```
Port_enable=YES //开启主动模式
Connect_from_port_20=YES //指定当主动模式开启的时候，是否启用默认的 20 端口监听
Ftp_date_port=%portnumber% //上一选项使用 NO 参数时指定数据传输端口
```

（2）被动模式配置

```
connect_from_port_20=NO
PASV_enable=YES //开启被动模式
PASV_min_port=%number% //被动模式最低端口
PASV_max_port=%number% //被动模式最高端口
```

14.4 项目实录：配置与管理 FTP 服务器

慕课

实训项目 配置与
管理 FTP 服务器

1. 视频位置

实训前请扫二维码观看"实训项目 配置与管理 FTP 服务器"慕课。

2. 项目背景

某企业的网络拓扑图如图 14-3 所示。该企业想构建一台 FTP 服务器，为企业局域网中的计算机提供文件传送任务，为财务部门、销售部门和 OA 系统提供异地数据备份。要求能够对 FTP 服务器设置连接限制、日志记录、消息、验证客户端身份等属性，并能创建用户隔离的 FTP 站点。

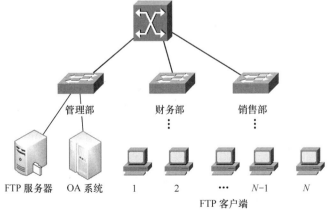

图 14-3 FTP 服务器搭建与配置网络拓扑

3．深度思考

在观看视频时思考以下几个问题。

（1）如何使用 service vsftpd status 命令检查 vsftp 的安装状态？

（2）FTP 权限和文件系统权限有何不同？如何进行设置？

（3）为何不建议对根目录设置写权限？

（4）如何设置进入目录后的欢迎信息？

（5）如何锁定 FTP 用户在其宿主目录中？

（6）user_list 和 ftpusers 文件都存有用户名列表，如果一个用户同时存在两个文件中，最终的执行结果是怎样的？

4．做一做

根据项目要求及视频内容，将项目完整无缺地完成。

14.5 练习题

一、填空题

1．FTP 服务就是_____服务，FTP 的英文全称是_____。

2．FTP 服务通过使用一个共同的用户名_____，密码不限的管理策略，让任何用户都可以很方便地从这些服务器上下载软件。

3．FTP 服务有两种工作模式：_____和_____。

4．FTP 命令的格式如下：_____。

二、选择题

1．ftp 命令的参数（　　）可以与指定的机器建立连接。

    A．connect　　　　　B．close　　　　　　　C．cdup　　　　　　D．open

2．FTP 服务使用的端口是（　　）。

    A．21　　　　　　　B．23　　　　　　　　C．25　　　　　　　D．53

3．我们从 Internet 上获得软件最常采用的是（　　）。

    A．WWW　　　　　B．telnet　　　　　　C．FTP　　　　　　D．DNS

4．一次可以下载多个文件用（　　）命令。

    A．mget　　　　　　B．get　　　　　　　C．put　　　　　　D．mput

5．下面（　　）不是 FTP 用户的类别。

    A．real　　　　　　B．anonymous　　　　C．guest　　　　　D．users

6．修改文件 vsftpd.conf 的（　　）可以实现 vsftpd 服务独立启动。

    A．listen=YES　　　B．listen=NO　　　　C．boot=standalone　　D．#listen=YES

7．将用户加入以下（　　）文件中可能会阻止用户访问 FTP 服务器。

    A．vsftpd/ftpusers　B．vsftpd/user_list　　C．ftpd/ftpusers　　D．ftpd/userlist

三、简答题

1．简述 FTP 的工作原理。

2．简述 FTP 服务的工作模式。

3．简述常用的 FTP 软件。

14.6 实践习题

1. 在 VMWare 虚拟机中启动一台 Linux 服务器作为 vsftpd 服务器，在该系统中添加用户 user1 和 user2。

（1）确保系统安装了 vsftpd 软件包。

（2）设置匿名账号具有上传、创建目录的权限。

（3）利用/etc/vsftpd/ftpusers 文件设置禁止本地 user1 用户登录 ftp 服务器。

（4）设置本地用户 user2 登录 FTP 服务器之后，在进入 dir 目录时显示提示信息"welcome to user's dir!"。

（5）设置将所有本地用户都锁定在/home 目录中。

（6）设置只有在/etc/vsftpd/user_list 文件中指定的本地用户 user1 和 user2 可以访问 FTP 服务器，其他用户都不可以。

（7）配置基于主机的访问控制，实现如下功能。

● 拒绝 192.168.6.0/24 访问。

● 对域 jnrp.net 和 192.168.2.0/24 内的主机不做连接数和最大传输速率限制。

● 对其他主机的访问限制每个 IP 的连接数为 2，最大传输速率为 500kbit/s。

2. 建立仅允许本地用户访问的 vsftp 服务器，并完成以下任务。

（1）禁止匿名用户访问。

（2）建立 s1 和 s2 账号，并具有读写权限。

（3）使用 chroot 限制 s1 和 s2 账号在/home 目录中。

提示：关于配置与管理 Samba 服务器、DHCP 服务器、DNS 服务器、Apache 服务器、FTP 服务器、Postfix 邮件服务器、NFS 服务器、代理服务器和防火墙的更详细的配置、更多的企业服务器实例和故障排除方法，请读者参见"十二五"职业教育国家规划教材《网络服务器搭建、配置与管理——Linux（第 3 版）》（人民邮电出版社，杨云主编）。

参 考 文 献

[1] 杨云. Linux 网络操作系统项目教程（RHEL 6.4/CentOS 6.4）（第 2 版）[M]. 北京：人民邮电出版社，2016.

[2] 杨云. Red Hat Enterprise Linux 6.4 网络操作系统详解[M]. 北京：清华大学出版社，2017.

[3] 杨云. 网络服务器搭建、配置与管理——Linux 版（第 2 版）[M]. 北京：人民邮电出版社，2015.

[4] 杨云. Linux 网络操作系统与实训（第 3 版）[M]. 北京：中国铁道出版社，2016.

[5] 杨云. Linux 网络服务器配置管理项目实训教程（第二版）[M]. 北京：中国水利水电出版社，2014.

[6] 鸟哥. 鸟哥的 Linux 私房菜 基础学习篇（第四版）[M]. 北京：人民邮电出版社，2018.

[7] 刘遄. Linux 就该这么学[M]. 北京：人民邮电出版社，2016.

[8] 刘晓辉等. 网络服务搭建、配置与管理大全（Linux 版）[M]. 北京：电子工业出版社，2009.

[9] 陈涛等. 企业级 Linux 服务攻略[M]. 北京：清华大学出版社，2008.

[10] 曹江华. Red Hat Enterprise Linux 5.0 服务器构建与故障排除[M]. 北京：电子工业出版社，2008.